国家林业局普通高等教育"十三五"规划教材

BAMBOO AND RATTAN FURNITURE
MANUFACTURING TECHNOLOGY

竹藤家具制造工艺

吴智慧 等 / 编著

第 2 版

中国林业出版社

图书在版编目（CIP）数据

竹藤家具制造工艺/吴智慧，等编著. -2版. —北京：中国林业出版社，2018.1（2024.2重印）
ISBN 978-7-5038-9347-6

Ⅰ.①竹… Ⅱ.①吴… Ⅲ.①竹家具-生产工艺 ②藤家具-生产工艺 Ⅳ.①TS664.2②TS664.3

中国版本图书馆CIP数据核字（2017）第261843号

国家林业局生态文明教材及林业高校教材建设项目

中国林业出版社·教育出版分社

策划、责任编辑：杜　娟
电话：83143553　　　　传真：83143516

出版发行	中国林业出版社（100009　北京市西城区德内大街刘海胡同7号） E-mail: jiaocaipublic@163.com　电话：（010）83143500 网　址：http://www.cfph.com.cn
经　销	新华书店
印　刷	北京中科印刷有限公司
版　次	2009年8月第1版 2018年1月第2版
印　次	2024年2月第2次印刷
开　本	889mm×1194mm　1/16
印　张	16
字　数	462千字
定　价	52.00元

未经许可，不得以任何方式复制或抄袭本书之部分或全部内容。
版权所有　侵权必究

第 2 版前言

《竹藤家具制造工艺》是全国高等院校木材科学及设计艺术学科教材编写指导委员会确定的规划教材之一。自 2009 年出版发行以来，先后被全国 10 多所林业或农林高等院校、职业技术学院的家具设计与制造、木材科学与工程、工业设计、艺术设计、室内设计等相关专业或专业方向的本、专科生和研究生的教学使用，同时也被家具制造企业和质检机构的专业工程技术与管理人员培训选用或学习参考。

当前，家具行业正处于绿色环保发展的新时期，竹藤作为生长快的可再生资源以及传统的家具用材，越来越受到人们的喜爱。发展竹藤家具产业，对于减少木材消耗和保护天然林资源具有十分重要的意义。为此，特修订本教材。本次修订是在第 1 版教材的基础上完成的。与第 1 版相比，第 1 章修订补充了相关概念和内容，替换了部分图片；第 2 章根据最新发布的竹材产业数据，补充修改了相应内容；第 3 章删减了造型设计的基础理论，仅保留了竹家具的造型设计要素和设计要点；第 10 章修改了标题，增加了塑料仿藤材的相关技术要求；增加了第 13 章塑料藤家具生产工艺。

本教材第 2 版由南京林业大学吴智慧教授主持修订工作，参加修订的编者及其修订分工如下：第 1~8 章由南京林业大学陈红讲师、博士修订；第 9~13 章由南京林业大学顾颜婷讲师、博士修订。全书由吴智慧教授统稿和修改。

本教材修订版注重理论与实践相结合，突出竹藤材料、产品功能与结构工艺的贯通，适合于作为家具设计与制造、木材科学与工程、工业设计、艺术设计、室内设计等相关专业或专业方向的教材或参考书，也可供有关工程技术与管理人员参考。

由于编者水平所限，本次修订版难免存在不足之处，欢迎读者批评指正。

吴智慧
2017 年 8 月

第 1 版前言

竹藤是世界上生长快、更新能力强、固碳和生态功能显著的两种非木质可再生资源,而且也是十分重要的生态资源、经济资源和文化资源。发展竹藤产业在减少木材消耗、保护天然林资源、发展农村经济和消除贫困等方面的作用十分明显,并可在较短时间内取得成效。

竹藤作为十分重要的生态资源,具有巨大的生态功能,对改善生态、应对气候变化具有重大意义。与其他树种不同,采伐竹子不会造成土地沙化和水土流失。以竹代木,全竹利用,减少了森林采伐,顺应了高效利用、循环利用的循环经济理念。很多竹子比一般的树木具有更强的吸收二氧化碳、释放氧气的能力,在减缓气候变暖方面发挥着重要作用。

竹藤作为十分重要的经济资源,具有巨大的经济功能,对消除贫困、促进经济发展具有重大意义。虽然作为原材料,它们的价值有限,但对于热带和亚热带农村贫困地区而言,竹藤在当地贸易和日常生活中不可或缺,它们是重要的经济来源。目前,竹藤制品是世界贸易中最深受社会认可、最具发展潜力和最具价值的两种非木质林产品。在亚洲、非洲和拉丁美洲等广大的发展中国家,竹藤产业是发展农村经济和消除贫困的重要产业,在经济社会发展方面有着巨大潜力。

竹藤特别是竹子,还是十分重要的文化资源,具有巨大的文化功能,对于弘扬生态文化、建设生态文明具有重大意义。竹子寓意着坚忍不拔的高贵品质,象征着虚怀若谷的伟大情怀,代表着奋发向上的进取精神,传承着人与自然和谐发展的理念。繁荣的竹文化已经成为一些地区集聚产业、招商引资、发展经济的重要品牌。

我国是世界上竹类资源最为丰富、竹林面积最大、竹子产量最多、栽培利用历史悠久的国家,素有"竹子王国"之称。同时,竹子也是我国森林资源的重要组成部分,素有"第二森林"之称。全国现有竹类资源500多种,竹林面积逾520万 hm^2,占世界竹林总面积的1/4。近10年来,我国竹藤产业快速发展,逐步形成以资源培育、加工利用、科技研发和出口贸易各环节较为完善的产业体系,成为带动区域经济发展、增加农民收入、促进生态环境保护的新兴产业、朝阳产业和生态产业,成为对外贸易的新亮点、区域经济和农民增收的强劲增长点。其中,我国竹材利用已经涉及建筑、建材、家居等10多个领域,竹制品形成100多个系列、数千个品种,出口到30多个国家和地区,我国已成为世界最大的竹材加工销售基地。

竹藤家具是以竹材或藤材为主要原料,通过一定的工艺技术制成的家具。近年来，随着世界性森林资源减少、木材供应日趋紧张，世界家具工业发展迅速，国际家具市场日益扩大，以及现代科学技术的突飞猛进，中国家具现代工业化进程的加快，加之家具标准化的普遍实施，我国的竹藤家具得到了较为快速的发展，并在国际家具生产、技术和贸易中已占有一定地位。

为了充分利用丰富的竹藤再生资源和先进的家具生产技术，制作具有一定技术和艺术含量的高附加值竹藤家具，为了适应中国家具工业发展和专业技术人才培养的需要，从中国国情、行业特色和教学要求出发，在总结、吸收国内外最新技术研究成果和大量生产实践资料的基础上，编著了这本《竹藤家具制造工艺》。

本书注重传统与现代、理论与实践相结合，技术资料丰富，内容切合实际，图表资料翔实，集中反映了当代竹藤家具生产的最新成果和发展趋势，体现了科学性和实用性的统一，是目前国内迄今最为全面系统论述竹藤家具生产工艺技术的专著，也是包括《木质家具制造工艺》《竹藤家具制造工艺》《软体家具制造工艺》《金属家具制造工艺》等家具制造工艺系列教材之一，适合于家具设计与制造、室内设计、工业设计、艺术设计、木材科学与工程等相关专业或专业方向的本、专科生和研究生的教学使用，同时也可供家具企业和设计公司的专业技术与管理人员参考。

本书分"竹家具"和"藤家具"上下两篇，共12章，包括竹家具概述、竹材与竹质人造板、竹家具的造型与结构、圆竹家具的生产工艺、竹集成材家具的生产工艺、竹重组材家具的生产工艺、竹材弯曲胶合家具的生产工艺、竹家具的三防处理与表面装饰工艺；藤家具概述、棕榈藤植物及材性概述、藤家具的造型与结构、藤家具的生产工艺等主要内容。全书由南京林业大学吴智慧提出编写大纲并进行统稿和修改，第1篇竹家具主要由福建农林大学李吉庆编写，第2篇藤家具主要由西南林学院袁哲编写，南京林业大学徐伟、顾颜婷，浙江理工大学申利娟等参加了其中部分章节的编写。

本书的编写与出版，承蒙南京林业大学家具与工业设计学院和中国林业出版社的筹划与指导。此外，本书还引用了国内外相关参考书和有关科研成果与生产实践经验，作者在此对这些参考书的编写者、成果与经验的创造者表示最衷心的谢意；同时，也向所有关心、支持和帮助本书出版的单位和人士表示感谢！

由于作者水平所限，书中难免存有不足，敬请广大读者批评指正。

吴智慧
2009 年 1 月

目 录

第 2 版前言
第 1 版前言

第 1 篇　竹家具

第 1 章　竹家具概述 ... 3
1.1　竹家具的分类 ... 3
　1.1.1　圆竹家具 ... 3
　1.1.2　竹集成材家具 ... 3
　1.1.3　竹重组材家具 ... 3
　1.1.4　竹材弯曲胶合家具 ... 4
1.2　竹家具的发展概况 ... 5
　1.2.1　圆竹家具生产现状与展望 ... 5
　1.2.2　新型竹家具生产现状与展望 ... 7

第 2 章　竹材与竹质人造板材 ... 9
2.1　竹材利用概述 ... 9
2.2　竹类植物及其特征 ... 12
　2.2.1　竹类植物分类与分布 ... 12
　2.2.2　竹类植物形态与特征 ... 13
　2.2.3　主要经济竹种 ... 15
2.3　竹材构造及其性质 ... 21
　2.3.1　构造 ... 21
　2.3.2　物理性质 ... 22
　2.3.3　化学性质 ... 24
　2.3.4　力学性质 ... 25
　2.3.5　竹材特点 ... 27
2.4　竹质人造板材 ... 29
　2.4.1　竹质人造板材的种类与特点 ... 29
　2.4.2　竹集成材的形式与特点 ... 30
　2.4.3　竹重组材的形式与特点 ... 32

第 3 章　竹家具的造型与结构 ... 34
3.1　竹家具的造型 ... 34
　3.1.1　圆竹家具的天然造型要素 ... 34
　3.1.2　竹集成材家具的天然造型要素 ... 41
　3.1.3　竹重组材家具的天然造型要素 ... 43
3.2　竹家具的结构 ... 44
　3.2.1　圆竹家具的结构 ... 44
　3.2.2　竹集成材家具的结构 ... 56
　3.2.3　竹重组材家具的结构 ... 68
　3.2.4　竹材弯曲胶合家具的结构 ... 68

第 4 章　圆竹家具的生产工艺 ... 71
4.1　传统圆竹家具的生产工艺 ... 71
　4.1.1　工具与设备 ... 71
　4.1.2　生产工艺 ... 74
4.2　全拆装式圆竹家具生产工艺 ... 78
4.3　编织竹器生产工艺 ... 79
　4.3.1　编织竹材的加工 ... 79
　4.3.2　竹编织的基本方法 ... 86

第 5 章　竹集成材家具的生产工艺 ... 102
5.1　竹集成材家具基材生产工艺 ... 102
　5.1.1　竹质立芯板的制作工艺流程 ... 102
　5.1.2　竹质竖拼板的制作工艺流程 ... 105
　5.1.3　竹质横拼板的制作工艺流程 ... 105
　5.1.4　竹质胶拼方材的制作工艺流程 ... 105
5.2　刨切薄竹和旋切薄竹生产工艺 ... 105
　5.2.1　刨切薄竹和旋切薄竹的分类和用途 ... 105
　5.2.2　刨切薄竹生产工艺 ... 106
　5.2.3　旋切薄竹生产工艺 ... 113
　5.2.4　刨切薄竹和旋切薄竹的后期加工 ... 115

5.2.5　竹质薄片的饰面工艺 …………… 116
　　5.2.6　竹质薄片的饰面质量与控制 …… 119
5.3　竹集成材家具的制作工艺 …………… 122
　　5.3.1　制作工艺流程 …………………… 122
　　5.3.2　主要工艺技术 …………………… 122
5.4　竹集成材家具质量的主要影响因素 … 123
　　5.4.1　被胶合材料特性 ………………… 123
　　5.4.2　胶黏剂特性 ……………………… 124
　　5.4.3　胶合工艺条件 …………………… 124

第6章　竹重组材家具的生产工艺 ……… 126
6.1　竹重组材家具基材生产工艺 ………… 126
　　6.1.1　竹重组材的基本生产工艺流程 … 126
　　6.1.2　竹重组材的生产工艺技术 ……… 126
6.2　竹重组材家具的制作工艺 …………… 130
　　6.2.1　制作工艺流程 …………………… 130
　　6.2.2　主要工艺技术 …………………… 130
6.3　竹重组材家具质量的主要影响因素 … 132

第7章　竹材弯曲胶合家具的生产工艺 … 135
7.1　竹材弯曲胶合工艺的特点 …………… 135
7.2　竹片弯曲胶合件生产工艺 …………… 135
　　7.2.1　竹片准备 ………………………… 135
　　7.2.2　竹片弯曲胶合工艺 ……………… 136
　　7.2.3　竹片弯曲胶合件陈放 …………… 140
　　7.2.4　竹片弯曲胶合件机加工 ………… 140
7.3　竹片弯曲胶合质量的影响因素 ……… 140

第8章　竹家具的三防处理与表面装饰工艺
　　　　………………………………………… 142
8.1　竹家具的三防处理 …………………… 142
　　8.1.1　竹家具三防处理的必要性 ……… 142
　　8.1.2　竹材防蛀和防腐处理 …………… 143
　　8.1.3　竹材的防开裂与材性改良 ……… 144
8.2　竹家具的表面装饰工艺 ……………… 145
　　8.2.1　竹家具表面装饰的作用 ………… 145
　　8.2.2　竹家具表面装饰技法 …………… 145

第2篇　藤家具

第9章　藤家具概述 ………………………… 151
9.1　藤家具的含义及分类 ………………… 151
　　9.1.1　藤家具的含义 …………………… 151
　　9.1.2　藤家具的分类 …………………… 151
9.2　藤家具的发展概况 …………………… 157
　　9.2.1　藤材利用概述 …………………… 157
　　9.2.2　藤家具使用的主要藤类及特性 … 161
　　9.2.3　藤家具主要产地与生产能力 …… 162
　　9.2.4　原料及产品的贸易状况 ………… 162
　　9.2.5　我国藤家具生产前瞻 …………… 163

第10章　藤材与塑料仿藤材 ……………… 165
10.1　棕榈藤植物及其特征 ………………… 165
　　10.1.1　棕榈藤植物分类与分布 ………… 165
　　10.1.2　棕榈藤植物形态与特征 ………… 168
10.2　藤材构造及其性质 …………………… 170
　　10.2.1　藤茎的外观特征 ………………… 170
　　10.2.2　藤茎的解剖构造 ………………… 170
　　10.2.3　物理性质 ………………………… 172
　　10.2.4　化学性质 ………………………… 172
　　10.2.5　力学性质 ………………………… 172
10.3　主要商品藤种材性及利用 …………… 173
10.4　塑料仿藤材 …………………………… 176
　　10.4.1　塑料仿藤材的形成、分类及其特点
　　　　　………………………………………… 176
　　10.4.2　塑料仿藤材的环保性要求 ……… 177

第11章　藤家具的造型与结构 …………… 179
11.1　藤家具的造型 ………………………… 179
　　11.1.1　藤家具的造型要素 ……………… 179
　　11.1.2　藤家具造型的形式美特征 ……… 182
　　11.1.3　藤家具的造型形式 ……………… 183
11.2　藤家具的结构 ………………………… 193
　　11.2.1　基本构件的类型与结构 ………… 193
　　11.2.2　框架结构 ………………………… 194
　　11.2.3　总体装配结构 …………………… 202

第12章　藤家具的生产工艺 ……………… 206
12.1　藤材的制备 …………………………… 206
　　12.1.1　藤条的截割 ……………………… 206
　　12.1.2　藤皮的分剖 ……………………… 206
　　12.1.3　藤芯的解劈 ……………………… 207
　　12.1.4　面层的编织 ……………………… 207
12.2　藤材的加工与处理工艺 ……………… 207
　　12.2.1　藤材加工处理技术 ……………… 208
　　12.2.2　藤材加工分类 …………………… 209

12.3 藤家具的骨架制作工艺 …………… 210
　12.3.1 骨架的成型 …………………… 210
　12.3.2 框架的缠扎 …………………… 216
12.4 藤家具的编织工艺 ………………… 218
　12.4.1 起首编织法 …………………… 218
　12.4.2 藤皮编织法 …………………… 219
　12.4.3 座垫的编组 …………………… 221
　12.4.4 藤芯编织法 …………………… 221
　12.4.5 藤皮的打结 …………………… 223
　12.4.6 编织工艺过程 ………………… 224
12.5 藤家具的表面装饰工艺 …………… 225
　12.5.1 表面修整 ……………………… 225
　12.5.2 涂饰涂料 ……………………… 226
　12.5.3 漆膜修整 ……………………… 227
　12.5.4 软垫制作与包装 ……………… 227
12.6 藤家具生产工艺辅助环节 ………… 227
12.7 藤家具设计与制作实例分析 ……… 228
　12.7.1 藤沙发椅的结构及加工工艺流程
　　　　 ………………………………… 228
　12.7.2 藤沙发的结构及加工工艺流程
　　　　 ………………………………… 228
　12.7.3 藤木家具的加工工艺流程 …… 230
12.8 藤家具制作的设备与工具 ………… 231
　12.8.1 手工工具 ……………………… 232
　12.8.2 机械或半机械设备 …………… 233
　12.8.3 有关工艺辅助设备及系统 …… 237

第13章 塑料藤家具的生产工艺 …………… 238
13.1 塑料藤家具的金属框架制作工艺 … 238
13.2 塑料藤家具的编织工艺 …………… 239
13.3 塑料藤家具设计与制作 …………… 239

参考文献 ……………………………………… 243

第1篇 竹家具

第1章
竹家具概述

【本章重点】
1. 竹家具的定义和分类。
2. 竹家具的生产现状与展望。

过去，我们讲的竹家具主要指的是传统的竹家具，也就是传统的圆竹家具。传统的圆竹家具主要由杆状的圆竹构成。今天，随着科学技术快速发展，竹家具定义的内涵和外延已发生很大的变化，所以有必要对竹家具进行详细的分类和定义。

1.1 竹家具的分类

目前，以竹材为主要原料，按其结构形式来分，可分为：圆竹家具、竹集成材家具、竹重组材家具和竹材弯曲胶合家具。

1.1.1 圆竹家具

圆竹家具是指以形圆而中空有节的竹材竿茎作为家具的主要零部件，并利用竹竿弯折和辅以竹片、竹条(或竹篾)的编排而制成的一类家具。其类型以椅、桌为主，其他也有床、花架、衣架、屏风等，如图1-1所示。在我国，圆竹家具原料资源丰富、成本低廉、生产历史悠久、使用地区广泛、消费者众多。

1.1.2 竹集成材家具

竹集成材家具是在木质家具制造技术的基础上发展起来的，主要利用竹集成材制成各种类型的一类家具。

(1) 竹集成材框式家具

竹集成材框式家具是指以竹集成材为基材做成框架或框架再覆板、嵌板(以竹集成材零件为基本构件)的一类家具(图1-2)。它既可以做成固定式结构，也可以做成拆装式结构。

(2) 竹集成材板式家具

竹集成材板式家具是指以竹集成材板材为基材做成的各种板式部件，采用五金连接件等相应的接合方法所制成的一类家具(图1-3)。以竹集成材的旋切单板材、径面材、弦面材、端面材或它们的组合材可以作为覆面装饰材料，并将这些材料有意识地运用到不同的家具或不同的家具部件中。由于竹集成板材幅面大、强度高，可加工制成会议桌等大尺度家具。

1.1.3 竹重组材家具

竹重组材家具，又称重组竹家具，俗称重竹家具。它是以各种竹材的重组材(即重组竹)为原料，采用木质家具(尤其是实木家具)的结构与工艺技术所制成的一类家具。它既可以做成框式结构，也可以做成板式结构；既可以做成固定式结构，也可以做成拆装式结构。通过炭化处理和混

图1-1 圆竹家具

图1-2 竹集成材框式家具

色搭配制成的重组竹，其材质和色泽与热带珍贵木材类似，可以作为优质硬木的代用品，用于仿红木家具或制品的制造（图1-4）。

1.1.4 竹材弯曲胶合家具

竹材弯曲胶合家具主要是利用竹片、竹单板、竹薄木等材料，通过多层弯曲胶合工艺制成的一

图 1-3　竹集成材板式家具

图 1-4　竹重组材(重组竹)家具(仿红木家具)

图 1-5　竹材弯曲胶合家具

类家具。图 1-5 为原竹竹片弯曲家具，是利用竹材在顺纹方向进行弯曲，通过模具制成的弯曲型竹材家具。

1.2　竹家具的发展概况

1.2.1　圆竹家具生产现状与展望

1.2.1.1　圆竹家具生产现状

（1）主要产地与生产能力

我国较有名气的圆竹家具传统产地为湖南益阳、河南博爱、湖北广济、四川开县、福建漳州、浙江杭州及天目山等地。今天，除了上述地区外，福建省的建瓯市、顺昌县，浙江省的临安市、安吉县，江西省的崇义县、宜丰县，湖南省的桃江县，安徽省的广德县，广东省的广宁县，贵州省的赤水市等 10 个"中国竹子之乡"和其他竹产区也因其得天独厚的竹资源而成为新兴的圆竹家具产地。

目前，专门生产圆竹家具的企业数量少、规模小，个体家庭式作坊的圆竹家具产量占这类家具总产量的绝大部分。此外，还有一些竹材综合加工厂的部分车间加工生产圆竹家具。这些生产单位不论规模大小，基本上是手工生产，主要生产设备为篾刀、尖刀、扣刀、刮刀、框锯、车刨、凿子、锤子、直尺、卡尺、手工电钻等手工工具以及工作凳、喷灯、烘烤柱、横截锯、蒸煮池等简易设备。

生产条件的简陋导致生产效率低，产品质量

不能保证。如浙江省安吉县为我国圆竹家具著名产地，国内外客商常慕名前来订货，但一些企业因生产能力、产品质量达不到对方交货期和质量要求而痛失良机。

生产的主要工艺流程为：选料、药剂处理、干燥、下料、烤竹、车竹、划线、讨墨（在包接结构中计算"头"与"箍"有关尺寸的工序）、骗竹（即横向锯口弯曲工艺）、开榫制板（制作板式部件）、装配、表面涂饰等。一些生产作坊甚至没有进行原料的药剂处理和干燥所需的设备及其相应工艺技术规范，产品常发生虫蛀、霉变、开裂、变形、松脱等，严重影响这些家具的安全性、使用寿命、功能和美观。

（2）产品的结构与种类

传统圆竹家具的接合多采用打穴凿孔、胶合钉固的传统结构，或再辅以藤条、塑料条带等捆扎，近年来也有一些家具采用木螺钉装配。生产及使用实践表明，这些结构基本上简便有效，但未经改性处理的竹竿、竹钉等在使用中常发生干缩湿胀，易引起接合部位的胀裂、松动甚至松脱。此外，这些不可拆装的结构不仅浪费原料、不利于质量控制和产品的标准化、系列化和可拆装化，而且导致生产效率低下，运输、保存成本增加，产品流通范围小。

现有的圆竹家具主要有传统款式的凳、椅、桌、床、柜、架、几、案、屏风等。尽管近年来也有一些企业按订单生产沙滩椅、酒架、酒吧陈列架等新颖产品，但绝大多数圆竹家具仍沿袭传统款式，在材料、外观、结构、功能、工艺上鲜有创新，加上以人造板、实木、皮革、针织品、金属、塑料和藤材等为原料的家具的市场冲击，国内圆竹家具的市场销售量呈下降趋势。新产品开发的迫切性和重要性还可从激烈的国际市场竞争中得以反映：泰国、菲律宾、印度尼西亚等国家的圆竹家具生产企业十分注重高质量、高附加值产品的开发和国际市场的开拓。

大部分企业的管理和经营方式原始而落后，参加家具展览会、开设专卖店的厂商凤毛麟角。绝大部分企业没有出口经营权，外贸业务要委托相关的外贸单位，从而增加了产品成本、不利于迅速直接地得到产品营销信息。

囿于经营者的素质、企业规模、生产设备、新产品开发能力和经营管理水平，我国大部分圆竹家具款式陈旧、产品技术水平和生产效率低、质量差、价格低，营销范围小、缺乏名牌、难以打入国际市场。

1.2.1.2 我国圆竹家具的展望

目前，木质材料仍是家具生产的主要原料。在全球森林资源日趋匮乏、绿色设计和环境保护被日益重视的今天，我国应充分发挥竹资源丰富、竹文化浓厚、传统圆竹家具生产技术高超的优势，对这个传统产业进行改造。

第一，注重圆竹家具的设计与创新。对圆竹家具的原辅材料、造型、功能、结构、表面装饰、工艺等进行系统设计，使之能满足消费者对这类家具的审美、功能、环保等方面的要求。家具的系统设计可提高产品附加值，同时还为产品的高品质、高效率生产，为产品的标准化、系列化和可拆装化打下基础。此外，还可辅之计算机辅助设计（CAD）、计算机辅助分析（CAE）等手段，缩短新产品开发周期，降低开发成本。

第二，改进竹材的改性和着色处理工艺。未经改性处理的竹竿在化学成分上因内含淀粉、蛋白质等营养物质而易产生虫蛀、霉变甚至腐朽，而传统的防虫、防腐、防霉药剂及其处理工艺已达不到日益科学严格的产品质量标准，特别是环保要求。所以新型的竹材改性工艺值得进一步研究开发。另外，经干燥处理的竹竿的尺寸稳定性是圆竹家具安全性、使用寿命、功能和美观的重要保证，因而需要对高质量、低成本、短周期的竹竿干燥技术进行攻关。此外不同竹种的不同竿色、条纹、斑块和斑点是圆竹家具艺术设计的重要造型要素，如刚竹竿的碧绿，紫竹竿的紫黑，金竹竿的金黄，黄金间碧玉竹和金镶玉竹的美丽条纹，斑竹和筇竹的紫褐色斑块与斑点。一些竿材则要通过漂白、着色技术等加以美化。只有采用科学先进的保色、漂白、着色等技术，这些造型要素才能获得或得以永久保存，进而生产出美的家具。

第三，改变竹材加工企业小而全的现状，同时组织联合分散的加工企业进行专业化、规模化生产，开发、引进先进的木工设备和技术，如圆竹微波加热弯曲技术、机械刮青技术、竹竿整形加工技术、圆竹家具专用五金开发生产等，以提高产品质量和生产效率，降低产品成本。

第四，注重市场调查和产品营销，通过国际互联网、参加国内外的家具展销会等获取产品信息和订单，同时做好经销商和消费者对产品反馈信息的收集整理工作，并在新产品开发中加以体现。注重产品品牌的创立和宣传，以品牌提高产品附加值，提高企业生产效益。

第五，我国劳动力资源丰富、劳力价格相对低廉，又有令世人赞叹的铁艺、藤艺、漆器、根雕、木雕、竹雕、石雕等工艺，利用这些优势，我们可以发展劳动密集型的圆竹家具和其他传统工艺相结合的工艺家具，开拓国内外市场。

分析、借鉴、继承和发扬我国圆竹家具设计和生产中的精华，利用现代科学技术对这个传统产业进行改造，使圆竹家具绽放出新的光彩。

1.2.2 新型竹家具生产现状与展望

目前，我国竹类研究、竹材栽培和竹产品开发水平已处于世界领先地位。20世纪80年代起，我国加快对竹材工业化利用进行研究和开发。20多年来，我国竹材工业已取得长足的发展，开发了上百种新产品，使我国的竹材工业无论在产品的质量和数量，还是在企业的规模和技术的先进程度等方面均达到世界领先水平，而且成为世界上最大的竹制品出口国。竹材加工利用已从初期车厢底板和水泥模板两大系列竹材人造板产品发展到今天的车厢底板、水泥模板以及竹集成材、竹重组材和竹材地板三大系列产品，尤其是竹集成材和竹重组材，其生产技术先进，生产工艺精良，产品质量上乘，是竹材的材质保持最好、幅面或断面尺寸宽大、形状结构稳定的优质人造竹质板材，堪称为竹材加工新产品中的精品。目前，竹集成材和竹重组材都已经广泛应用于竹地板和竹家具的生产。

1.2.2.1 竹集成材与竹重组材家具生产现状

由于竹集成材是由一定厚度或宽度的竹条（片）在厚度、宽度和长度方向上胶合而成的，所以其尺寸不再受圆竹尺寸的限制，可按所需尺寸制成任意大的横截面或任意长度，做到小材大用；竹重组材又称重竹，是一种将竹材重新组织并加以强化成型的一种新材料，也就是将竹材加工成长条状竹篾或竹丝，或碾碎成竹丝束，经干燥后浸胶，再干燥到符合生产工艺要求的含水率，然后铺放在模具中，最后经高温、高压、热固化工艺而制成的方形断面的型材。故采用竹集成材或竹重组材可制造出能满足各种尺寸、形状以及特殊形状要求的家具构件，为家具产品结构设计和制造提供了任意想象的空间。

由于竹集成材和竹重组材的生产并没有改变竹材的结构和特性，因此它与天然实木板材、实木集成材同样是一种天然基材。在家具生产中，可根据家具构件的受力情况，设计其断面形状，在制作如家具异型腿等构件时，可先将竹集成材或竹重组材制成接近于成品结构的半成品，再进行仿型铣等工艺加工。目前，浙江、福建、安徽、四川和广东的一些家具企业，在利用竹集成材或竹重组材生产竹地板的技术基础上，结合木质家具（尤其是板式家具、实木家具）结构与生产工艺技术特点，已经研发设计和小批量生产竹集成材或竹重组材家具，在国内外开拓市场和销售，并将一些新型竹集成材或竹重组材家具产品在国内外主要家具展览会上进行展出和部分产品出口到欧美，深受业内人士和消费者的青睐。

1.2.2.2 竹集成材与竹重组材家具发展前景

新型竹集成材或竹重组材家具有着更为丰富的造型，结构相对木家具更为轻巧，不仅是实用的商品，还具有相当强的观赏性，让人不仅有回归自然的惬意，还能感受到扑面而来的中国传统文化气息，从而丰富人们的生活；新型竹集成材或竹重组材家具出口，有利于中国传统文化与国际间的交流。因此，应充分利用我国丰富的竹资源原料，进行高质量竹集成材或竹重组材的生产，进一步开发出功能合理、结构科学、工艺精湛、造型美观、符合现代生活需要，可实现工业化生产的现代新型竹集成材或竹重组材家具。这不仅可以缓解木材资源紧张，发挥竹资源优势，而且提高了竹材的利用价值及附加值，并可满足家具市场需求。

补充阅读资料——
GBT 32444-2015
竹制家具通用技术条件

业内专家预测：在全球木材资源缺乏的情况下，全竹家具将成为未来家具的一个重要分支。处理后的竹材板材防虫蛀，不会开裂、变形、脱胶，各种物理性能相当于中高档硬杂木。由于竹子的天然特性，其吸湿、吸热性能高于其他木材，竹质家具具有冬暖夏凉的舒适感。可以预见，外形美观、质量亦佳的全竹高档家具一经推出，必将很快赢得消费者的青睐。因而，全竹家具在国际市场也是大有可为的。据业内人士的乐观估计，只要在竹质家具的设计上充分考虑国外消费者的居室结构和审美观，融入外国家具的长处，同时突出中国文化的特点，竹质家具在国际市场必将开拓出一片属于自己的天空。

竹材作为木材的理想替代材料，可以充分利用竹林资源，促进竹业产业化的发展，同时也为家具行业解决家具用材困难，促进其产业结构调整，为家具行业的进一步繁荣与发展开辟新的道路。同时，竹材家具的发展也能带动农村其他产业的发展，解决农民卖竹难的问题和提高竹材附加值，增加农民收入，提高竹农种竹的积极性，使毛竹产销形成良性循环，对于缓解我国木材供应的紧张局面，保护森林资源，维护生态平衡有着十分重要的战略意义，符合林业部门提出的关于天然林保护工程中家具生产既要保护生态平衡，又要促进竹业产业化发展的要求。

复习思考题

1. 什么是竹家具？按其结构形式来分，可分为哪几类？各具有什么特点？
2. 我国古代如何利用竹材？中国竹材工业化利用有何发展？
3. 竹家具的生产现状如何？
4. 竹家具有何发展前景及效益？

第 2 章
竹材与竹质人造板材

【本章重点】
1. 竹类植物分类与分布。
2. 竹类植物形态与特征。
3. 竹材构造及其性质。
4. 竹集成材与竹材人造板。
5. 竹材人造板的种类与特点。
6. 竹材利用概况。

2.1 竹材利用概述

我国是世界上主要产竹国家,竹子是我国森林资源的重要组成部分,素有"第二森林"之称。据国家林业局统计,至 2011 年底,全国竹林面积约 672.74 万 hm^2,其中经济利用价值较高的毛竹(Phyllostachys pubescens)林面积约 250 万 hm^2,占世界毛竹总量的 90% 以上。我国的竹林面积约占国土面积 0.7%,约占全国森林面积的 3.48%;立竹总数量为 283.74 亿株,其中材用竹林面积 244.36 万 hm^2,占竹林总面积的 36.32%。2011 年,全国竹材产量 15.39 亿根,加工竹笋 166 万 t,竹人造板产量 250.5 万 t,竹地板产量 77.96 万 m^3,竹浆产量 152.09 万 t,竹制日用品产量 263.90 万 t,竹家具产量 674.85 万件,竹纤维制品产量 9.63 万 t。竹产业总产值 1173 亿元。另外,我国竹类的种质资源十分丰富,据统计,全国竹类资源有 39 属 500 余种(全世界约有 70 多属 1200 余种),约占世界竹类种质资源的 1/3。这些竹子中既有材用竹,也有笋用竹,既有直径大的,也有直径小的,为我国竹材资源的利用提供了十分有利的条件。我国的竹材资源主要分布在北纬 35°以南 16 个省(自治区、直辖市)。只要进行科学的经营管理,这些资源是一种取之不尽、用之不竭的重要生物资源。开发利用好竹类资源,对我国山区经济的发展和增加农民的收入具有十分重要的意义。

据统计,现在全球仍有约 25 亿人使用竹子,其中有 10 亿人居住在竹子住宅中,竹子的用途已多达 1500 种,形成了年产值达 50 亿美元的竹产业,几乎与世界 50% 的人口生活休戚相关。竹子在建筑、交通运输、食品医药、文化、宗教、园林、水土保持等生产、生活及军事方面的广泛运用,不仅保护了自然资源与生态环境,丰富了人民的物质文化生活,还对促进农村经济社会持续发展,帮助贫困地区农民脱贫致富等方面发挥了重要作用。竹子具有材性好、易繁殖、生命力强、生长快、产量高、成熟早、轮伐期短等特点。随着全球森林资源日趋减少、生态危机日益加剧和竹制品在国际市场上需求的迅速增加,世界上越来越多的产竹国家和国际组织对竹子更为重视,开发竹子产业、发展竹子经济正在成为世界各产竹国家的共同实践和行动。

我国素享"竹子王国"美誉。中国是世界上最早认识和利用竹子的国家之一。几千年来,中华民族对竹子一直怀有特殊的感情,人们爱竹、咏竹、画竹、用竹,世代相传,日臻完美,形成了

图 2-1　竹编生活器具

中国特有的竹文化传统。古往今来，竹子一直是重要的生活生产资料，对几千年华夏文明的传承更是功不可没：竹简保存了中国东汉以前光辉灿烂的历史文化，如《尚书》《礼记》和《论语》等就写在竹简上；宋代著名文学家苏东坡曾总结道："食者竹笋，庇者竹瓦，载者竹筏，炊者竹薪，衣者竹皮，书者竹纸，履者竹鞋，真可谓'不可一日无此君'也！"经历代工艺匠师们对竹子的创造性加工利用，还形成了我国独步世界的竹编、竹刻、竹雕等技术。在历史发展的长河中，勤劳智慧的中华儿女用竹子创造了大量的生产生活用品和工艺品（图2-1、图2-2），促进了社会发展和文明进步。

（1）生产工具

竹犁头、竹耙齿、竹锄、筒车、麦笼、箩、筐、晒席等用于播种、中耕、灌溉、收获、装运、加工贮藏的农具；卤笕（输送盐水的竹管）、竹弓等用于盐业、棉纺业的手工业用具；渔竿、笱（音：狗〈方〉，竹制的捕鱼器具）等渔具；竹弓、竹弩、箭矢等狩猎用具。

（2）生活用品

簸、笼、箪（音：单，古代盛饭用的圆形竹器）、簋（音：鬼，古代盛食物的器具，圆口，两耳）、筷、筲（音：烧，水桶）等炊具、食具、盛器；笠、竹冠、竹鞋等服饰用品；簟（音：电〈方〉，竹席）、簀（音：责〈书〉，床席）、竹扇、竹夫人等消暑用具；笥（音：四〈书〉，盛饭或放衣物的方形竹器）、箧（小竹箱）、竹凳、竹桌、竹屏风、竹帘等竹家具；竹风筝、竹马等玩具；篱、竹笄（音：机，古代束发用的簪子）、竹簪梳理装饰品以及竹扫帚、竹杖等其他生活用品。

（3）建筑、交通运输

干栏式竹楼、竹厅、竹榭、竹廊、竹亭、竹脚手架、竹索桥、竹桥等竹建筑物；竹筏、竹舟、竹缆、竹篙、竹梯、竹舆、竹集装箱底板、竹车厢板等交通运输用具。

（4）食品、医药

竹笋、竹荪、竹米、竹菇、粽子、竹筒饭等食品；竹沥、竹青、竹黄等中药材。

（5）文化、宗教、礼仪用品

竹简、竹纸、毛笔、竹砚、笔筒、笔架、竹尺等文具；簧、笙、笛、箫、竽、筝、筑、箎、箜篌（音：空候，古代弦乐器）、籁等竹乐器；爆竹等宗教礼仪用品。

（6）竹景观

竹林风景区、竹林公园、竹类植物园等竹景观。

（7）军事

竹弓、竹弩、箭矢、竹云梯、竹盾、竹兵符、鞭、策等军需品。

上述所举只能算是管中窥豹，竹子和数千年中华文明史的紧密相连、不可分割，还可从字典收录的文字加以证实：清朝《康熙字典》收录的竹部文字有960字之多，我国《辞海》（1979年版）中共收录竹部文字209个，《新华字典》（商务印书馆1957年版）收录了竹部汉字178字，这些文字涵盖

图 2-2 竹制工艺品

了人类衣、食、住、行、医等生产、生活的方方面面。

不仅如此，我们的祖先还掌握了加工利用竹子的高超技术。尽管竹子受材性所限，早期的制品难以传世，但那些工艺高超、制作精美、内涵深远的出土文物仍令我们为祖先的聪明才智所折服。有感于竹子对华夏文明的巨大贡献，英国著名学者李约瑟在他的《中国科学技术史》一书中赞誉说：东亚文明实际上是"竹子文明"。

然而，千百年来竹材的加工利用长期停留在手工编织、制作农具、生活用具及原竹利用的状态，未能像木材那样，经过物理、化学、机械等工业化加工，制成各种制品进入工程建设领域。因此竹材的工业化利用和科学研究水平要比木材落后很长一段距离。

近十多年来，中国竹材工业化利用和科学研究工作有了很大的发展，目前全国已有数百家各种类型的竹材加工企业，并有诸多的科研机构和科技人员从事竹材加工利用的研究工作，开发出许多新产品、新工艺、新技术、专用新设备，并得到了广泛的应用，推动了我国竹材工业化利用事业的发展，使中国的竹材工业化利用取得了令人瞩目的成就，达到世界先进水平。

补充阅读资料——

日本竹器

2.2 竹类植物及其特征

2.2.1 竹类植物分类与分布

2.2.1.1 竹类植物分类与分布

竹子在植物分类学上属被子植物门（Angiospermae）单子叶植物纲（Monocotyledoneae）禾本目（Graminales）禾本科（Gramineae）竹亚科（Bambusoideae）。凡秆木质化程度高而坚韧、多年生的称为木本竹型禾草，或称为竹类。在亚科下仍有若干分类单位，以桂竹为例示其在竹亚科中的分类地位。

箣竹超族 *Bambusatae*
　　倭竹族 *Shibataeeae*
　　　　刚竹属 *Phyllostachys*
　　　　　　桂竹 *Phyllostachys bambusoides*

竹亚科（不包括我国不产的草本竹类）就狭义而言计有70余属1000种左右，一般生长在热带和亚热带，尤以季风盛行的地区为多，但也有一些种类可分布到温寒带和高海拔的山岳上部；亚洲和中、南美洲属种数量最多，非洲次之，北美洲和大洋洲很少，欧洲除栽培外则无野生的竹类。我国除引种栽培外，已知竹亚科植物有37属500余种，分隶6族。

2.2.1.2 我国竹类植物分布与产量

（1）分布

我国竹类植物自然分布地区很广，南北分布为长江流域及其以南各省区，少数种类向北延伸至秦岭、汉水及黄河流域各地。东西分布东起台湾，西迄西藏的错那和雅鲁藏布江下游，约相当于北纬18°～35°和东经92°～122°。其中以长江以南地区的竹种最多，生长最旺，面积最大。由于气候、土壤、地形的变化以及竹种生物学特性的差异，我国竹子分布具有明显的地带性和区域性，其分布可划分为四大竹区：

①黄河—长江竹区（散生竹区）：包括甘肃东南部、四川北部、陕西南部、河南、湖北、安徽、江苏，以及山东南部和河北西南部，约相当于北纬30°～40°。主要竹种为散生型的毛竹、刚竹、淡竹、桂竹、金竹、水竹、紫竹及其变种和混生型的苦竹、箭竹等。黄河—长江竹区南部，有成片竹林，主要生长在背风向南，条件较好的地方。

②长江—南岭竹区（散生竹—丛生竹混合区）：包括四川西南部、云南北部、贵州、湖南、江西、浙江等地和福建西北部，约相当于北纬25°～30°。这是我国竹林面积最大，竹子资源最丰富的地区，其中毛竹的比例最大，仅浙江、江西、湖南三个地区的毛竹合计约占全国毛竹林总面积的60%。此外，具有经济价值的竹种中，还有散生型的刚竹、淡竹、早竹、桂竹、水竹，混合型的苦竹、箬竹，以及丛生型的慈竹、硬头黄竹、凤凰竹等。

③华南竹区（丛生竹区）：包括台湾、福建南部、广东、广西、云南南部，约相当于北纬10°～25°的地区，是我国丛生竹集中分布的地区。主要的竹种有箣竹属的撑篙竹、硬头黄竹、青皮竹、车筒竹，慈竹属的麻竹、大麻竹、绿竹、甜竹、吊丝球竹、大头典竹，单竹属的粉单竹等。华南竹区南部，村前屋后和溪流两岸，都有成丛成片的丛生竹林。偏北部分特别是海拔较高的地方，则有大面积散生竹或混生竹组成的竹林。

④西南高山竹区：包括西藏东南部、云南西北部和东北部、四川西部和南部，海拔1500～3000m或更高的高山地带，是原始竹丛的分布区，主要有方竹属、箭竹属、筇竹属、玉山竹属、慈竹属等竹种。

竹子垂直分布的幅度也很大，从海拔几米到几千米的地方都有生长，并随纬度、经度和地形而有变化。在喜马拉雅山海拔3500m、秦岭海拔2300m、台湾新高山海拔3000m处都有竹子分布。大多数有经济价值的竹林在分布上一般都呈成片集中状态，如江西的宜丰、奉新、铅山、上饶、靖安、贵溪、宜春等地；湖南的浏阳、新化、零陵、茶陵、新宁、黔阳、桃江等地；福建的武夷山东麓各县、闽江流域中下游及龙岩、漳平等地；湖北的蒲圻、崇阳、咸宁、通城、宜昌、房县等地；安徽的广德、郎溪、宣城、歙县以及大别山一带；浙江的临安、安吉、德清、余杭、富阳、衢州、江山、龙游等地；四川的合川、铜梁、大竹、广安、江安、长宁、兴文、高县、夹江、眉山、雅安以及川西平原等地；广东的广宁、怀集、德庆、郁南、清远、从化、南雄、梅县等地；广西的兴安、灵川、永福以及融江流域、红水流域、都江流域等地；贵州的安顺、兴义、兴仁、盘县、晴隆以及黔北的赤水流域等地；云南的大理、蒙自、祥云、元谋、禄劝、个旧以及西双版纳等地，都分布着不同种类的竹林资源，这些丰富的竹林资源为我国竹材工业化的发展提供了十分有利的条件。

（2）产量

我国竹材资源十分丰富，竹林素有"第二森林"之美称。在全世界范围内森林资源遭受严重破坏，蓄积量日益下降的情况下，竹林面积却以每年3%的速度递增，全世界的竹林面积为3200万hm^2。目前，我国是当之无愧的世界竹子生产大国，竹林面积和竹子产量均居世界首位，到2011年底，全国竹林面积673万hm^2，立竹总数量为283.22亿株。其中笋用竹林面积37.8 hm^2，纸浆竹林面积94.06 hm^2，材用竹林面积244.36 hm^2，笋材两用竹林面积162.17 hm^2。据统计，2011年全国竹产业年总产值达1173亿元人民币，从业人员达到775万人，其中竹家具年产量为674.85万件。预计到2020年，全国竹产业产值将接近3000亿元，其中竹产品原料产值达600亿元，竹产品加工产值2350亿元。

2.2.2 竹类植物形态与特征

竹类植物的营养器官有根、地下茎、竹竿、竿芽、枝条、叶、竿箨等区分，生殖器官为花、果实和种子。

（1）地下茎

竹子的地下茎是竹类植物在土中横向生长的茎部，有明显的分节，节上生根，节侧有芽，可以萌发为新的地下茎或发笋出土成竹，俗称竹鞭，亦名鞭茎。因竹种不同，地下茎有下列几种类型（图2-3）：

①单轴型：地下茎细长，横走地下，称为竹鞭。竹鞭有节，节上生根，称为鞭根。每节着生一芽，交互排列，有的芽抽成新鞭，在土壤中蔓延生长，有的芽发育成笋，出土长成竹竿，稀疏散生，逐渐发展而为成片竹林。具有这种繁殖特点的竹子称为散生竹，如刚竹属等竹种。

②合轴型：地下茎不是横走地下的细长竹鞭，而是粗大短缩，节密根多，顶芽出土成笋，长成竹竿，状似烟斗的竿基。这种类型的地下茎，不能在地下作长距离的蔓延生长，顶芽抽笋长成的新竹一般都靠近老竿，形成密集丛生的竹丛，竿基则堆集成群，状若推轮。具有这种繁殖特性的竹子，称为丛生竹，如慈竹属等。

③复轴型：兼有单轴型和合轴型地下茎的繁殖特点。既有在地下作长距离横向生长的竹鞭，

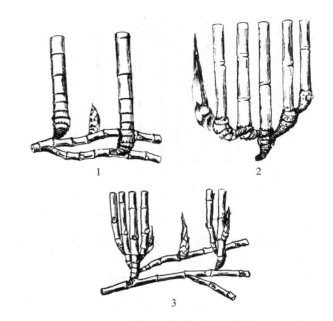

图2-3 竹类植物的地下茎类型
1. 单轴型 2. 合轴型 3. 复轴型

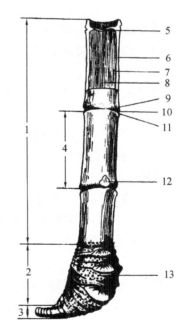

图2-4 竹类植物的竿身、竿基和竿柄
1. 竿身 2. 竿基 3. 竿柄 4. 节间 5. 竹隔
6. 竹青 7. 竹黄 8. 竹腔 9. 竿环 10. 节内
11. 箨环 12. 芽 13. 根眼

并从鞭芽抽笋长竹，稀疏散生，又可以从竿基芽眼萌发成笋，长出成丛的竹竿。具有这种繁殖特性的竹子称为混生竹，如茶竿竹属、苦竹属等。

（2）竹竿

竹竿是竹子的主体，分竿身、竿基、竿柄三部分（图2-4）。

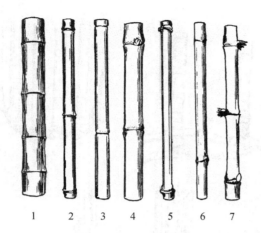

图 2-5　几种竹子的节、节间形状和节间长度
1. 毛竹　2. 淡竹　3. 茶竿竹　4. 麻竹
5. 粉单竹　6. 青皮竹　7. 撑篙竹

①竿柄：竹竿的最下部分，与竹鞭或母竹的竿基相连，细小、短缩、不生根，由十几节组成，是竹子地上和地下系统连接输导的枢纽。

②竿基：竹竿的入土生根部分，由数节至十几节组成，节间短缩而粗大。竿基各节密集生根，称为竹根，形成竹株独立根系。竿基、竿柄和竹根合称为竹蔸。

③竿身：竹竿的地上部分，端正通直，一般形圆而中空有节，上部分枝着叶。每节有二环：下环为箨环，又叫鞘环，是竹箨脱落后留下的环痕；上环为竿环，是节间分生组织停止生长后留下的环。两环之间称为节内，两节之间称为节间。相邻两节间有一木质横隔，称为节隔，着生于节内。竹竿的节、节间形状和节间长度因竹种而有变化(图2-5)。竿身是竹家具的主要原料。

（3）枝

竹枝中空有节，枝节由箨环和枝环组成。按竹竿正常分枝情况，可分为下列4种类型(图2-6)。

①一枝型（单分枝）：竹竿每节单生1枝。

②二枝型（双分枝）：竹竿每节生枝2枝，一主一次，长短大小有差异。

③三枝型（三分枝）：竹竿每节生枝3枝，一个中心主枝，两侧各生一个次主枝。

④多枝型（多分枝）：竹竿每节多枝丛生，有的主枝很粗长，有的主枝和侧枝区别不大。

（4）叶和箨

竹竿上枝条各节生叶，互生，排列成两行。每叶包括叶鞘与叶片两部分。叶鞘着生在枝的节

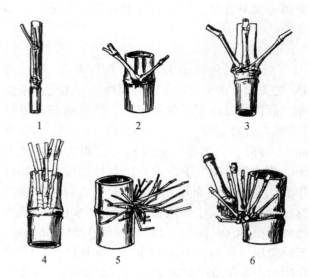

图 2-6　竹子的分枝类型
1. 一枝型　2. 二枝型　3. 三枝型　4. 三枝型变异
5. 多枝型（主枝不突出）　6. 多枝型（主枝突出）

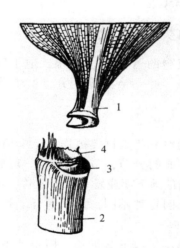

图 2-7　箬竹的叶片基部
1. 叶柄　2. 叶鞘　3. 外叶舌　4. 内叶舌及须毛

上，包被节间，通常较小枝的节间为长，并于一侧开缝。叶片位于叶鞘上方，叶片基部通常具短柄，称叶柄。叶鞘与叶片之接触处常向上延伸成一边缘。在内侧边缘有时较高，成为一舌状突起，称为内叶舌。外侧的边缘称为外叶舌(图2-7)。此现象为竹类所特有。在叶鞘顶端口部之两侧，常具流苏状须毛。在叶片基部两侧各具一明显质薄的耳状物，称为叶耳。

叶片通常为披针形或矩形。大的长约30cm、宽约5cm，小的长约2cm、宽约数毫米。先端渐尖，基部狭而成柄。边缘粗糙有小锯齿，或其一边近于光滑。质厚如革或薄如纸。正面色泽较深

2.2 竹类植物及其特征 · 15 ·

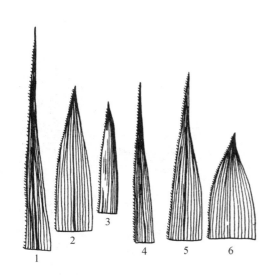

图 2-8 竹类叶片先端的不同形状

1～3. 青篱竹属 4、5. 方竹属 6. 小竹属

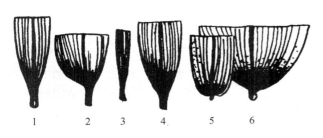

图 2-9 竹类叶片基部的不同形状

1～3. 青篱竹属 4. 毛竹属 5. 箣竹属 6. 慈竹属

而光滑，背面则较浅或呈灰绿色而被有毛茸。中脉显著，子叶背面突起；中脉两侧各有次脉数条；次脉之间更有较细的第三脉若干条，这是纵行脉。在纵行脉之间，常有横行小脉，构成种种区别，如方形、长方形的小方格。

叶肉组织，有的竹种由栅栏状细胞组成，细胞内充满叶绿素，有的竹种叶肉组织并不具有此种细胞。

叶片先端及基部的形状，因竹种而异，如图 2-8、图 2-9 所示。

竹子主竿所生之叶称为箨或笋箨，箨着生于箨环上，对节间生长有保护作用。当节间生长停止后，竹箨一般都形成离层而脱落。箨鞘相当于叶鞘，纸质或革质，包裹竹竿节间。箨顶两侧又叫箨肩，着生箨耳。箨顶中央着生一枚发育不完全的叶片，称为箨叶或缩小叶。箨叶与箨鞘连接处的内方，着生箨舌（图 2-10）。

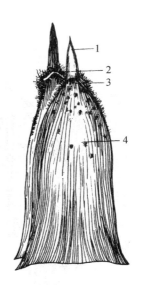

图 2-10 毛竹的箨

1. 箨叶 2. 箨舌 3. 箨耳 4. 箨鞘

（5）花与果

竹子的花与果同一般的禾本科植物花、果基本相同。通常，竹子罕见开花，花后竹子多枯死，俗称自然枯。竹子的果实通常为颖果，也有坚果或浆果。

此外，竹类植物的根、枝、竿芽、叶、竿箨、花、果实、种子等形态特征因竹种不同而各异。

2.2.3 主要经济竹种

我国的竹种资源数量较多，但具工业化利用价值的竹种仅有 10 多种。主要经济竹种有刚竹属的毛竹（*Phyllostachys heterocycla* var. *pubescens*）、刚竹（*Phyllostachys sulphurea* cv. *viridis*）、淡竹（*Phyllollostachys glauca*）、桂竹（*Phyllostachys bambusoides*）；箣竹属的车筒竹（*Bambusa sinospinosa*）、硬头黄竹（*Bambusa rigida*）、撑篙竹（*Bambusa pervariabilis*）、青皮竹（*Bambusa textilis*）、孝顺竹（*Bambusa multiplex*）；茶竿竹属的茶竿竹（*Pseudosasa amabilis*）；单竹属的粉单竹（*Lingnania chungii*）；牡竹属的麻竹（*Dendrocalamus latiflorus*）；慈竹属的慈竹（*Neosinocalamus affinis*）和苦竹属的苦竹（*Pleioblastus amarus*）等 10 多种。

（1）毛竹

又称楠竹、茅竹、猫头竹、孟宗竹（图 2-11）。地下茎单轴散生，具粗壮横走竹鞭，竹竿端直，梢部微弯曲，高 10～20m，胸径 8～16cm，最粗可达 20cm 以上；竹壁厚，胸高处厚 0.5～1.5cm；基部节间短，长 1～5cm，分枝附近的节间长，可

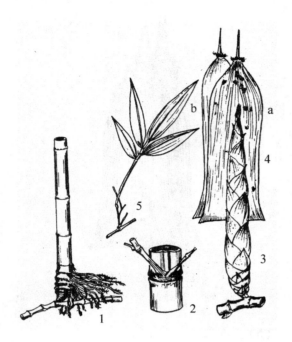

图 2-11 毛 竹
1. 竿身、竿基及地下茎　2. 竹节分枝　3. 笋
4. 箨（a. 背面；b. 腹面）　5. 叶枝

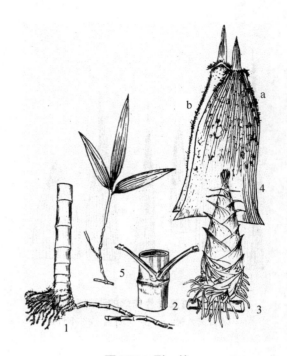

图 2-12 刚 竹
1. 竿身、竿基及地下茎　2. 竹节分枝　3. 笋
4. 箨（a. 背面；b. 腹面）　5. 叶枝

达 45cm；节间圆筒形，分枝节间的一侧有沟槽，下宽上窄，并有一纵行中脊。

毛竹竿形粗大端直，材质坚硬强韧，是我国竹类植物中分布最广、用途最多、经济价值最高的优良竹种。它可作脚手架、足跳板、竹筏、棚架、捕鱼浮筒、编织农具、用具、工艺品、美术雕刻等，更是竹集成材、竹重组材、竹胶合板、竹层压板、竹编胶合板以及制作竹家具的理想材料。

(2) 刚竹

又称苦竹、台竹、斑竹、光竹、鬼角竹（图 2-12）。地下茎单轴散生。竹鞭似毛竹，但节间较短，直径较小。竹竿直立，梢微曲，高 5～15m，胸径 3～10cm，竹壁厚度中等，基部数节间长一般为 4～15cm，中部最长节间可达 35cm；节间圆筒形，分枝一侧有沟槽，上窄下宽，有纵行中脊。

刚竹分布在我国长江流域及黄河流域，而以长江流域较为广泛，耐寒性较强，对土壤的要求不高，在丘陵、平原、江河两岸、村宅前后，都有成片的人工林或天然林。刚竹竹竿质地细密，坚硬而脆，韧性较差，劈篾效果远不如毛竹和淡竹，一般作晒衣竿、农具柄用，在竹材工业化利用中可以作为竹胶合材及竹碎料板等的材料。

(3) 淡竹

又称白夹竹、钓鱼竹、金花竹、甘竹（图 2-13）。地下茎单轴散生，竹鞭似刚竹，节间较硬头黄竹是我国分布较广的丛生竹种之一，在四川、湖南、江西、福建、广东、广西等地区都有栽培，对土壤要求不高，平原、低山、丘陵都能生长，而以河流两岸冲积砂质土壤生长最好。竹竿长，直径较小，竹竿直立，梢端弯曲，高 5～15m，胸径 2～6cm，基部数节间长为 4～16cm，中部最长节间可达 30～40cm；圆筒形，分枝之一侧有纵长沟槽，下宽上窄，具中脊。

淡竹竹竿节间细长，质地坚韧，整竿使用和劈篾使用均佳，是制作花竹家具的理想用材，也可用于编织席、篓、筛、筐、扇骨、竹编工艺品及晒衣竿、钓鱼竿、蚊帐竿等。紫竹是淡竹的变种，较淡竹矮小，竹竿紫黑色。竹竿坚韧，可作箫、笛、手杖、伞柄及美术工艺品等。紫竹竿紫叶绿，可供庭园绿化栽植。

(4) 茶竿竹

又称青篱竹、沙白竹、亚白竹（图 2-14）。地下茎复轴混生，有横走竹鞭，鞭节不隆起。竹竿坚硬直立，高 6～13m，胸径 5～6cm，节间长一般 30～40cm，最长可超过 50cm，枝下各节无芽。

图 2-13 淡 竹
1. 竿身、竿基及地下茎 2. 竹节分枝 3. 笋
4. 箨（a. 背面；b. 腹面） 5. 叶枝

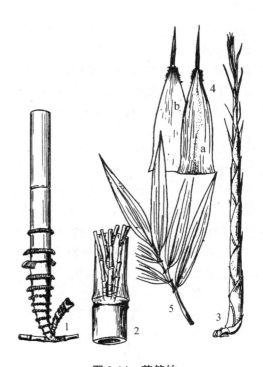

图 2-14 茶竿竹
1. 竿身、竿基及地下茎 2. 竹节分枝 3. 笋
4. 箨（a. 背面；b. 腹面） 5. 叶枝

图 2-15 苦 竹
1. 竿身、竿基 2. 竹节分枝
3. 箨（a. 背面；b. 腹面） 4. 叶枝 5. 花枝

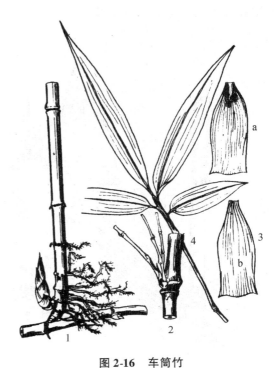

图 2-16 车筒竹
1. 竿身、竿基及地下茎 2. 竹节分枝
3. 箨（a. 背面；b. 腹面） 4. 叶枝

茶竿竹具有通直、节平、肉厚、坚韧、弹性强、久放不生虫等优点，可以作雕刻、装饰、编织家具、竹器、运动器材、钓鱼竿、晒衣竿等。用细砂纸擦去竹竿黑斑，晒干后呈乳白色而有光泽，在国际市场上很受欢迎，已有近百年的出口历史，是我国出口的特产竹种之一。

(5) 苦竹

又称伞柄竹（图2-15）。地下茎为复轴混生，有横走竹鞭。竹竿直立，高3～7m，胸径2～5cm，节间长一般25～40cm，最长可达50cm，节间圆筒形，分枝一侧的节稍扁平，枝下各节无芽；幼时被有白粉，箨环下尤甚。苦竹是我国竹类中分布广、经济价值高的竹种，分布在长江流域，东起江苏、浙江、安徽，西至四川、云南、贵州。适应性强，在低山、丘陵、山麓、平地的一般土壤上，均能生长良好。苦竹竹竿直而节间长，大者可作伞柄、帐竿、农作物支架，小者可作笔管，亦可造纸或劈篾作编织使用。

(6) 车筒竹

又称车角竹、水筋竹、䈵楠竹、大簕麻竹（图2-16）。地下茎合轴丛生。竹竿端直，高10～20m，胸径6～15cm，竹壁厚，中空小，竿色深绿，无毛，节间近等长，约30cm，箨环突起，幼时密生棕色刺毛，节下白环鲜明。

车筒竹在我国南方及西南各地分布甚广，适应性强，在广东、广西、贵州、四川等地区广泛栽植于村旁或河流两岸。竹竿高大，竹材坚韧厚硬，可作建筑材料及加工使用。

(7) 硬头黄竹

如图2-17所示。地下茎合轴丛生。竹竿直立，梢部微弯曲，高6～10m，胸径4～6cm，下部节间长20～35cm，中部可达45cm，枝下各节有芽；竹竿深绿色，平滑无毛，节上部无灰白色毛环，幼时被有白色蜡粉；竿壁厚1～1.5cm，中空小，质地坚硬。硬头黄竹竿壁厚，竹材坚硬，其用途与撑篙竹相似，可作担架、农具柄、撑篙及竹材加工使用。

(8) 撑篙竹

如图2-18所示。地下茎合轴丛生。竹竿直立，一般高5～10m，最高可达15m，胸径4～6cm，节间长20～45mm，竹壁厚，中空小；竿绿色，平滑无毛，幼时有白色蜡粉，基部节上有黄白色毛环，节间有淡色纵条。撑篙竹是我国华南人工栽培的主要用材竹种之一，分布在珠江流域中、下游地区，在丘陵、山麓及平原、河滩的疏松、肥沃的砂质土壤上生长良好。竹竿通直，竹壁厚而坚韧，力学性质良好，可作棚架、撑篙、农具柄及竹材加工使用。

图 2-17 硬头黄竹
1. 竿身、竿基　2. 竹节分枝
3. 箨（a. 背面；b. 腹面）　4. 叶枝

图 2-18 撑篙竹
1. 竿　2. 叶枝
3. 箨（a. 背面；b. 腹面）　4. 花枝

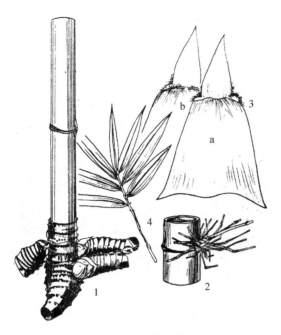

图 2-19　青皮竹
1. 竿身、竿基　2. 竹节分枝
3. 箨（a. 背面；b. 腹面）　4. 叶枝

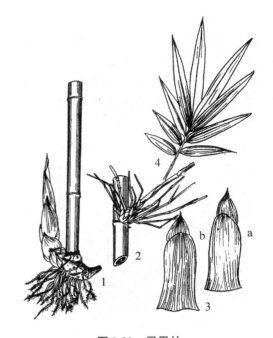

图 2-20　凤凰竹
1. 竿身、竿基和笋　2. 竹节分枝
3. 箨（a. 背面；b. 腹面）　4. 叶枝

(9) 青皮竹

如图 2-19 所示。地下茎合轴丛生。竹竿直立，先端稍下垂，高 8~12m，胸径 5~6cm，节间长 35~50cm，竹壁薄，仅 3~5mm。幼竿深绿色，被有明显白粉和倒生刺毛，以后逐渐脱落。青皮竹发笋多、生长快、产量高、材质柔韧，是广东、广西地区普遍栽培的最好篾用竹种之一，适生的气候、土壤条件和撑篙竹基本相同。近年来，浙江、江苏、江西、湖南等地区都有引种。

(10) 凤凰竹

如图 2-20 所示。地下茎合轴丛生。竹竿密集生长，梢端弯曲，长圆柱形，高一般为 2~7m，胸径 3~5m，基部节间长达 40cm，被有白粉，箨包被部分尤甚。凤凰竹是竹类植物中分布最广、适应性最强的竹种之一。我国的华南、西南直至长江中、下游地区都有分布，生长良好。竹竿细长强韧，可作编织、造纸及竹材碎料板、竹编胶合板之用。

(11) 粉单竹

如图 2-21 所示。地下茎合轴丛生。竿直立或近于直立，顶端微垂悬，高一般为 8~10m，最高可达 16~18m，胸径 6~8cm，节间长度一般为 50cm 左右，最长可超过 1m，竹壁薄，常为 3~5mm；枝下各节有芽，幼竿有显著的白色蜡粉。粉单竹是我国南方特产，分布于广东、广西和湖南等地区，对气候、土壤条件的要求和撑篙竹、青皮竹相同。普遍栽培在溪边、河岸及村旁。竹竿强韧，节间长，为优质劈篾用竹，是圆竹家具的良好材料。

(12) 麻竹

又称甜竹、大叶乌竹（图 2-22）。地下茎合轴丛生。竹竿的竿梢作弧形弯曲，梢尖软、下垂，一般高 15~20m，最高可达 25m，胸径 10~20cm、最大可达 30cm，节间长 30~45cm，竹壁厚，基部可达 1.5cm。麻竹是我国南方主要笋用竹种之一，分布于福建、台湾、广东、广西、云南、贵州等地。麻竹对土壤要求不高，在平原或丘陵、谷地都能生长。竹竿粗大坚硬，材质稍差。

(13) 慈竹

又称甜慈、钓鱼慈（图 2-23）。地下茎合轴丛生。竹竿顶梢细长作弧形下垂，高 5~10m，胸径 4~8cm，基部节间长 15~30cm，中部最长节间可达 60cm，枝下各节无芽，节间圆筒形，竹壁薄。慈竹是我国西南地区栽培最普遍的篾用竹种，分布于云南、贵州、广西、湖南、湖北、四川及陕西南部各地。竹竿壁薄，节间长，材质柔韧，劈篾性能优良，是编织农具、工艺品和竹家具的优良材料。

(14) 桂竹

如图 2-24 所示。竿高 6~10m，亦有高达 20m，胸径 4~8cm，节间长达 30cm。箨平滑无毛，有淡紫黑色不规则斑点，材质强韧致密，可用作建筑、竹制品、劈篾编织等。桂竹是台湾省的特产。不同地区的圆竹家具能工巧匠们运用不同的竹种，采用不同的生产工艺生产出或空灵秀雅、或朴质敦实的各类家具，如湖南益阳、浙江安吉的花竹家具，福建建瓯、江西崇义的毛竹家具等。

图 2-21 粉单竹
1. 竿身、竿基 2. 竹节分枝 3. 竿箨
4. 箨顶(a. 背面；b. 腹面)

图 2-22 麻 竹
1. 竿身、竿基 2. 竹节分枝 3. 笋
4. 箨(a. 背面；b. 腹面) 5. 叶枝

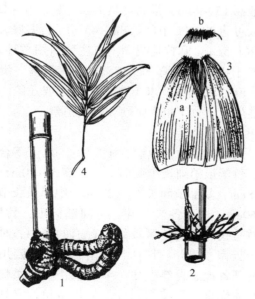

图 2-23 慈 竹
1. 竿身、竿基 2. 竹节分枝
3. 箨(a. 背面；b. 腹面) 4. 叶枝

图 2-24 桂 竹
1. 竿节(图示为分枝情形) 2. 笋 3. 叶枝

2.3 竹材构造及其性质

2.3.1 构造

(1) 竹竿

竹类植物地上茎的主干,称为竹竿。竹竿多为圆柱形的有节壳体。不同竹种竹竿的节数和节间长度变异很大,毛竹竹竿的节数可达 70 个左右,而有的小型竹种的竹竿仅有 10 多个节;节间长的可达 1m 以上,短的仅有几厘米。竹竿的节间多数中空,周围的竹材称为竹壁。竹竿的节间直径和竹壁厚度因竹种而异,粗大的(如毛竹、麻竹等)直径可超过 20cm,细小的仅有几毫米;实心竹近乎于实心,而有的竹种竹壁甚薄。竹节内部有节隔相连,把中空的竹竿分隔成一个个空腔。因此,竹节和竹隔不仅有巩固竹竿的作用,而且是竹竿横向输导水分和养分的"桥梁"。

(2) 竹节

竹竿上有两个相邻环状突起的部分称为竹节;竹竿空腔内部处于竹节位置上有个坚硬的板状环隔称为节隔。竹材的维管束在竹竿节间的排列是相当平行而整齐的,且纹理一致。但是,通过竹节时,除了竹壁最外层的维管束在笋箨脱落处(箨环)中断及一部分继续垂直平行分布外,另一部分却改变了方向。竹壁内侧的维管束在节部弯曲伸向竹壁外侧;另一些壁外侧的维管束则弯曲伸向竹壁内侧;还有一些维管束从竹竿的一侧通过节隔交织成网状分布,再伸向竹竿的另一侧(图 2-25)。竹节维管束的弯曲走向,纵横交错,有利于加强竹竿的直立性能和水分、养分的横向输导,但对竹材的劈篾性带来不良的影响。

(3) 竹壁

竹竿圆筒状外壳称为竹壁,竹壁的厚薄一般在根处最厚,至上部逐渐变薄。竹壁可分竹青、竹肉、竹黄三部分(图 2-26)。竹青是竹壁的外侧部分,组织致密,质地坚韧,表面光滑,外表常附有一层蜡质。表层细胞内常含有叶绿素,所以幼年竹竿常呈绿色;老年竹竿或采伐过久的竹竿,因叶绿素变化或破坏而呈黄色。竹黄在竹壁内侧,组织疏松,质地脆弱,一般呈黄色。竹壁中部,位于竹青和竹黄之间,称为竹肉,由维管束和基本组织构成。此外,在竹黄的内侧有一薄膜或片状物,附着于竹黄上,称为竹衣或笛膜。

竹材纵向劈开后,用肉眼就可以看到,在竹壁的纵剖面上有一丝丝的纵向纤维,它们的组合平行而致密,其中维管束的分布亦很整齐。在竹材的横断面上,也可看到许多深色的斑点,这些斑点就是纵向维管束的断面。

(4) 内部构造

竹壁主要为纵向纤维组成,大致可分为维管束与基本组织两部分。在肉眼和放大镜下观察横切面,可见维管束与基本组织的分布规律,靠近竹壁的外侧,维管束小,分布较密,基本组织的数量较少;维管束向内逐渐减少,分布比较稀疏,但其形体较大,而基本组织数量较多。因此,竹材的密度和力学强度,都是竹壁的外侧大于内侧。竹材节间构造自外向内分为表皮层、皮下层、皮层、基本组织、维管束、髓环及髓。竹类维管束的解剖构造如图 2-27 所示。

纤维和导管是构成维管束的主要组分。竹材中维管束的大小和密度随竹竿部位、大小和竹种的不同而异。同一竹竿,自基部至梢部,维管束总数一致,但维管束的横断面积随竿高增大而逐渐缩小,密度逐渐增大。同一竹种,竹竿粗大的竹材,维管束的密度小;竹竿细小的竹材,维管束密度大。不同竹种,维管束的形状和密度亦不相同。竹材中纤维是一种梭形厚壁细胞,导管是一种竖向排列的长形圆柱细胞。由于它们是组成

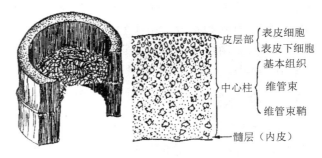

图 2-25 毛竹竹壁的维管束分布

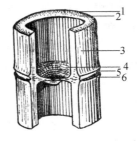

图 2-26 毛竹竹材的竹壁和竹节

1. 竹青 2. 竹黄 3. 节间 4. 节隔 5. 竿环 6. 箨环

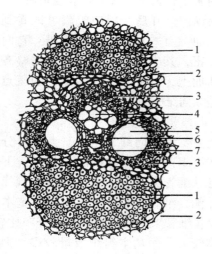

图 2-27 竹类维管束解剖构造
1. 纤维股 2. 薄壁组织 3. 硬质细胞组织鞘 4. 韧皮部
5. 后生木质部导管 6. 小的木质部分子 7. 细胞间隙

维管束的主要组分，所以它们在竹材中的分布、变化规律，基本上与维管束一致。

薄壁细胞是竹材的基本组织，它在竹材中所占的比例最大，为 40%~60%。薄壁细胞包围在维管束四周，亦有贯穿维管束间。薄壁细胞的形状，从横切面看，多为圆形或多角形，横向宽度为 30~60μm；从纵切面看，薄壁细胞为长短不一的细胞，纵向长度为 50~300μm，细胞壁上有小纹孔。同一竹竿上，基部薄壁细胞所占比例大约为 60%，梢部所占比例较小，约为 40%，从竹壁外层到内层薄壁细胞逐渐增多。薄壁细胞的主要功能为贮存养分和水分，由于它的细胞壁是随竹龄的增长而逐渐增厚，细胞腔逐年缩小，其含水率也相应减小，故老竹的干缩率较小。

2.3.2 物理性质

（1）密度

密度是竹材的一项重要物理性质，具有很大的实用意义。可以根据它来估计竹材的重量，判断竹材的工业性质和物理力学性质（强度、硬度、干缩及湿胀等）。密度有以下四种：

①基本密度：绝干材重量与生材体积之比。
②生材密度：生材重量与生材体积之比。
③气干密度：气干材重量与气干材体积之比。
④绝干密度：绝干材重量与绝干材体积之比。

上述四种密度以基本密度和气干密度两种最常用。

同一竹种的竹材，密度大，力学强度就大；反之，力学强度就小。因此，竹材的密度是反映竹材力学性质的重要指标。竹材的密度与竹子的种类、竹龄、立地条件和竹竿部位都有密切的关系。

①竹种：不同竹种的竹材其密度是不同的（表2-1）。竹类植物不同属间的竹材密度变化趋势，与其地理分布有一定的关系，即分布在气温较低、雨量较少的北部地区的竹类（如刚竹属），竹材密度较大；而分布在气温较高、雨量较多的南部地区的竹类，竹材的密度较小。

②竹龄：竹笋长成幼竹后，竹竿的体积不再有明显的变化。但是，竹材的密度则是随竹龄的增长而不断提高和变化，这是由于竹材细胞壁及其结构是随年龄的增长而不断的充实和变化。研究结果表明，毛竹竹材的密度幼竹时最小，1~6年生逐步提高，5~8年生稳定在较高的水平上，8年生以后则有所下降（表2-2）。

③立地条件：竹林的立地条件对竹子生长有密切的关系，从而也影响到竹材的密度和物理力学性质。一般来说，在气候温暖多湿、土壤深厚肥沃的条件下，竹子生长好，竹竿粗大，但是竹材组织疏松，密度较低。在低温干燥、土壤较差的地方，竹子生长差，竹竿细小，而竹材组织较致密，密度较大（表2-3）。

④竹竿部位：同一竹种的竹材，竹竿自基部至梢部，密度逐步增大；同一高度上的竹林竹壁外侧（竹青）的密度比竹壁内侧（竹黄）大（图2-28）；有节部分的密度大，无节部分的密度小（图2-29）。这是因为竹竿上部和竹壁外侧的维管束密度较大，导管孔径较小，所以密度较大；竹竿下部和竹壁内侧的维管束密度较小，导管孔径较大，所以密度较小。

（2）含水率

竹材的含水率（绝对含水率）指竹材所含水分的重量占其全干材重量的百分比。

新鲜竹材的含水率与竹龄、部位和采伐季节等有密切关系。一般来说，竹龄越老，竹材含水率越低；竹龄越幼则含水率越高。例如，Ⅰ龄级毛竹新鲜竹材含水率为135%，Ⅱ龄级（2~3年生）含水率为91%，Ⅲ龄级（4~5年生）含水率为82%，Ⅳ龄级（6~7年生）含水率为77%。竹竿自基部至梢部，含水率逐步降低（表2-4）。

竹壁外侧（竹青）含水率比中部（竹肉）和内侧（竹黄）低。例如，毛竹新鲜竹材的竹青含水率为

2.3 竹材构造及其性质

表 2-1 主要经济竹种的密度　　　　　　　　　　　　　　　　　　　　　　　　单位：g/cm³

竹种	密度	竹种	密度	竹种	密度	竹种	密度	竹种	密度
毛竹	0.81	茶竿竹	0.73	硬头黄竹	0.55	凤凰竹	0.51	慈竹	0.46
刚竹	0.83	苦竹	0.64	撑篙竹	0.61	粉单竹	0.50		
淡竹	0.66	车筒竹	0.50	青皮竹	0.75	麻竹	0.65		

表 2-2 毛竹竹材的密度与竹龄的关系

竹龄/a	幼竹	1	2	3	4	5	6	7	8	9	10
密度/(g/cm³)	0.243	0.425	0.558	0.608	0.626	0.615	0.630	0.624	0.657	0.610	0.606

表 2-3 立地条件与毛竹竹材密度的关系

立地等级	Ⅰ	Ⅱ	Ⅲ	Ⅳ	平均
密度/(g/cm³)	0.591	0.597	0.603	0.602	0.603

注：Ⅰ为最好的立地等级，Ⅳ为最差的立地等级。

表 2-4 新鲜毛竹竹竿上不同部位的含水率

竹竿上的部位	0/10	1/10	2/10	3/10	4/10	5/10	6/10	7/10	8/10	9/10
竹材含水率/%	97.10	77.78	74.22	70.52	66.02	61.52	56.58	52.81	48.84	45.74

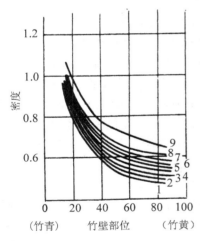

图 2-28 毛竹竹材的密度随高度和竹壁部位的变化
1. 根部上 1~2m　2. 根部上 2~3m　3. 根部上 3~4m
4. 根部上 4~5m　5. 根部上 5~6m　6. 根部上 6~7m
7. 根部上 7~8m　8. 根部上 8~9m　9. 根部上 9~10m

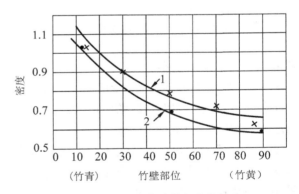

图 2-29 慈竹竹节对其密度的影响
1. 有节　2. 无节

36.74%，竹肉为 102.83%，竹黄为 105.35%。

夏季采伐的毛竹竹材含水率最高，为 70.41%；秋季为 66.54%；春季为 60.11%；最低是冬季，为 59.31%。新鲜竹材，一般含水率在 70% 以上，最高可达 140%，平均为 80%~100%。

（3）干缩性

新鲜竹材置于空气中，水分不断蒸发，由于逐渐失去水分，而引起干缩。竹材不同切面水分蒸发速度有很大的不同。毛竹竹材水分蒸发速度以横切面最大，为 100%；其次是弦切面，为 35%；径切面为 34%；竹黄为 32%；竹青最小，为 28%。因此，竹材加工过程中，要降低竹材含水率，应首先对竹材进行去竹青和竹黄后再进行人工干燥。竹材的干缩率通常比木材要小一些，但是，竹材和木材一样，不同方向其干缩率也有显著的差异。引起竹材干缩的主要原因是竹材维管束中的导管失水后发生干缩。因此，竹材中维管束分布密度大的部位，干缩率就大；分布密度

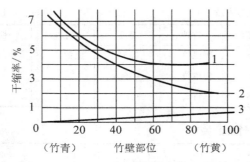

图 2-30 竹材(无节)干缩率与部位关系
1. 径向 2. 弦向 3. 高度方向

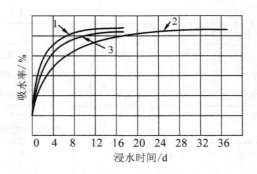

图 2-32 竹材长度与吸水速度的关系
1. $20mm \times 20mm \times t$ mm 2. $300mm \times 200mm \times t$ mm
3. $20mm$ 高竹筒(无节)

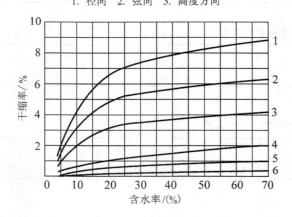

图 2-31 4～6 年生毛竹竹材含水率与干缩率的关系
1. 纵向(外侧)线干缩 2. 纵向(内侧)线干缩
3. 弦向(内侧)线干缩 4. 纵向(垂周)线干缩
5. 弦向(外侧)线干缩 6. 体积干缩

稀疏的部位，干缩率就小。

由于竹材的结构特点，竹材的干缩有以下特征：

①各个方向的干缩率：以弦向最大，径向(壁厚)次之，高度方向(纵向)最小。

②各个部位的干缩率：弦向干缩中竹青最大，竹肉次之，竹黄最小；反之，纵向干缩中，则竹青最小，竹肉次之，竹黄最大。

③不同竹龄的干缩率：竹龄愈小，竹材弦向和径向的干缩率愈大，随着竹龄的增加，弦向和径向的干缩率逐步减小，如由气干至绝干 2 年生毛竹竹材的弦向干缩率为 7.45%，4 年生为 4.46%，6 年生为 3.53%；纵向干缩率与竹龄无关，平均为 0.1% 左右(从新鲜竹到气干竹)。

④不同竹种的干缩率：竹种不同，其干缩率也不同，不同的竹种其干缩率差异较大。

由于竹壁外侧(竹青)比内侧(竹黄)的弦向干缩大，因此，原竹(竹竿)在保存、运输过程中，常常由于自然干燥产生应力引起竹竿开裂。

图 2-30 为竹材(无节)干缩率与部位的关系。图 2-31 为毛竹竹材含水率与线干缩率、体积干缩率的关系。

(4) 吸水性

竹材的吸水与竹材的水分蒸发是相反的过程。干燥的竹材吸水性能很强，竹材的吸水速率与其长度成反比，即长度越大吸水速率也越慢，而吸水速度与竹材的宽窄关系不大。图 2-32 为竹材长度与吸水速率的关系。这一现象说明竹材的吸水和竹材水分的蒸发一样，主要都是通过横切面进行的。竹材吸收水分后和木材一样各个方向的尺寸和体积均增大，强度下降。

竹材吸水后，长、宽、厚和体积等都会产生膨胀，其膨胀率与吸水量有密切的关系。不同起源竹材高向(h)、弦向(b)、径向(t)、体积(v)的吸水膨胀率之间的比例关系为：

$$\Delta h : \Delta b : \Delta t : \Delta v = 1 : 32 : 64 : 120$$

2.3.3 化学性质

竹材的化学成分十分复杂。据分析，组成竹材的主要成分是纤维素、半纤维素和木质素，其次是各种糖类、脂肪类和蛋白质类物质。此外，还有少量的灰分元素。

(1) 纤维素

纤维素是组成竹材细胞壁的基本物质。一般竹材中，纤维素含量为 40%～60%。同一竹种不同竹龄的竹材中纤维素的含量是不同的。例如，毛竹竹材中纤维素的含量，嫩竹为 75%，1 年生竹为 66%，3 年生竹为 58%；麻竹竹材中 1 年生竹为 53.19%，2 年生竹为 52.78%，3 年生竹为 50.77%。随着竹龄的增加，不同的竹种其纤维素含量逐步减少，数值虽有不同但基本趋势是一致的。

(2) 半纤维素

一般竹材中半纤维素的含量为 14%～25%。同一竹种不同竹龄的竹材中,半纤维素的含量是不同的。例如:毛竹竹材中的半纤维素含量,2 年生为 24.9%,4 年生为 23.65%;淡竹竹材中,1 年生为 19.88%,2 年生为 19.76%,3 年生为 18.24%。不同竹种的竹材,半纤维素的含量也不相同。

(3) 木质素

一般竹材中,木质素的含量为 16%~34%。同一竹种不同竹龄的竹材中,木质素的含量是不同的。例如:毛竹中木质素的含量,2 年生为 44.1%,4 年生为 45.60%;淡竹中,1 年生为 33.23%,2 年生为 33.45%,3 年生为 33.52%。不同竹种的竹材中,木质素的含量也不相同。11 种竹材的木质素平均含量为 25.45%,其中刚竹属 4 种平均为 29.27%,慈竹属 2 种平均为 24.91%。各种竹种的竹材,随着竹龄的增加,纤维素、半纤维素的含量逐年减少,木质素的含量逐年增加,一般竹龄在 6 年后趋于稳定,因而物理和力学性质也趋于稳定。作为工业用材的竹子,应使用 6 年生以上的竹子较为合理。竹子的生物学特性表明:砍伐 6 年生以下的嫩竹或留下 10 年生以上的老竹,都不利于竹林发笋成竹和竹林丰产。

(4) 浸提物质

浸提物质主要指用冷水、热水、醚、醇或 1% 氢氧化钠等溶剂浸泡竹材后,从竹材中抽提出的物质。竹材中的浸提物质的成分十分复杂,但主要是一些可溶性的糖类、脂肪类、蛋白质类以及部分半纤维素等。一般竹材中,冷水浸提物有 2.5%~5.0%,热水浸提物有 5.0%~12.5%,醚醇浸提物有 3.5%~9.0%,1% 氢氧化钠浸提物有 21%~31%。同一竹种不同竹龄的竹材中,各种浸提物的含量是不同的。如慈竹中 1% 氢氧化钠溶液的浸出物,嫩竹为 34.82%,1 年生竹为 27.81%,2 年生竹为 24.93%,3 年生竹为 22.91%。竹种不同,各种浸提物的含量也不相同(表 2-5)。

表 2-5 不同竹种竹材浸提物的含量

单位:%

浸提物	毛竹	淡竹	撑篙竹	慈竹	麻竹
冷水浸提物	2.60	—	4.29		
热水浸提物	5.65	7.65	5.30	—	12.41
醇、乙醚浸提物	3.67		5.44		
醇、苯浸提物	—	5.74	3.55	8.91	6.66
1% NaOH 浸提物	30.98	29.95	29.12	27.62	21.81

此外,一般竹材中的蛋白质含量为 1.5%~6%;还原糖的含量为 2% 左右;脂肪和蜡质的含量为 2.0%~4.0%;淀粉类含量为 2.0%~6.0%;灰分元素的总含量为 1.0%~3.5%,其中含量较多的有五氧化二磷、氧化钾、二氧化硅等。综上所述,竹材的化学成分见表 2-6。

2.3.4 力学性质

竹材具有刚度好、强度大等优良的力学性质,是一种良好的工程结构材料。且由于它劈裂性好,能用手工和机械的方法将其剖分成薄篾,因而千百年来竹子被广泛用于纺织农具、生活用具及传统工艺品。表 2-7 为毛竹竹材与几种木材的力学强度比较。

竹材的抗弯强度、抗拉强度、弹性模量及硬度等力学性质的数值约为一般木材(中软阔叶材和针叶材)的 2 倍,可与麻栎等硬阔叶材相媲美。但是竹材的力学强度极不稳定,与多种因素有关。影响竹材力学性质的因素主要有以下几点:

(1) 竹种

不同竹种的竹材内部结构不同,因此其力学性质也不一样。表 2-8 为几种竹材的力学性质。

(2) 立地条件

一般来说,竹林立地条件越好,竹子生长越粗大,但竹材组织较松,所以力学强度较低;在较差的立地条件上,竹子虽生长差,但竹材组织致密,力学强度较高。气候条件与竹子生长关系

表 2-6 竹材的化学成分

名称	纤维素	多缩戊糖	木质素	冷水浸提物	热水浸提物	醇、乙醚浸提物	醇、苯浸提物	1% NaOH 浸提物	蛋白质
含量/%	(46~60) 50.38	(14~25) 20.86	(16~34) 25.45	(2.5~5.0) 3.92	(5.0~12.5) 7.72	(3.5~5.5) 4.55	(2~9) 5.45	(21~31) 27.26	(1.5~6) 2.55
名称	脂肪和蜡质	淀粉	还原糖	氮素	P_2O_5	K_2O	SiO_2	其他灰分	总灰分
含量/%	(2~4) 2.87	(2~6) 3.60	2 左右 2.0	(0.21~0.26) 0.24	(0.11~0.24) 0.16	(0.5~1.2) 0.82	(0.1~0.5) 1.30	(0.3~1.3) 0.72	(1.0~3.5) 2.04

表 2-7　毛竹竹材与几种木材的力学强度比较

材料	密度/(g/cm³)	纵向静弯曲强度/MPa	纵向静弯曲弹性模量/MPa	硬度/MPa（弦向径向平均值）
毛竹	0.789	152.0	12 062.2	71.6
泡桐	0.283	34.89	4310.0	10.63
大青杨	0.390	53.80	7750.0	15.73
鱼鳞云杉(白松)	0.451	73.60	10 390.0	16.01
桦木	0.615	85.75	8820.0	36.99
麻栎	0.842	111.92	15 580.0	73.21

表 2-8　几种竹材的力学性质

力学性质	毛竹	慈竹	麻竹	淡竹	刚竹
抗拉强度/MPa	188.77	227.55	199.10	185.89	289.13
抗弯强度/MPa	163.90	—	—	213.36	194.08

表 2-9　毛竹立地条件对竹材力学强度的影响

立地等级	竹材平均胸径/cm	顺纹抗压强度/MPa	顺纹抗拉强度/MPa
Ⅰ	12.5	63.02	180.76
Ⅱ	10.5	66.04	184.69
Ⅲ	9.8	64.50	185.03
Ⅳ	8.1	67.12	198.86

表 2-10　气候条件对毛竹竹材力学强度的影响

地点	东经	北纬	年平均气温/℃	年降水量/mm	抗拉强度/MPa	抗压强度/MPa
江苏宜兴	119°51′	30°0′	15.60	1320	200.06	71.96
浙江石门	121°16′	29°37′	15.98	1512	185.67	81.17
江西大茅山	117°48′	28°45′	17.60	1800	177.54	61.15

表 2-11　毛竹竹龄对其竹材力学强度的影响

力学强度	幼竹	1年生	2年生	3年生	4年生	5年生	6年生	7年生	8年生	9年生	10年生
抗拉强度/MPa	—	135.35	174.76	195.55	186.15	184.83	180.64	192.40	214.93	185.70	185.61
抗压强度/MPa	18.48	49.05	60.61	65.38	69.51	67.53	69.51	67.45	75.51	64.89	62.68

表 2-12　不同地区毛竹竹龄对其竹材力学强度的影响

竹材产地	竹材强度	1~2年生	3~4年生	5~6年生	7~8年生	9~10年生
江苏宜兴	抗拉强度/MPa	189.98	213.68	201.70	205.76	189.17
	抗压强度/MPa	67.28	73.48	74.16	73.20	71.73
浙江石门	抗拉强度/MPa	167.26	195.12	198.79	188.24	173.45
	抗压强度/MPa	55.53	58.89	65.31	66.43	59.73
江西大茅山	抗拉强度/MPa	139.90	189.24	191.33	190.82	176.41
	抗压强度/MPa	49.28	63.30	62.69	67.89	65.57

表 2-13　毛竹竹材高向部位与强度的关系

竹材强度		竹竿高度/m						
		1	2	3	4	5	6	7
抗拉强度/MPa	有节	126.84	146.73	167.34	166.94	167.55	169.90	169.49
	无节	157.96	191.02	194.28	202.14	208.98	215.41	221.22
抗压强度/MPa	有节	140.31	149.79	151.84	156.12	162.86	173.26	172.45
	无节	138.77	147.35	152.14	152.75	160.82	162.04	170.20

密切，从而也影响到竹材的性质。表 2-9 为毛竹立地条件对竹材力学强度的影响，表 2-10 为气候条件对毛竹竹材力学强度的影响。

(3) 竹龄

研究结果表明，竹材的强度与竹龄有着十分密切的关系。通常，幼竹最低，1~5 年生逐步提高，5~8 年生稳定在较高的水平，9~10 年生以后略有降低，所以毛竹竹材的最佳采伐年龄以 6~8 年生为好。不同的竹种、不同地区的竹材，其强度与竹龄的关系虽有差异，但基本趋势是一致的。表 2-11、表 2-12 为毛竹竹龄对其竹材力学强度的影响。从毛竹竹材的强度来看，竹材的最佳采伐年龄以 6~8 年生为好。

(4) 竹竿部位

竹竿不同的部位，力学强度差异较大。一般来说，在同一根竹竿上，上部比下部的力学强度大，竹壁外侧(竹青)比内侧(竹黄)的力学强度大（表 2-13）。竹青部位维管束的分布较竹黄部位密集，密度较高，因而强度高于竹黄。竹材的节部由于维管束分布弯曲不齐，因此其抗拉强度要比节间约低 25%，而对抗压强度则影响不大。图 2-33、图 2-34 为竹材强度与竹竿高度、竹壁部位的关系。

(5) 含水率

竹材和木材一样，在纤维饱和点以内时，其强度随含水率的增加而降低。当竹材为绝干状态时，会因质地变脆，强度下降。当超过纤维饱和点时，含水率增加，强度则变化不大。但是，由于目前对竹材纤维饱和点的研究不够深入，因而尚无比较准确的数据。图 2-35 为毛竹竹材含水率与其抗拉强度的关系。

2.3.5　竹材特点

竹材和木材一样，都是天然生长的有机体，同属非均质和不等方向性材料。但是，它们在外观形态、结构和化学成分上都有很大的差别，具

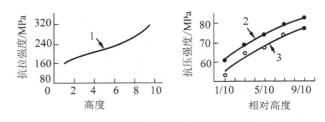

图 2-33　竹材强度与竹竿高度的关系
1. 四川产　2. 江苏下蜀产　3. 浙江石门产

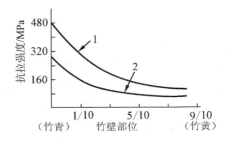

图 2-34　竹材强度与竹壁部位的关系
1. 无节　2. 有节

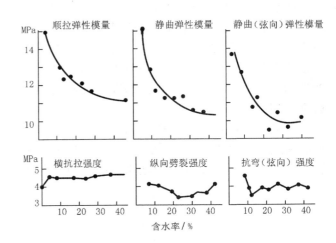

图 2-35　毛竹竹材含水率与其抗拉强度的关系

有自己独特的物理机械性能。竹材和木材相比较，具有强度高、韧性大、刚性好、易加工等特点，使竹材具有多种多样的用途，但这种特性也在相当大的程度上限制了其优异性能的发挥。竹材的基本性质是：

①易加工、用途广泛：竹材纹理通直，用简单的工具，即可将竹子剖成很薄的竹篾，用其可以编织成各种图案的工艺品、家具、农具和各种生活用品；新鲜竹子通过烘烤还可弯曲成型制成多种造型别致的竹家具等竹制品；竹材色浅，易漂白、染色；原竹还可直接用于建筑、渔业等多种领域。

②直径小、壁薄中空、具尖削度：竹材的直径相对小于木材。木材的直径大的可达2m，一般的工业用木材直径也有几十厘米，而竹材直径小的仅1cm，经济价值最高的毛竹，其胸径也多数在7~12cm。木材都是实心体，而竹材却壁薄中空，其直径和壁厚由根部至梢部逐渐变小，毛竹根部的壁厚最大可达15mm左右，而梢部壁厚仅有2~3mm。由于竹材的这一特性，使其不能像木材那样可以锯切、旋切或刨切。

③结构不均匀：竹材在壁厚方向上，外层为竹青，组织致密、质地坚硬、表面光滑、附有一层蜡质，对水和胶黏剂润湿性差；内层为竹黄，组织疏松、质地脆弱，对水和胶黏剂的润湿性也较差；中间为竹肉，性能介于竹青和竹黄之间，是竹材利用的主要部分。由于三者之间结构上的差异，因而导致了它们的密度、含水率、干缩率、强度、胶合性能等都有明显的差异，这一特性给竹材的加工和利用带来很多不利的影响。而木材虽然也有些心、边材较明显的树种，却没有竹材这样明显的物理、力学和胶合性能上的差异。图2-36为竹材的部位与竹材胶合性能的关系。由图可知：对于酚醛树脂胶，竹青、竹黄的湿润、胶合性能都为零，而竹肉则有良好的胶合性能。脲醛树脂胶对竹青、竹黄、竹肉的胶合性能与树脂胶基本相似。

④各向异性明显：竹材和木材都具有各向异性的特点。但是由于竹材中的维管束走向平行而整齐，纹理一致，没有横向联系，因而竹材的纵向强度大，横向强度小，容易产生劈裂。一般木材纵横两个方向的强度比约为20∶1，而竹材却高达30∶1，加之竹材不同方向、不同部位的物理、力学性能、化学组成都有差异，因而给加工、利用带来很多不稳定的因素。

⑤易虫蛀、腐朽和霉变：竹材比一般木材含有较多的营养物质，这些有机物质是一些昆虫和微生物(真菌)的营养物质。其中蛋白质为1.5%~6.0%，糖类为2%左右，淀粉类为2.0%~6.0%，脂肪和蜡质为2.0%~4.0%，因而在适宜的温、湿度条件下使用和保存，容易引起虫蛀和病腐。蛀食竹材的害虫有竹蠹虫、白蚁、竹蜂等，其中以竹蠹虫最为严重。竹材的腐烂与霉变主要由腐朽菌寄生所引起，竹材腐朽菌是真菌门担子菌纲的多孔菌科(Polyporaceae)、革菌科(Thelephoraceae)、齿菌科(Hydnaceae)、伞菌科(Agaricaceae)的一些菌种。在通气不良的湿热条件下，极易发生。大量试验表明，未经处理的竹材耐老化性能(耐久性)也较差。

⑥易褪青、褪色：竹材的色泽是竹家具的重要造型要素。幼年竹竿的表层细胞内常含有叶绿素而呈绿色，色泽亮丽，而老年竹竿或采伐过久的竹竿因叶绿素变化或破坏而呈黄色，且色泽暗淡。一些竹种在自然生长中，特别是幼年时，竹竿常具有赏心悦目的泽色、花纹或斑点(块)，如紫竹(*Phyllostachys nigra*)、大琴丝竹(又名黄金间碧玉，*Bambusa vulgaris* var. *vittata*)、斑竹(*Phyllostachys bambusoides* f. *lacrima-deae*)等，但采伐后特别是贮存不当时，光泽、色彩、花纹或斑点(块)常消退乃至消失。

⑦耐久性差、容易燃烧：竹材和木材一样，燃烧过程可分为升温、热分解、着火、燃烧、蔓延等五个阶段。竹材在外部热源作用下，温度逐渐升高，当达到分解温度(280℃)时产生一氧化碳、甲烷等可燃性气体；在竹材表面形成一层可

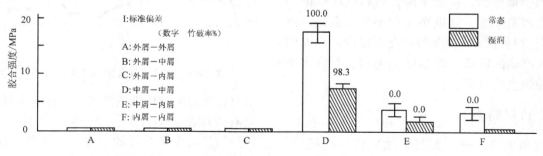

图 2-36 竹材的部位与竹材胶合性能的关系

注：所用胶黏剂为酚醛树脂胶

燃气体,当有足够的氧气和热量存在时就着火燃烧;然后这种热传导到相邻部位,使燃烧蔓延起来。竹材炭化温度为320~500℃。

⑧运输费用大、难于长期保存:竹材壁薄中空,因此体积大,实际容积小,车辆的实际装载量少,运输费用高,不宜长距离运输。竹材易虫蛀、腐朽、霉变、干裂,因此在室外露天保存时间不宜过长,而且竹材砍伐有较强的季节性,每年有3~4个月要护笋养竹,不能砍伐。因此,要满足规模、均衡的工业化生产,原竹供应是一个难以解决的问题。

补充阅读资料——
GBT 15780—1995
竹材物理力学性质试验方法

2.4 竹质人造板材

竹质人造板材是以竹材为原料,经过一系列的机械和化学加工,在一定的温度和压力下,借助胶黏剂或竹材自身的结合力的作用,压制而成的板状材料。从20世纪80年代起,竹材在人造板工业的利用得到了较大的发展。到90年代中期,竹材人造板的生产达到前所未有的高峰。

由于木材资源的贫乏与竹材资源的丰富,使我国成为世界上研究、开发与利用竹材生产人造板较早和最多的国家。与木材人造板相比,其生产工艺与技术设备必须靠自己摸索,没有国外的经验可以借鉴。因此,经过30多年的研究与实践,我国竹材人造板的生产虽然已形成一定规模,工艺技术也在不断提高,但基本上仍处于半机械化生产的状态,要形成理想和成熟的生产流水线,还有待于继续研究、不断创新和逐步完善。据不完全统计,到20世纪90年代末期,我国各种竹材人造板的加工企业、生产能力、产品品种等,都已经成为人造板工业可持续发展研究的一个重要组成内容。

2.4.1 竹质人造板材的种类与特点

我国生产的竹材人造板主要品种有:竹材胶合板有竹席胶合板、竹材胶合板、竹帘胶合板、竹篾积成板等。竹材纤维板有竹材硬质纤维板、竹材中密度纤维板、竹材高密度纤维板;竹材碎料板有普通竹材碎料板、竹材大片碎料板、竹材定向碎料板;竹木复合板;竹集成材、竹重组材等(表2-14)。

(1)竹席胶合板

将竹子劈成薄篾编成竹席,干燥后涂(或浸)胶黏剂,再经组坯胶合而成,分为普通竹席胶合板和装饰竹席胶合板。普通竹席胶合板全部由粗篾编成的粗竹席胶合而成,薄板主要用作包装材料,厚板可用作建筑水泥模板和车厢底板等结构用材。装饰竹席胶合板是由经过染色和漂白的薄篾编成有精细、美丽图案的面层竹席和几层粗竹席一起组坯胶合而成,主要用于家具和室内装修之用。竹席胶合板强度高、弹性好,纵横方向的力学性能差异小;但其表面粗糙,质量不稳定,板材应力不均,因此在很多场合均需进行特种加工。

(2)竹材胶合板

将毛竹或其他径级较大的竹子(如龙竹、巨竹、麻竹等)截断剖开,去内外节以后经水煮、高温软化后展平再刨去竹青、竹黄并成一定厚度,经干燥、定型后,涂胶,竹片纵横交错组坯热压胶合而成。具有强度高、刚性好、变形小、耗胶量小、易于工业化生产等特点,产品板面较平整,力学结构合理,稳定性好;产品密度较低。其广泛应用于客货汽车、火车车厢底板和建筑用高强度水泥模板。

(3)竹帘胶合板

将竹子剖成厚1~3mm、宽10~15mm的竹篾,用细棉线、麻线或尼龙线将其连成长方形竹帘,经干燥、涂胶或浸胶,竹帘纵横交错组坯后热压胶合而成。竹帘胶合板的竹帘比竹席胶合板的竹席要简单且容易机械化加工,同时竹篾没有重叠部分,因而不会影响胶合强度。生产的耗胶量少,板面平整度较竹席胶合板高;结构类似普通胶合板,纵横力学性能差异小,尺寸稳定性较高;篾片间缝隙较大,覆膜时仍需竹席作表、背层;热压周期长,耗能大,生产效率低;竹帘胶合板的物理力学性能较竹席胶合板优良。

(4)竹篾积成板

将竹子剖成厚度为0.8~1.2mm、宽度为15~20mm的竹篾干燥以后,经浸胶再干燥后同一方向层叠组坯胶合而成。竹篾积成板组坯时由于竹篾都是同一方向排列，可以使用小径级毛竹和其他直径为5~6cm以上的竹子，因而原材料来源比较广。竹篾积成板适宜生产厚板锯成窄幅面使用，可模压成型压制载货汽车铁木车厢的窄板条。产品密度较大；胶合强度不够理想，胶耗量较大，平行单向产品纵横向力学性能相差大，横向尺寸受限，应用面变窄。

(5) 竹材碎料板

将杂竹、毛竹梢头或枝丫等原料，经辊压、切断、打磨成针状竹丝，再经干燥、喷胶、铺装、热压而制成的板材。由于竹材具有良好的劈裂性，因而经辊压、切断、打磨以后，很容易制成粗纤维状的竹丝，因其长细比大，制成的碎料板强度较高；另一方面竹材制成了竹丝，分散了竹青、竹黄对胶黏剂不润湿的影响，由于竹材对胶黏剂的渗透性较差，因而施胶量比木质刨花板少。板面极易产生霉变；强度较高。

(6) 高强度覆膜竹胶合水泥模板

以竹材胶合板为基材，经过宽带砂光机双面定厚度砂削加工，提高表面平整度和减小厚度方向的误差，再在两表面覆贴木质单板和纸质塑面板，也可在每面用木质单板和1~2张浸渍纸和竹材胶合板一起组坯热压胶合而成。具有极高的抗弯强度和弹性模量、硬度、耐磨损等优良的物理机械性能。清水混凝土模板在近代建筑业和大型工程施工中被广泛应用。

(7) 竹材碎料复合板

以竹材胶合板生产中的经干燥、铣边后的竹片为面、背板，以施过胶的竹碎料或竹材碎料板为芯层，一次组坯热压胶合而成。该产品融合了竹材胶合板和竹材碎料板的工艺，具有竹材胶合板的外观形态、物理机械性能和碎料板价格低廉的优点，主要应用于卡车的车厢旁板、前后挡板及高强度水泥模板。

(8) 竹材木材复合板

竹材具有较高的强度和弹性模量，而速生材往往具有生长快强度低的特性，还有一些材种节子密集、强度不均匀、加工性能有某些缺陷。为了科学地利用这些材种的木材制造高强度、高弹性模量的结构材，可以采用竹片作表层材料，上述材种的木材旋切成一定厚度的单板，经干燥、修整后作芯层材料，用酚醛类树脂作胶黏剂，根据使用要求进行合理的组坯，一次热压胶合而成。

该产品融合了竹材和木材胶合板的生产工艺，具有比竹材胶合板更高的机械化和劳动生产率，生产成本也低于全竹结构的竹材胶合板。

(9) 竹材纤维板

利用竹材的制浆纤维，借用木材纤维板的工艺设备来生产竹材纤维板。但竹材纤维板的具体工艺参数，由于材性的差别，不同竹材纤维板的工艺参数也有一些不同。目前，竹材中密度纤维板具有与竹材碎料板相近的物理机械性能，但其有较高的内结合强度。

2.4.2 竹集成材的形式与特点

竹集成材（Bamboo glulam, Bamboo glued laminated lumber）是一种新型的竹材人造板，它是通过将竹材加工成一定规格的矩形竹条，竹条经接长拼宽胶合而成的。

竹集成材作为家具基材时，其表面有天然的致密通直的纹理、竹节错落有致、板的边缘只需铣削加工，板边缘显示出竹材的天然质感。因此，家具用竹集成材不仅是很好的结构材，同时具有天然的美学要素。此外，其结构不同，装饰效果不同，因此这种板的结构对家具造型有一定影响，这方面同木质人造板有较大不同，因为木质人造板不仅要饰面处理，更需要包边装饰。因此，本书把家具用竹集成材的结构设计及其生产工艺与竹集成材家具的造型设计、结构设计及工艺设计结合在一起进行研究，以便把家具用竹集成材的结构融合到竹集成材家具设计中。

(1) 竹集成材的形式

竹集成材是一种新型的竹质人造板。它是通过以竹材为原料加工成一定规格的矩形竹片，经"三防"处理（防腐、防霉和防蛀）、干燥、涂胶等工艺处理进行组坯胶合而成的竹质的板方材（图2-37）。新型竹集成材最小单元为竹片，因此它继承了竹材的物理化学特性，同时又有自身的特点。

(2) 竹集成材的特点

竹集成材具有竹材原有的良好物理力学性能、收缩率低的特性；强度大、尺寸稳定、幅面大、变形小、刚度好、耐磨损，并可进行锯截、刨削、镂铣、开榫、钻孔、砂光、装配和表面装饰等加工方式。表2-14所示为竹集成材与其他竹材人造板性能特点，表2-15所示为我国实木家具常用树种的力学性能，表2-16所示为竹集成材与几种常用木材的力学强度的比较。

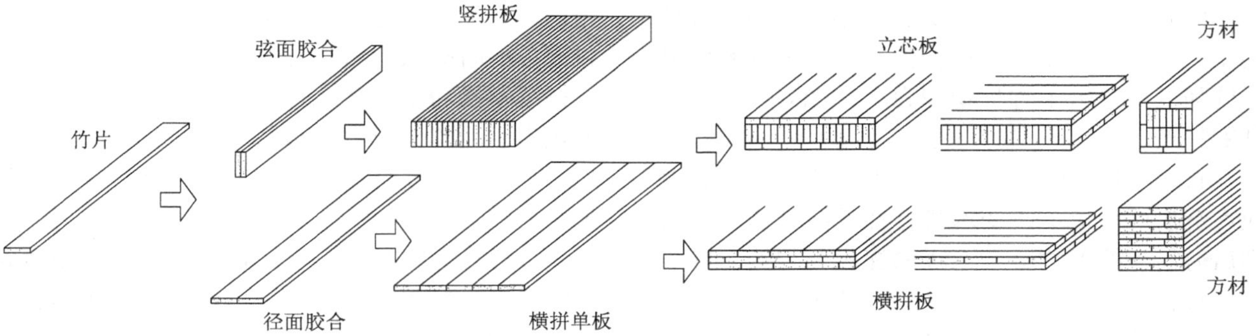

图 2-37 竹集成材形式及其加工示意

表 2-14 竹集成材、竹重组材与其他竹材人造板性能特点

板 种	基 材	板材结构	密度/(g/cm³)	主要力学性能			主要用途
				抗弯强度/MPa	弹性模量/MPa	内结合强度/MPa	
竹席胶合板	竹篾片编席	层叠、无奇数层原则	0.70~0.80	20~95	4000~6000	0.3~0.5	包装、货车底板
竹帘胶合板	竹篾片织帘	直交、按奇数层原则	0.80~1.00	90~120	8000~13 000	1.2~2.5	水泥模板、车厢底板
竹篾积成板	长条竹篾片	平行积成同向铺装	0.85~1.20	130~200	9000~14 000	—	车厢底板
竹材胶合板	竹筒展平竹片	直交、按奇数层原则	0.78~0.90	100~120	9500~14 000	2.5~3.6	车厢底板、集装箱底板
竹席波形瓦	竹篾片编席	覆浸胶纸、层叠	0.75~0.86	32~40	—	—	屋面材料
竹材碎料板	竹碎料	三层结构	0.70~0.90	25~32	2000~3500	0.4~0.9	家具、包装、建筑
竹材中密度纤维板	竹材制浆纤维	均质结构	0.68~0.78	28~35	2500~3400	0.8~1.3	家具、建筑
竹集成材	一定规格竹片	竹片径面或弦面胶合	0.64~0.80	100~160	5000~11 000	2.5~4.1	家具、地板、结构材
竹重组材	特制竹纤维束	平行积成	0.84~1.25	86~140	10 000~30 000	0.4~0.7	家具、地板、工程结构材

表 2-15 我国实木家具常用树种的力学性能

树 种	产 地	密度/(g/cm³)	顺纹抗压极限强度/MPa	弹性模量(弦向)/MPa	顺纹抗剪极限强度	
					径面/MPa	弦面/MPa
白桦	东北	0.635	46.86	9.32	7.26	9.51
楠木	四川	0.610	39.52	9.41	7.75	9.02
水曲柳	东北	0.686	51.49	16.18	11.08	10.30
核桃楸	东北	0.526	35.99	11.57	8.63	9.81
黄波罗	东北	0.449	33.93	8.92	8.83	9.02
青冈	浙江	0.860	64.63	11.67	14.81	17.65

表 2-16 竹集成材与几种常用木材的力学强度的比较

材料	干缩系数/%	抗拉强度/MPa	抗弯强度/MPa	抗压强度/MPa
竹集成材	0.255	184.27	108.52	65.39
杉木	0.537	81.6	78.94	38.88
橡木	0.392	153.55	110.03	62.23
红松	0.459	98.1	65.3	32.8

由表 2-14 ~ 表 2-16 可见，竹集成材力学性能高于一般的实木家具用材，基本达到中等硬阔叶材的强度，继承了竹材物理力学性能好，收缩率低的特点。

自 20 世纪 60 年代以来，人们逐渐从木材制成人造板后从根本改变木材特性的科学实践上得到启迪，开始了竹材人造板的探索与研究。随着人们对竹材本身特性以及竹青、竹肉、竹黄相互胶合性能的深入研究，及对它们内在联系认识的加深，先后研制出了同木材人造板既有联系又有差别并具有某些特殊性能的多种竹材人造板，打破了仅对原竹简单加工利用的粗放做法，尤其是竹材集成材的出现，为竹材高档板材在家具制品中应用开辟了新的途径。竹材集成材与竹材相比较，具有以下特点：

①强度大、刚性好、耐磨损。
②幅面大、变形小、尺寸稳定。
③改善了竹材本身的各向异性。
④具有一定的防虫、防腐性能。
⑤可以根据使用要求调整产品结构和尺寸，并满足对强度和刚度等方面的要求。
⑥可以进行各种机械加工、贴面和涂饰装饰，以满足不同的使用要求。

2.4.3 竹重组材的形式与特点

(1) 竹重组材的形式

竹重组材(Bamboo PSL, Bamboo parallel strand lumber)，又称重组竹，是根据重组木的制造工艺原理，以竹材为原料加工而成的一种新型人造竹材复合材料。重组竹是先将竹材疏解成通长的、相互交联并保持纤维原有排列方向的疏松网状纤维束，再经干燥、施胶、组坯，并通过具有一定断面形状和尺寸的模具成型胶压而成的板状或方材等形式的材料。其加工简易图如图 2-38 所示。

重组竹能充分合理地利用植物纤维材料的固有特性，既保证了材料的高利用率，又保留了竹材原有的物理力学性能。在前述的各种竹材人造板中，竹材基本需要经过剖篾、刨切、刨片、旋切等切削过程加工成某种单元后再压制成板材，而重组竹则基本上没有切削过程，其生产工艺有其特殊性，材性及应用也有其特点。

(2) 竹重组材的特点

①原料丰富、可持续发展：竹材是可再生的速生材，成材期短，如毛竹 4 ~ 6 年即可采伐使用，一旦育成竹林，管理得当，合理采伐，就可以源源不断提供竹材，是可再生资源，有利于生产持续发展和生态环境保护。竹材种类多，生产地域广，毛竹、淡竹、刚竹、巨竹、雷竹、箭秆竹、慈竹等各种大径竹、小径竹或杂竹等都可用来生产重组竹。

②材料利用率高：重组竹的竹材利用率可达 90% 以上，制造竹集成材需用优质厚壁毛竹，利用率约 20%，而实木珍贵材利用率仅 30% 左右。制成的重组竹是方材，用其制作家具时，材料的有效利用率也很高。

③外观美丽：重组竹具有天然木质感，表面有木材导管状的细沟槽，表面纹理有的似直条状的径切纹，有的似山形的弦切纹，还有小节状涡纹，自然流畅、富于变化。重组竹材色也有多样，可以制成浅黄褐色(本色)或碳化成茶褐色(咖啡色)，也可做成茶褐色与浅黄褐色相交错的斑马木色，还可以根据需要染成各种珍贵材色。重组竹的触感与木材相同，温暖可亲，滑爽宜人。

④材性优良：重组竹具有良好的力学性能和物理性能，例如，浙江方圆木业公司生产的重组竹实测材性如下：密度为 $1.08g/cm^3$，抗弯强度为 206MPa，弹性模量为 17.313×10^3MPa，表面抗冲击性能为 7mm，甲醛释放量为 0.1mg/L，材性与红木的材性相近。又如，浙江省林业科学研究院用小径竹，采用疏解工艺制成竹材纤丝束热压成的重组竹，其物理力学性能见表 2-17。竹重组材与竹集成材、其他竹材人造板的性能比较可见表 2-14。重组竹的物理力学性能可以通过结构、制造工艺进行调节，使其符合使用的需要。

⑤易于加工：可利用通用的木材加工设备和工艺对重组竹进行加工。重组竹家具的结构完全可以采用传统的实木家具结构，也可采用现代的连接件结构。可用木工胶胶合，胶合性能良好，涂料和涂装工艺与木家具的涂料和涂装工艺相同。

(3) 竹重组材的应用

前些年，竹重组材(重组竹)主要用于竹地板生产，代替优质硬木，并大量出口欧美等国。近几年，重组竹得到一些家具企业的重视，对重组竹在家具方面的应用进行开发研究，取得了可喜的成绩，已有重组竹家具批量上市。重组竹及竹集成材与几种常用木材的强度的比较见表 2-18。由于重组竹的色泽、纹理、材性等方面与红木类木材极为相似，因此，一些家具和木业企业用重

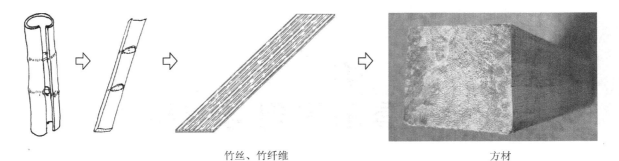

竹丝、竹纤维　　　　　　　　方材

图 2-38　竹重组材形式及其加工示意

表 2-17　采用小径竹制成的重组竹的物理力学性能

性能指标	密度/(g/cm³)	含水率/%	吸水率/%	静曲强度/MPa		弹性模量/(×10³MPa)		冲击强度/(kJ/m²)
				纵向	横向	纵向	横向	
实验室产品	1.13	6.7	7.7	164.6	54.9	13.0	5.0	115.6
工业化产品	1.01	9.2	5.8	122.1	51.3	11.8	4.0	104.8

表 2-18　重组竹、竹集成材与几种常用木材的性能比较

材料	密度/(g/cm³)	抗压强度/MPa	抗弯强度/MPa	弹性模量/(×10³MPa)
竹集成材	0.64~0.80	65.39	100~160	5~11
竹重组材	0.85~1.25	≥60	86~140	10~30
紫檀	0.55~0.75	44.1~59.0	88.1~118.0	13.3~16.2
乌木	0.85~1.10	≥73.0	118.1~142.0	≥16.3
黄檀、花梨木	≥0.95	≥73.0	≥142.0	10.4~13.2
香樟	0.510	39.4	76.8	9.22
水曲柳	0.686	51.5	116.3	14.32
橡木	0.572	64.7	139.6	11.96
柏木	0.60	53.3	98.6	10.0

组竹代替红木，制造具有中国传统风格的明式、清式家具，这些家具从材料质感、触感、颜色、纹理等方面与红木（花梨木、红酸枝等）极其相似，几可乱真，还可以精雕细刻，质量优，价格具有竞争力而受消费者欢迎。而紫檀、红酸枝木、黑酸枝木、花梨木、鸡翅木等珍贵红木，产于东南亚、美洲、非洲的热带雨林，成材时间要百年以上，甚至数百年，由于人们长期无节制的砍伐，一些珍贵树种资源已近枯竭，为保护生态环境已禁止砍伐。柚木、水曲柳、红松等优质针阔叶树成材也要数十年上百年才能利用。实践证明，重组竹是中国人创造发明的一种可持续发展的新材料，其材质优良，完全可以作为优质硬木的代用品，用于仿红木家具的制造。

由于重组竹家具具有优良的材性，木材般的自然质感，易于加工，是一种可持续发展，绿色环保的材料，因此重组竹将会更多地大量应用于家具业，并在应用中不断得到品质的提升，它将为我国家具业发展提供有力的物质保证。发展利用重组竹是解决我国家具材料短缺，家具业可持续发展的切实可行的途径之一。

复习思考题

1. 我国竹类植物主要分布在哪三大竹区？
2. 竹类植物营养器官和生殖器官各有哪些？
3. 我国主要的经济竹种有哪些？各有什么特点？
4. 竹材构造如何？其具有哪些性质？
5. 请比较竹重组材、竹集成材与其他的竹材人造板性能特点。
6. 竹材人造板的种类有哪些？
7. 竹材人造板与竹材有什么不同？

第 3 章
竹家具的造型与结构

【本章重点】
1. 圆竹家具的天然造型要素与特点。
2. 竹集成材家具的天然造型要素与特点。
3. 竹重组材家具的天然造型要素与特点。
4. 圆竹家具的结构特点及零部件类型。
5. 竹集成材家具构件自身的结构。
6. 竹集成材家具零部件的装配结构。
7. 竹重组材家具的结构。
8. 竹材弯曲胶合家具弯曲构件的结构。
9. 竹材弯曲胶合家具支撑构件的结构。

3.1 竹家具的造型

3.1.1 圆竹家具的天然造型要素

家具是一种载体，反映的是一种文化，在发展过程中，通过不同的形态、色彩、装饰和图案，形成了表达民族的、环境的、时代的不同内涵的艺术形式和人文意识。因此，研究圆竹家具的造型特征，无疑要对这种民族的、环境的、时代的东西进行剖析。总的来说，形成圆竹家具的造型特征既有地域因素，也有历史成因。首先，竹唯江南有，江南的秀山丽水及独特的文化理念建筑了竹家具的纤巧雅致的造型品格；其次，明清时期，经济文化的大发展，使圆竹家具在充分改造现有工艺的基础上，部分吸收了明式家具的造型要点及建筑装饰要素，从而拥有了融合明式家具的简洁得体与建筑相蓄共济之美，为圆竹家具带来了更为成熟及完美的造型。

当然，以上不论是历史性的因素，还是地域性的因素，都只是部分地映射了圆竹家具的造型特征，而更为本质的还要追溯其本身的结构及材料的因素。圆竹家具虽然品类丰富，造型各异，但归纳起来，它始终由两个基本部件组成，那就是骨架与面层。这使竹家具带有很明显的特征：简洁。圆竹家具注重于用线型的理性组合来表现圆竹家具的风格，用最简洁的构成方式来形成圆竹家具立面上的层次感。因而这个简洁包含更深层次的内容：其一是运用娴熟的造型构图艺术，其二是由结构而形成的造型，其三是由结构而产生的装饰，而后是造型要素质、形、色的完美统一。

3.1.1.1 造型构图艺术
圆竹家具其线的方向性，形式结构的对称性，家具形体与周围环境建筑体量的融合性，使家具与人的精神世界始终保持着隐约的联系，赋予圆竹家具以诗意，使人不仅生活在物质世界中，又生活在精神的世界中。这就是竹家具所具有的造型艺术品格，这些丰富的艺术品性，一方面得益于得天独厚的天然竹藤，另一个更重要的原因是历代匠师们的精益求精。天然与人工合二为一的构图艺术，为我们展示了融会于圆竹家具中的丰富的造型构图规律。

3.1.1.2 由结构而形成的造型
一般说"由材料而决定的式样，由结构而形成的造型"。首先，竹材的可劈可篾，可直可弯，可

竹圆凳　　　　　竹球椅　　　　梳背官帽椅　　　　竹窗

图 3-1　稳定与轻巧

图 3-2　骨架接点形成韵律和力的中心　　　图 3-3　端部突出　　　图 3-4　圈椅

粗可细，为竹家具的丰富线型奠定了材料基础；其次，竹材的特殊加工使用性能决定了竹家具的骨架与面层结构的特殊性，继而决定了其造型的特殊性，这就是说，圆竹家具独具一格的造型主要体现在骨架与面层的处理上。

骨架是竹家具的灵魂，起着导向、受力及造型的作用。因家具结构的需要，其形态呈现丰富的变化，这形态既有骨架竹段本身的线型形态，也有其竹段组合而形成的线型组合，如图3-1所示。

（1）骨架竹段的线型特点

①粗细不等，搭配使用：骨架所用的竹段使用原竹、大竹、小竹，直径从几厘米至几毫米粗细不等，竹家具中常利用这些骨架线条的粗细、疏密排列而形成变化的视觉效果。

②骨架的线型富于变化，宜曲宜直：竹材良好的可塑性能，赋予竹家具以丰富的线型变化——直线、几何曲线、自然曲线、异形线及各种封闭成形的线脚，可谓宜曲宜直，回环圆满。

③线的构成设计富有韵律：竹家具造型以线型为主，骨架线构成有序，绝不杂乱，在线型的有机组合中显示竹家具的韵味。

（2）骨架竹段结合的造型特点

①接点富有点的构成韵律：竹藤家具骨架的接合常用缠接结合，其接合点裸露，表面留有明显的手工造型的痕迹，显示出拙朴的外观品质。此外，如果忽略藤皮的绕缠方式，就藤皮与竹段的质地色差，就足可以突出缠接点，容易将观者的视觉引向这个点上来，形成力的中心。这些点遍布于家具立面，使整件家具显得有动感，如图3-2所示。

②接点端部突出，成为家具造型的一部分：竹家具的受力骨架常用拱接法结合而成，而一些工艺性较高的制品，骨架或花格图案多用棒接、丁字架、十字架、L字架等。顺应这些结构形式，表现在家具造型中，就出现了许多端部出头的花钵架、书架、椅子等，如图3-3所示。这些造型都是应结构而顺势天成，有的给人以挺拔向上的感觉，有的给人以不加修饰的古朴感觉，不一而足。

③接线平滑流畅：对于接长的线型，丝毫没有流露人工加工的痕迹，如图3-4中的圈椅，利用竹段的接长很自然的将脑搭、扶手与鹅脖、椅腿接在一起，呈自然的弧度，人性化的理念表现，令人感到无可挑剔的流畅，似乎是顺应肢体而自然演绎的结合。

（3）面层的形态特征

圆竹家具的面层是家具最显露的部分，也是其造型诠释最为丰富的部分。其面层取材广泛，一般采用竹片、竹排、藤条、竹篾，也可用木板、胶合板、纤维板、塑料板，不同的材料产生不同的结构形式，同时也造就不同的面层造型特征。

现从面层的用竹构成具体方式主要可分为条块式、穿编式与胶贴式等。

①条块式面层形态：这种面层是由竹排排列构成面，造型简洁而明快，强调线条的规整平衡，体现秩序美，条理美，给人以大方的感觉。这种由条块零件排列而成的面一般都为规则的平面几何形，多用于竹枕、竹躺椅座面板、架类家具面板，此外，条块式面层还常以曲面的形态出现。或者是若干同种规格的直竹条在空间排列成弧面，或者是弯曲的条状竹段搭配组成弧面，均是配合骨架的线型形成各种围合的虚体，从而出现圆、椭圆或月牙状等的别具一格的家具面层，富有动感，如图3-5所示。

②穿编式面层形态：该面层用藤条、竹篾等线形零件围绕成面，依据骨架线的方圆曲直而呈现不同的形态，是圆竹家具中使用非常广泛的面层造型结构，也是精工细作的典范。其图案的穿结与编织，经历了历代能工巧匠的吸收与提炼，逐渐形成了一套线条纤巧有致，构图精巧大方的编织形态。不论在坐卧类家具，还是在储存类家具或是凭倚类家具中其应用都十分广泛。编织的花样很多，如人字花型编织、等边六面花型编织、等边三面花型编织、井字花型编织、十字花编、菱形花编等，既给人以面的严谨，又富有线形的组合变化。高低疏密，左斜右挑的错落线形，构制出了浓郁的古典风情，如图3-6所示。

此外，穿接面层中的藤条在骨架结合处可进行多次缠接，如棒卷、棒花卷、桂花卷、虫花卷，又沿着骨架作出各种花式结，如十字结、龟甲结、桂花结、人字结、蝴蝶结，丰富了面层造型。这种缠与结的线形不是空穴来风，而是根据结构需要顺势取得，加以润饰，更令人感觉自然清新。

图 3-5　竹躺椅

人字花编面板竹家具

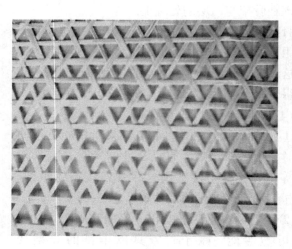

等边三面花型编织

图 3-6　穿编式面层形态

图 3-7　竹青贴面茶几

图 3-8　带十字枨结构的桌子

书架

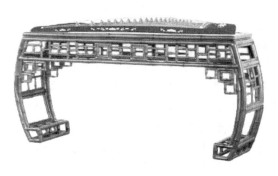

琴桌

图 3-9　花格装饰的竹家具

③胶贴式面层形态：胶贴式面层是一种把现代工艺充分应用到竹家具中的方法，其形态已与木制家具的面层无异，并以纹理清晰及贴面图案的装饰美效果见长。现在运用得较为成熟的有竹青贴面与竹集成材胶合的面层，常用于尺度较大的竹家具面层板，例如桌面板，如图 3-7 所示。

3.1.1.3　由结构而产生的装饰

竹家具的装饰手法很多：雕、描、嵌、刻、镶等都为所用，其中使用最多的是镶，这种镶通常表现为在家具骨架中见缝插针地进行镶嵌装饰，借以获得各种装饰线型与装饰花格。装饰花格贯穿融会在家具造型之中，而装饰线型多用于家具框架之间，成为家具结构的一部分。

（1）装饰线型

在竹框架之间增设各种矩形图案、圆弧形图案、弓形撑子等，既起支撑加固的作用，又极具装饰性。这些装饰线型以纤柔的曲线为主，多用"C""S"形或线形的组合，自然、恰当，与框架线型相得益彰。此外，也有一些直线状的，如图 3-8 中在桌椅腿框架间设的呈对角线的十字枨（或花枨），虽然以结构的形式存在，但在明代已经摆脱了直枨的基本形式，着意于装饰作用，使其结构功能和装饰美化兼顾。

（2）装饰花格

装饰花格是竹家具中具有浓郁中国本土特色的装饰。花格的形式多种多样，通常有万字花格、扇形花格、人字花格、套格、连脚挽、寿字圈、冰梅等。这些花格可以作为围合，如书架侧面的花格旁板；而更多的则是用于对竹家具的某些需要突出表达、强化的部位进行重点处理，如椅面、桌面、靠背等。图 3-9 书架两侧的六边形花格做旁板，背板中间有人字形花格、寿字圈，两侧为十字形花格。图 3-9 琴桌用回纹和人字花格装饰。

图 3-10　各式竹竿可直接作为竹家具骨架

图 3-11　仿竹节腿桌

图 3-12　主体竹篾用作门板和搁板

竹家具中的花格装饰技巧与中国古典建筑装饰方式有着千丝万缕的联系，它融中国古典园林建筑中的栏杆、漏窗、挂落等门窗造型，经匠师们的再组织创造，用竹子圆润刚直的线条表现出断而相连，通透空灵的神韵，更突出竹家具的古朴典雅。另外，在骨架的空白处，横竖支架的交角处常用竹郁枝花作为装饰，形状如牙子，与明式传统家具有着异曲同工之妙。

但是，竹家具的装饰绝不堆砌，常因补虚而设，加固而置，总之是因结构需要而产生。

3.1.1.4　质、形、色的完美统一

质是指质感与肌理，形是指形态，色是指色彩。在竹家具中，这三种造型语言共同作用，相互融合，共同传达着一种思想，通常给人以一种清新婉约的感觉，流露出自然的田园气息。

（1）肌理与质感

竹材纹理通直、细腻、淡雅，无论杆用或篾用，都有着一种江南特有的清秀与文倩。

① 杆用肌理：竹家具的骨架所用竹段通常保留原竹的风貌，或光滑细腻，或粗糙斑驳，一般不需涂饰即可获得轻快柔和的视觉效果，如图 3-10 所示；而车圆的竹节呈天然的分布其中，自有一种苍劲的古风，令人感觉古朴劲挺。可见，明清时一些桌椅中出现的仿竹节腿绝不是偶然的，如图 3-11 所示。

② 篾用肌理：竹篾的不同加工形状也产生不同的质感效果。砍伐的天然原竹可加工成扁平、圆形、三角形或其他形状的篾条。其中，圆形、方形、三角形或其他形状篾条采用提压排列编织方法，形成较为粗糙、较强凹凸感的"主体竹篾"，

图 3-13　平面竹篾用做座具面层

显得笨重、含蓄、温和，用于竹家具中的沙发背侧面、柜面板等；而平面篾条普遍采用相交十字线或人字花型，作经篾与纬篾交织，得到编织面平整、表面光滑的"平面竹篾"，显得洁净与轻快，多用于与人体关系密切的坐卧类家具面层结构中，如图 3-12、图 3-13 所示。

③ 结构肌理：许多竹家具还充分利用结构造型，将织物、金属、塑料、玻璃、实木等不同材料合理搭配，得到不同的质感，不仅丰富了感觉效果，还赋予竹家具别样的神韵，为更多人所接受，如图 3-14 所示。

此外，竹颇具凉爽的视觉肌理，这种肌理效果使竹成为做竹枕、竹躺椅的最佳材料。

（2）形态构成

中国被誉为是"竹子文明的国度"，竹子的使用贯穿着中国文明发展的历史。尤其竹简的出现和使用对中国文化的传播起着不可磨灭的积极作用，各式各样的竹器产品也广泛在人民生活中使

3.1 竹家具的造型 ·39·

竹材与实木

竹材与皮革

竹材与织物

竹材与玻璃、藤

图 3-14　竹材与其他材质构成的肌理效果

点的构成

线的构成

面的构成

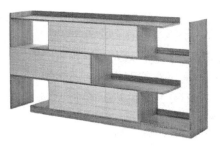
体的构成

图 3-15　竹家具的形态构成

图 3-16　竹青

图 3-17　竹黄

图 3-18　稀硫酸液涂饰火烤而成的黑色竹沙发

图 3-19　白色喷漆竹柜

用，更值得一提的是竹子还在人民精神生活中占有重要地位，文人最喜"移竹当窗"，因为竹子婆娑的身姿和潇洒的形态，能营造一种清雅的意境，从而陶冶和升华人的高尚情操。而用竹子做成的家具，前已说明，由于竹子特有的表面纹理和加工性能，宜曲宜直，无论是古色古香的圆竹家具，还是富有现代气息的竹集成材家具、竹重组材家具等，均保留了竹子所特有的形态，不仅承载着古老与现代的东方文明，还使得这样的家具往往具有较强的立体构成艺术感。竹家具造型形态丰富，集合了点的构成、线的构成、面的构成、体的构成等，可以这么说，竹家具的使用，是视觉与精神上的双重享受，如图 3-15 所示。

（3）色彩

古人对竹子的色彩是褒奖有加，"体坚色泽又藏节，满眼凝滑列瑕疵""竹深不见人，沿声在空翠"，用竹子做出来的家具也有着那古色古香的味道。当然，这是竹子本身赋予的色彩，在竹家具制作中还可以通过各种途径获得新的色彩。

① 竹本色：竹材表面进行刮青处理，即现出淡黄色的竹黄。竹黄的色彩就是竹家具初成的主色调，与木本色相类似，淡雅、清新，如图 3-16、图 3-17 所示。

许多竹家具制成后，受外界自然力及本身竹材化学性能的影响，其竹材会出现从淡黄至金黄，再由金黄至红紫的色彩变化，从而在不经意间竹家具经历着从明朗到深邃古雅的变迁。

② 竹材着色：竹材染色、油漆、炭化或经稀硫酸液涂饰火烤处理后制作的家具，色调别致，可增加家具的艺术感，适应其使用的空间环境。但无论着什么颜色，都以古朴、典雅为主题，如图 3-18、图 3-19 所示。

③ 烙花：烙花也是竹家具中的一项传统的装饰，烙花后竹材表面所呈现出的有别于竹本身的或红或黑的色差，将一些装饰图案如人物、花鸟、风景、书法作品等融入家具的造型中，使家具具有色彩斑斓的视觉效果，同时又有较强图案美，如图 3-20、图 3-21 所示。

总之，圆竹家具造型简洁，以线为主，线条挺秀流畅，比例适度，具有素雅清新的自然美。在此，用"十二品"来对竹家具造型特征所形成的装饰神态进行概括：简练、淳朴、古拙、圆润、文倚、研秀、劲挺、柔婉、空灵、玲珑、典雅、清新。

图 3-20 椅背烙花

图 3-21 柜门烙花

3.1.2 竹集成材家具的天然造型要素

3.1.2.1 竹集成材家具设计美学特征

作为一种工业产品，家具设计必须在消费与生产之间寻找最佳的平衡点。对于消费者来说希望获得实用、舒适、安全、美观、价廉并最好与众不同的家具，而对生产者而言希望简单易作，从而降低成本、获得必要的收益，因此，新型竹集成材家具的美应是通过功能与形式统一、技术与艺术统一、经济与美感的统一、内在与外在统一来实现的。

(1) 功能与形式的统一

"形式追随功能"已由于人的需求日益受到重视，也直接反映生活意义的倾向。要设计出舒适的家具就必须符合人体工程学的原理，并对生活有细致的观察和分析。如弯曲型竹集成材摇椅，利用了竹材纵向良好的柔韧性和易弯曲的特点，通过模压制造出符合人体曲线椅背、椅座面，让人躺着时觉得舒适；椅扶手高度及线型走向能让躺着的人手臂得到最大的放松，从而满足人的生理要求。同时，该椅主要由"S"形曲线、直线及椭圆曲线构成，简洁、明快、富有亲切感，而且通过曲线实现摇椅的摇摆功能，让快节奏的现代生活所带来的紧张感得以舒缓，甚至达到一种悠然自得的轻松感，从而满足人的心理要求。

(2) 技术与艺术的统一

造型语言必须在产品的材料和工艺的基础上，进行对造型视觉信息符号的选择和使用。如立芯结构的竹集成材与横拼结构的竹集成材，结构不同，因而生产工艺上就有差异，端面以及侧面的造型效果也不同。这些不同结构的竹集成材和加工方式提供了多样化的造型元素，从而也为视觉语言的丰富性提供了基础。

(3) 经济与美感的统一

经济与美感的统一，强调的是视觉语言设计的合理性，即在材料的选用上尽量科学合理；在工艺的选定上尽量便于加工；在产品的使用过程中尽量不易受到损坏；在产品的使用寿命上尽量延长年限。如竹集成材具有竹材的天然质感，可直接进行透明涂饰；其板边缘可不用包边处理，而用又快又便宜的铣削加工来成型。而木质人造板一般要贴面和包边处理，这些费用相对前面的竹集成材的表面处理费用要高；此外，也多了几道工序，降低了工作效率。

(4) 内在与外在的统一

竹集成材家具的基材是竹集成材，而作为家具基材的竹集成材的最基本构成单元是竹片。竹片是竹子的一部分，有着天然的节子、颜色和纹理。而竹子在我国有着深厚的竹文化底蕴和内涵，现代社会是多元文化共存的时代，继承与发展传统文化精华，从外来文化中汲取营养。要创造中华民族的新形式，并融入国外的新风格，就必须逐步地探讨研究如何使其源于中华文化，融于中华文化，设计中应体现出民族性，再创造是文化与科学技术的综合。

因此，竹集成材家具的艺术美必须根植于由功能、科学技术、材料、文化所带来的自然属性中。我们应充分利用我国丰富的竹资源为原料，生产高质量的竹集成材，进一步开发出功能合理，结构科学，工艺精湛，造型美观，符合现代生活需要，可实现工业化生产的现代新型竹集成材家具。

3.1.2.2 竹集成材家具的造型原理

竹集成材家具的造型离不开工艺、技术、材料，它们是竹集成材家具造型的基础；美学功能可以使竹集成材及其家具造型具有完美的形式，构成竹集成材家具的形式美，使家具在造型上符合美学原则。

竹集成材的最小构成单元是宽厚规格基本相同的竹片。竹子有天然的竹节，因此竹片上通常会有竹节（图3-22），若将竹片当作一条线，那么竹节就变成一个点；竹片的端面是有许多纵向维管束的断面形成的深色斑点（图3-23）。竹片的弦面和径面是一丝丝纹理通直的纵向纤维，它们的组合平行而致密，其中维管束的分布非常整齐，并且可以通过对竹材进行炭化使竹集成材表面颜色变深。一根竹片就能很好地展示竹材的材质与纹理的自然美。因此，可对竹集成材家具基材进行造型设计，进而使竹集成材家具美学效果更为丰富。

与木质家具比较，由于竹材具有较强的物理力学性能，因此在同等载荷条件下，竹集成材家具构件能以较小的尺寸满足家具强度要求以取得经济上的明显收效。如果家具的整体造型显得更为轻巧，则更能体现竹材的刚性以及力的美学。另外，竹材纵向具有较好的柔韧性，如果充分利用这一特性，可以制作出造型更为丰富、更为优美的新型竹集成弯曲家具，从而进一步满足不同生活的需要。

竹集成材家具可不用封边处理。竹集成材可以通过对板边的铣削加工所形成的边缘，体现出竹材的天然质感，而且铣边是很便捷的一次性操作工序，比用贴面封边具有更强的优越性和装饰性。

竹集成材家具的未来趋势是向着拆装式板式部件标准化方向发展，这可以使竹家具机械化生产效率大大提高，从而降低产品生产的成本。新型竹集成材家具还力求实现家具的模块组合、延展，通过材料的多种应用和丰富的色彩变化，使其在风格上形成多样化，以满足不同层次消费者需求，如图3-24至图3-26所示。

图3-22　竹片弦面与竹节

图3-23　竹片端面

图3-24　竹集成材板式家具

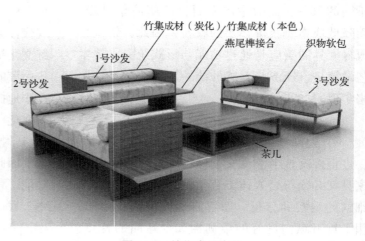

图3-25　竹集成材家具

目前，我国现行的关于竹集成材的行业标准为LY/T 1815—2009《非结构用竹集成材》，其中规定了用于家具、建筑内部装饰装修等方面的非结构用竹集成材的定义、分类、技术要求、检验方法等内容。

3.1.3 竹重组材家具的天然造型要素

由于竹重组材（重组竹）是一种先将竹材剖分、疏解，然后重新组织并加以强化成型的一种竹质新材料，也就是将竹材加工成长条状竹篾、竹丝或碾碎成竹丝束，经干燥后浸胶，再干到要求含水率，然后铺放在模具中，高温高压热固化而成的型材，因此，在重组竹型材的表面或端面，看不出像竹集成材由宽厚规格基本相同的竹片（竹集成材的最小构成单元）胶拼而成的表面、胶合线，以及竹片的天然竹节、竹片端面、竹片弦面、竹片径面等明显造型要素。

补充阅读资料——
LYT 1815—2009
非结构用竹集成材

图3-26 现代简约风格的竹集成材客厅家具

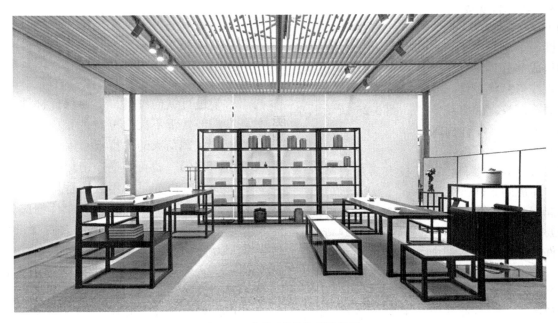

图3-27 曲美"萬物"系列家具

采用疏解工艺制成竹材纤丝束经高温高压重组而成的竹重组材，表面有木材导管状的细沟槽，表面纹理有的似直条状的径切纹，有的似山形的弦切纹，还有小节状涡纹，自然流畅、富于变化、外观美丽，具有天然木质感（图3-27）。重组竹材色也有多样，可以制成浅黄褐色（本色）或碳化成茶褐色（咖啡色），也可做成茶褐色与浅黄褐色相交错的斑马木色，还可以根据需要染成各种珍贵材色（如红木类木材等）。重组竹的质感和触感与木材相同，温暖可亲，滑爽宜人。

由于重组竹的色泽、纹理、材性等方面与红木类木材极为相似，因此，一些家具和竹木制品生产企业用重组竹代替红木，制造具有中国传统风格的明式、清式家具，这些家具从材料质感、触感、颜色、纹理等方面与红木（花梨木、红酸枝等）极其相似，几可乱真，还可以精雕细刻，质量优、价格具有竞争力而受消费者欢迎。实践证明，重组竹是一种可持续发展的新材料，其材质优良，具有优质木材般的自然质感和造型要素，完全可以代替天然实木用于仿木家具的设计与制造。

3.2 竹家具的结构

3.2.1 圆竹家具的结构

3.2.1.1 零部件类型

（1）杆状零部件

形圆而中空有节的杆状零部件是圆竹家具最主要的组成部分。

①直线形杆状零件：指经校直过或本身直线度极佳而不需校直的直线零件。图3-28所示的桌子脚架即为直线形零件构成。

②弯曲形杆状零件：

直接加热弯曲零件：指经校直后的竹竿直接加热弯曲而成的零件（图3-29）。

横向锯口—弯曲零件：指先在经校直后的竹竿上按要求锯出横向的"V"形槽口，再加热弯曲而成的零件（图3-30），这种加工工艺也称为骟竹工艺。

（2）板形部件

①竹条板：竹条板是用一根根竹条平行胶接组成的，它是竹家具中最为常见而又很简单的板件（图3-31）。在竹家具的框架相对应的两边，打上相对应的空洞（榫眼），在竹条上制作榫头，然后涂胶组合即成。常见的榫接合方式有：月榫接合、方榫接合、双月榫接合、半圆榫接合、尖头榫接合等（图3-32），它们的接合通常都要用竹销钉加固。如果竹条过长，常在竹条下面做横衬，在横衬和笔条上打孔，用螺钉、铁钉等五金件将竹条固定在横衬上，或用藤条、塑料带等条状物缠接在横衬上。

②活动圆竹竿连板：多用于活动竹躺椅和折叠椅的椅面板件（图3-33）。先按设计的尺寸制成大小相同的竹条，再把竹条横向排列，统一划线、打孔，最后用金属丝或尼龙绳把它们串联起来。

（3）固定圆竹竿连板

这类板件可用作一般的搁板和椅类的座板、靠背板与竹条席子等（图3-34）。圆竹竿连板的竹竿直径以6mm左右为宜，它可以充分利用小径竹材，并且受力性能比较好。

（4）固定块篾板

块篾板用料一般选用直径在80mm以上，厚度在5mm以上的厚壁大径竹材，把它们劈成断面为矩形的竹条，也可利用一些加工余料，把所选中材料接合面的竹节削平，按图3-35所示横向排好，用直尺压住在其背面划上"W"形线，沿划线方向钻孔，用铁丝或尼龙绳等把它们穿结起来即可。

（5）竹排板

竹排板是大型竹桌、竹床及普通竹家具最常用的板件（图3-35）。一般选用直径较大、竹壁较厚的毛竹、龙竹、刚竹等为原料，把它们截成所需要的长度后纵劈成两半，除去竹隔，车平竹节，再对竹竿进行纵向细劈，但要保证被细劈后的小竹条在端部处于不完全分离的相连状态，形成小"竹排"料。载荷大的竹排板须用横衬（也称承挽）支撑（图3-36），也可用横穿销加固（图3-37），横穿销的加工方法如下：用数块竹排料并连成竹排板件，然后在竹排板件的背面即竹黄部分避开竹隔横向划线，再依线锯入1/2左右深度的锯口，从锯口开始向一个方向纵劈50mm左右，在劈口处嵌入一条5cm厚平直木方即横穿销进行连接。横穿销的数量可根据竹排的长度来定，短的穿2条即可，方桌面板一般穿3~4条，竹床板面长，且载荷大，通常穿7~8条。

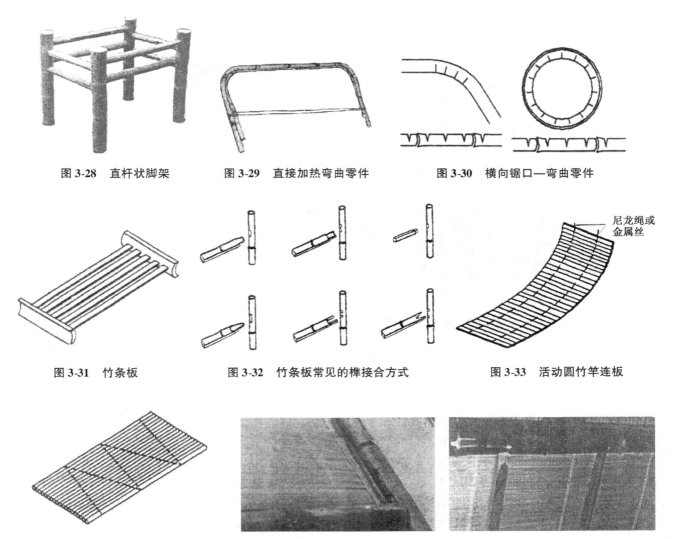

图 3-28 直杆状脚架　　图 3-29 直接加热弯曲零件　　图 3-30 横向锯口—弯曲零件

图 3-31 竹条板　　图 3-32 竹条板常见的榫接合方式　　图 3-33 活动圆竹竿连板

图 3-34 固定圆竹竿连板、固定块篾板　　图 3-35 用横衬的竹排板的上面　　图 3-36 用横衬的竹排板的底面

(6) 麻将席板

最常见的麻将块板是近几年兴起的麻将块沙发垫(图 3-38)、麻将块席子等。其特点是在纵向和横向上都可以随被垫物形状的变化而变化。其加工方法为：选用大径厚壁竹材，劈成宽约 20mm 的竹条，再将其截为长度 35mm 的竹块，砂去四边棱角，然后在竹块上沿中心线部位穿"十"字孔，用有弹性和韧性的绳子把它们逐个穿结而成。大面积和四周还常围有软边。

(7) 编织板

在家具的框架上，用藤条、竹篾、尼龙绳等编结而成的板件(图 3-39)，一些圆竹家具的座面、靠背常采用这种板件。编结的图案非常丰富，如：四方眼、十字花、人字孔、文字编等。板件用竹篾、藤条等在框架面层经纬方向上排列穿结而成，编结物与框架的连接方法有很多种，常用的有三种：最简单的就是直接把藤条等编结物编结在框架上[图 3-39(a)]；第二种方法是穿孔编结面层[图 3-39(b)]，在框架上打孔，将编结物穿过孔洞进行编织。此种编结面稳定，不易变形，强度大；如果编结图案复杂，或者在造型上要求高，要采用压条编结法[图 3-39(c)]，取一细竹条与框架平行放置，用编结物把它与框架固定，再将编结物编结于其上。

(8) 竹黄板

也称竹翻黄，即取色美、质硬、粗糙度低的竹黄做家具的面料，分单块竹黄板和胶合竹黄板。竹黄板的制作方法如图 3-40 所示：截取竹材的节间部分，劈去竹青，再将竹筒衬在圆柱上用刨刀刨薄，再纵向切开，放入沸水内煮，或用明火烘烤，待竹黄变柔韧时，取出趁热展开，并用两块平板加压夹平定型。竹黄板如单块使用，则要求

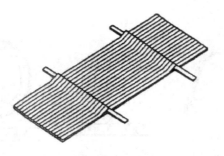
图 3-37 用横穿销连接的竹排板

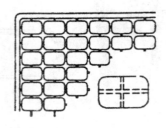
图 3-38 麻将席板

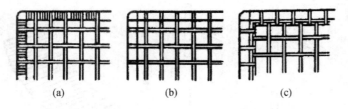
图 3-39 编织板的制作

图 3-40 竹黄板的制作

厚度较大，为 2.5mm 左右。而如胶合成胶板使用，则要求厚度较小，为 1.8mm 左右，胶合时要将竹黄单板竹肉面组坯后再冷压胶合。此外，竹黄板也可作表板与其他板胶合使用。在竹家具和工艺品中，竹黄工艺独具一格，由于单块竹黄板面积小，不便制作大的构件，所以在竹家具制作中，小件产品可以用它作板面，如凳、墩面等，或用单块竹黄板作小面积的点缀装饰等，而胶合竹黄板可用于大件产品的板件，如桌面、椅面、几面等。

（9）竹片板和竹条板式的边部处理

竹材板件制成后，边沿有不齐、毛刺等缺陷，如不进行处理不仅影响美观，而且不耐用，甚至影响到使用时的安全，常用的边部处理方法有包边和压边。

①包边：包边是用包边材料将不整齐的外侧边包住（图 3-41），主要用于遮盖竹板侧边，常用材料有圆竹、木条、塑料封边条等。形状也非常丰富，将包边料顺着板侧边包一周，边包好后再沿板面修整棱角。

②压边：压边是用压边料将不齐的边侧掩盖掉（图 3-42），主要用于遮盖板上侧露出来不整齐的板件，常用材料是竹篾、竹片、木条等。

3.2.1.2 零部件装配结构类型

把加工好的零部件，按照设计要求组合成一个完整的圆竹家具的过程，称为装配。装配工序是圆竹家具生产的最后阶段，它又分为部件装配和总装配，一般是先将零件装配成部件，再将部件装配成产品，而且，不同的产品，不同的结构，其装配过程不同，下面是圆竹家具的基本装配方式。

（1）包接

①方折包接：如图 3-43 所示，被弯曲零件称为"箍"（也称"围子竹竿"），被包零件称为"头"，箍与头组成部件，部件为几边形则称为几方折，也称几方墨（一方折则称为独墨），比如部件为正三角形则称三方折（三方墨），为正六边形称六方折（六方墨）（图 3-44），在方折弯曲中一般为单头方折，即一个箍只包接一个头，但例外的是一方折（即独墨，也称并行包接），有单头、双头、多头等形式（图 3-45）。在方折结构中，三方折、四方折、五方折、六方折、八方折、十二方折、十六方折是最常用的几种形式。

门形结构是四方折的一种变形，是传统圆竹家具常用的接合形式（图 3-46），这种结构的强度大小与其拉档强度大小有密切关系。包接门型结构中，"头"与"箍"间的接合力相当小，"头"很容易从"箍"中拔出。拉档的竿径不能太小（要大于 30mm），竹壁不能太薄（要厚于 3mm），否则它与围子竹竿间的暗榫结合的接合力就很小。

②嵌接：一根竹段弯曲环绕一周后再将两个端头相嵌接。选上下径相同的竹段，两个端头纵向各相应锯去或削去一半，弯曲一周之后，再与

保留的另一半相嵌而接(图3-47)。竹段端头处理有正劈和斜削两种。无论正劈还是斜削，嵌合后都要再钉入销钉以增强强度，这种连接方法是竹家具的面层框架和水平框架制作中常见的接合方式。

（2）榫接

以榫头的贯通与否来区分，榫接合有明榫与暗榫之分，暗榫避免了榫端的外露，可以使产品外形美观，一般圆竹家具尽可能采用暗榫接合，特别在外部结构中更是如此。明榫因榫头贯穿榫眼，又称为贯通榫，暗榫则又称为不贯通榫。

①暗榫接合：

竹竿与竹竿的暗榫接合：榫头不贯通，榫端不外露，一般用竹销钉连接固定，如图3-48、图3-49所示。

竹竿与竹片的暗榫接合：榫眼开在竹竿上，如图3-50、图3-51所示。

②明榫接合：榫头贯通，榫端外露，有十字接(图3-52)和斜接(图3-53)之分。

（3）圆木芯(塞)接

①端接：把一个预制好的圆木芯涂胶后串在两根等粗的竹段的竹腔中[图3-54(a)]，若端头有节隔，需要打通竹隔后再接合。延长等粗竹段的长度或者闭合框架的两端常采用此连接。

②丁字接：将一根竹段和另一根竹段成直角或某一角度相接，称为"丁字接"[图3-54(b)]。

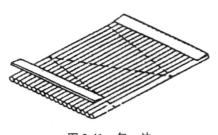

图3-41 包　边

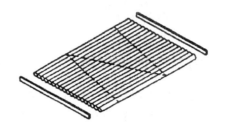

图3-42 压　边

图3-43 箍与头

图3-44 三方折和六方折

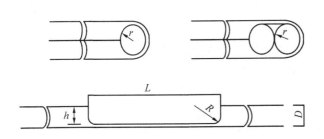

图3-45 并竹包接

图3-46 包接结构的竹凳

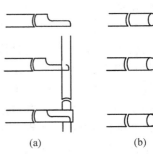

图3-47 嵌　接
(a)正劈　(b)斜削

图 3-48　竹竿与竹竿的暗榫接合

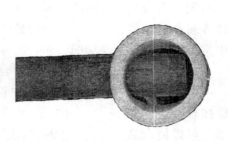
图 3-49　竹竿与竹竿的暗榫接合端面

图 3-50　竹竿与竹片的暗榫接合

图 3-51　竹竿与竹片的暗榫接合端面

图 3-52　十字接

图 3-53　斜　接

③十字接：将两根竹段或者三根竹段接合成十字形[图3-54(c)]。同径竹段相接，在一根上打孔，将另一根的端头做成"鱼口"形，把预制好的木芯涂上树脂胶后进行连接，直径不同的竹段连接，在较粗的竹段上打孔，孔径的大小与被插入的竹段直径相同，涂胶后进行连接。竹段上如有竹节留在孔外，常将其削平以便于穿过孔洞。

④L字接：把同径竹段的端头按设计的角度连接，先将要连接的竹段端头削成指定角度，且光滑平整无倒刺，再将预制好的成一定角度的圆木芯涂胶，分别插入预制竹段的端口进行连接[图3-54(d)]。

(4) 并接

用径级较小的竹材如淡竹、斑竹等制成体量较大的家具，常采用并接方式（图3-55），即把两根竹竿或多根竹竿平行连接起来。它可以提高圆竹家具框架的力学强度，增强造型的美观，加工时先将预备好的竹竿接合面的竹节削平，使其相互紧密靠近，再打销钉孔用木螺钉连接。打销钉孔的方向一般不平行，而是互相交错以防止竹竿间的错动。弯曲的竹竿连接框架则要求每根竹段的弯曲弧度相同。这种连接方式常见于圆竹家具的靠背、扶手、腿脚等框架的制作。

(5) 缠接

在圆竹家具框架中相连接的部位，用藤皮、皮革条、塑料带等缠绕在接合处使之加固，使用的辅助材料有竹销钉、原木芯、树脂胶等。常见缠接方式有：束接缠接[图3-56(a)]、弯曲缠接[图3-56(b)]、端头缠接[图3-56(c)]、拱接缠接[图3-56(d)]、成角缠接[图3-56(e)]。

(6) 竹销钉连接

竹销钉的加工：将6～8年生毛竹材的竹壁外侧部分劈成四方的篾棒，在削成前端尖细后部稍粗的长形圆锥状，竹销钉打入孔洞后，多余部分被截平刨光。图3-57为两根竹销钉连接。

竹销钉的个数、方位和方向因产品零部件结构的不同而不同，对连接强度和产品外观有很大影响。

竹竿与竹竿"T"形暗榫结合的结构中，用一根竹销钉连接固定时，销钉方向与榫眼竹竿的长度方向平行的结构，比销钉方向与榫眼竹竿的长度方向相垂直的结构强度要高。

刚竹榫结合时如竿径太小，则不宜用两个竹销钉，而榫眼竹竿的毛竹竿径如大于6cm，两个竹销钉则能使接合强度得以大幅度提高。

(7) 连接件连接

①木螺钉连接：用木螺钉将竹竿等零部件结合在一起（图3-58），因木螺钉的长度有限，不能用于大径竹材连接，而用于小径竹材的连接时，因小径竹的竹壁较薄，握钉力较小，在连接时，往往在竹竿端部的竹腔中塞入与之直径相符的木塞，以增加结合强度。

3.2 竹家具的结构

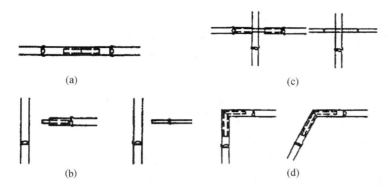

图 3-54 圆木芯(塞)接

图 3-55 并接结构的椅子

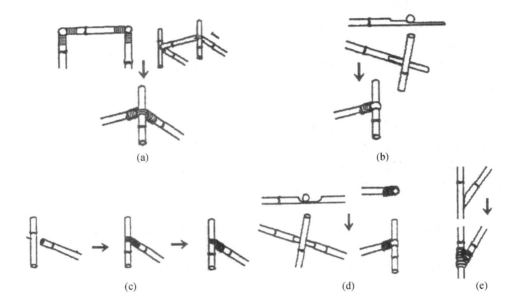

图 3-56 缠　接

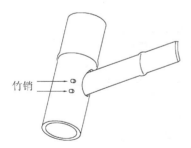

竹销

图 3-57 两根竹销钉连接

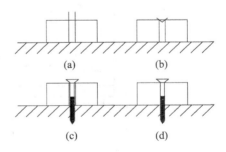

图 3-58 木螺钉连接

图 3-59 螺栓连接

图 3-60 铰链连接

由于竹材的竹青部分密度较大，如果把钉子直接从竹青表面钉入，竿皮容易破裂，因此必须在竿皮上按设计要求定点，打孔或打穴之后才能从中销钉。打孔是在竹材一定的位置上用钻头钻出对穿孔洞[图3-58(a)]。打穴是在竹材表皮上用钻头钻出上宽下窄的孔穴[图3-58(b)]，以利钉入木螺钉，并将钉帽嵌在穴中，避免出现[图3-58(d)]的现象。钻孔时用木工的钻头或电钻头，打孔打穴的钻头要锐利，防止钻头把纤维撕破。销钉或木螺钉的钉入方向往往相互交错，以保证框架不会错动，增加圆竹家具的牢度。

②螺栓连接：螺栓常用于大径竹材或需要较高强度的连接(图3-59)。

③铰链连接：多用于折叠类家具的腿部与面板连接部位，需要时可收起或打开(图3-60)。

(8) 专用五金连接件

竹材不是工业产品，每根自然生长的竹材其竿高、竿径、壁厚均不相同，且竹竿具有一定的尖削度，有的竹竿圆度不甚理想，所以传统圆竹家具的零部件制作、装配要根据每个零件的竿径、壁厚、尖削度、圆度等分别加工、装配，致使传统圆竹家具生产工艺烦琐，生产效率不高，零部件间也无互换性可言。

传统圆竹家具常采用的结构为包接、榫接及竹销钉等连接，这些结构均不可反复拆装，某些结构的连接强度还有待提高。

为改变传统圆竹家具作坊式手工生产状况，实现大批量的工业化生产，有必要对传统圆竹家具的结构进行改造，这样才能提高生产效率，实现产品的标准化、系列化、通用化，有利于质量控制管理。同时，变不可拆装的结构为可反复拆装的结构，可节约原料，提高生产率，降低运输、降低成本，扩大产品的流通范围。

新型结构各专用五金件至少应满足下列要求：

——保证结构强度，保障产品的使用安全和使用寿命。

——结构简便，可反复拆装，连接件可在一定的尺寸范围内调节、调整。

——适合于标准化、系列化、通用化的设计和生产。

——竹材具有强度高、韧性大、刚性好、硬度大等优点，但同时又有径级小、壁薄中空、有尖削度、结构不均匀、各向异性非常显著等加工利用上的劣势，设计开发新型结构和专用五金件时应针对竹材上述特点，注意扬长避短。

——尽可能美观，必要时可将五金件安放于隐蔽部位，但造型优美的五金件也是一种装饰件，设计时可酌情考虑。

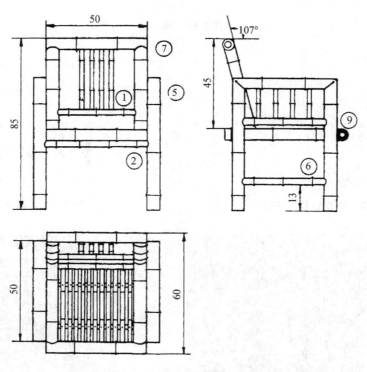

图3-61　竹椅1的三视图

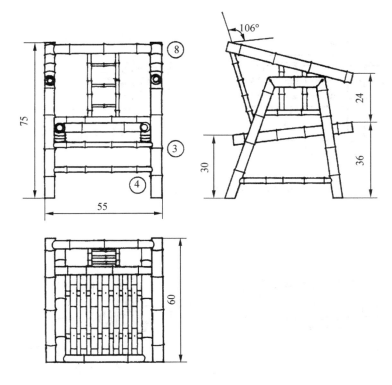

图 3-62 竹椅 2 的三视图

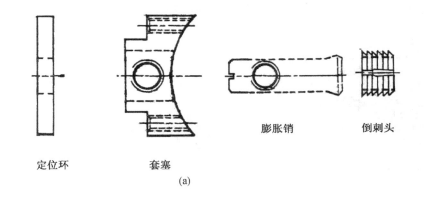

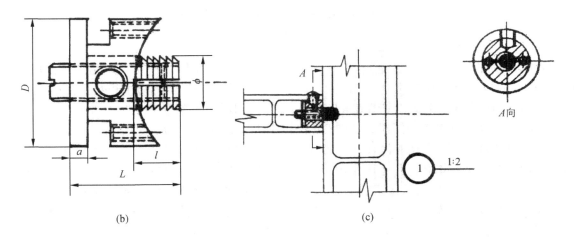

图 3-63 倒刺膨胀螺栓连接件及其应用
(a)五金件 (b)五金件的装配 (c)五金件的连接应用

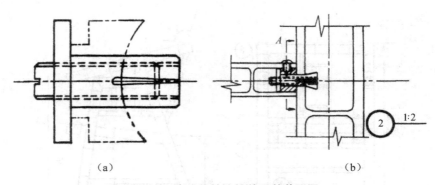

图 3-64　膨胀螺栓连接件及其装配图
(a)五金件的装配　(b)五金件的连接应用

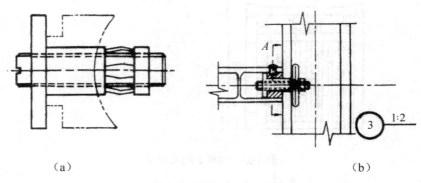

图 3-65　塑料膨胀螺栓连接件及其装配图
(a)五金件的装配　(b)五金件的连接应用

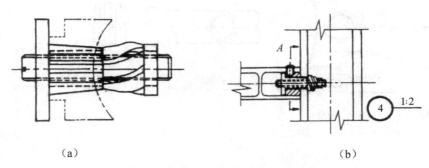

图 3-66　扭结式膨胀螺栓连接件及其装配图
(a)五金件的装配　(b)五金件的连接应用

1)内置式连接件

这类连接件的特点是五金件基本上内置于竹竿内,具有一定的隐蔽性。下面以图3-61、图3-62所示的两张椅子为例说明各种内置式连接件及其应用(图上小圆圈内的数字分别代表一种五金件,具体名称可参见后面文中的五金件使用及说明)。

① 膨胀螺栓连接件:如图 3-63～图 3-66 所示,针对竹竿壁薄中空的特点,这类连接件主要由带膨胀头的膨胀螺栓、调节螺钉和套塞等组成。调节螺钉可使金属(或塑料)膨胀螺栓在竹壁内胀紧或在竹腔中膨胀、扭结以达到紧固的目的,可用于圆竹家具主要骨架中相互垂直零件间的连接。

倒刺膨胀螺栓连接件。如图3-63所示,这种连接件的主要部分为前端有唇口、末端为倒刺膨胀端的膨胀螺栓,膨胀端在螺钉作用下胀紧,与竹壁产生一定的摩擦力而将两零件连接紧固。

膨胀螺栓连接件。如图3-64所示,它与倒刺膨胀螺栓连接件不同之处在于膨胀螺栓的末端为圆台状膨胀端。

塑料膨胀头螺栓连接件。如图3-65所示,这种连接件的主要部分为前端有唇口、末端为螺母或挡环的膨胀螺栓，位于前端和走极端间的膨胀头在长度方向上被分割成平行的条状，当调节螺钉旋进时，产生的向左锁紧力使分割成带状的塑料条向外胀伸，最后带状条塑料条胀伸成扁平状并紧抵竹壁的内表面，使两零件连接紧固。

扭结式膨胀头螺栓连接件。如图 3-66 所示，这种连接件的主要部分为前端有唇口、末端为螺母或挡环的膨胀螺栓，在前端和末端间的塑料膨胀头在长度方向上被分割成螺纹状的塑料条，当调节螺钉旋进时，产生的向左锁紧力使螺纹状塑料条扭转、胀伸，并紧抵竹壁的内表面，使两零件连接紧固。

考虑到竹材的径级、壁厚等规格不同，上述四类膨胀螺栓连接件可根据竹材的径级和壁厚而具有不同的规格[各参数符号定义见图 3-63（b）五金件的装配图部分]（表 3-1、表 3-2）。

采用膨胀螺栓连接，主要的工艺流程是：

a. 选料。根据所选用的膨胀螺栓的规格，挑选内外径、壁厚均相宜的竹竿原料。

b. 机加工。 如竹壁的钻孔、竹腔的内径规整、相贯线的加工等。

c. 装配。装配应紧密牢固。

② 螺栓贯通连接件：这类连接件通过螺钉和两端开有内螺纹的螺栓（螺钉拧在内螺纹上），将两个或三个竹竿零件连接起来，螺栓贯通连接件方便，适用的竹竿零件尺寸范围较广。螺钉垫片经过精心设计可起到装饰美化作用。

X 型贯通连接件，如图 3-67 所示，用贯通连接件将两个平等或成一定角度的竹竿连接紧固，螺栓的长度方向与竹竿的长度方向相垂直。

H 型贯通连接件，如图 3-68 所示，用贯通连接件将三个竹竿连接紧固。由于螺栓从水平放置的竹竿的竹腔贯穿而过，所以对该竹竿的直线度和竹腔的径级大小有一定要求。

类似于膨胀螺栓连接件，为适合不同规格的竹材，X 型和 H 型贯通连接件也有相应的规格供

表 3-1　倒刺膨胀螺栓连接件规格表

单位：cm

参数 \ 规格	1	2	3	4	5
横向竹竿竹腔内径 d	4	3.4	2.8	2.2	2
倒刺头外径 ϕ	1.6	1.4	1.2	1.0	0.8
倒刺头长 l	1.2	1.2	1.0	0.8	0.6
倒刺头端部到定位环的长度 L	3.2	3.2	3.0	2.6	2.2
螺栓规格 M	12	10	10	8	6
竖向竹竿外径 D	6～7	5～6	4～5	3～4	2～3

表 3-2　塑料膨胀螺栓连接件、扭结式膨胀头螺栓连接件规格表

单位：cm

参数 \ 规格	1	2	3	4	5
横向竹竿竹腔内径 d	4	3.4	2.8	2.2	2
膨胀头外径 ϕ	1.6	1.4	1.2	1.0	0.8
膨胀头长 l	0.8	0.8	0.6	0.4	0.4
膨胀头端部到定位环的长度 L	3.8	3.8	3.4	2.8	2.4
螺栓规格 M	12	10	10	8	6
竖向竹竿外径 D	6～7	5～6	4～5	3～4	2～3

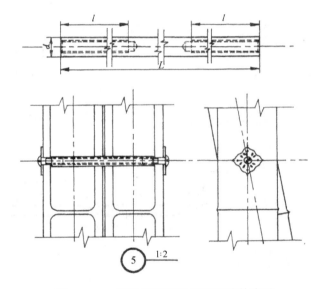

图 3-67　X 型贯通连接件及其连接件应用

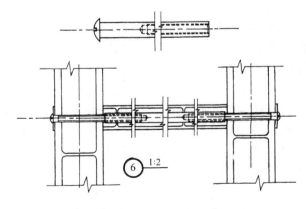

图 3-68　H 型贯通连接件及其连接应用

表 3-3　X 型贯通连接件规格表　　单位：cm

规格\参数	1	2	3	4	5	6
螺杆螺纹长 l	6	6	5	3	2	2
螺杆长 L	10	8	6	4	3	2
连接件适用长度范围 D	10～15	8～12	6～9	4～6	3～4	2～3

表 3-4　H 型贯通连接件规格表　　单位：cm

规格\参数	1	2	3	4	5	6
螺杆螺纹长 l	10	8	8	6	6	6
螺杆长 L	40	30	25	20	15	10
连接件适用长度范围 D	40～55	30～42	25～35	20～28	15～23	10～15

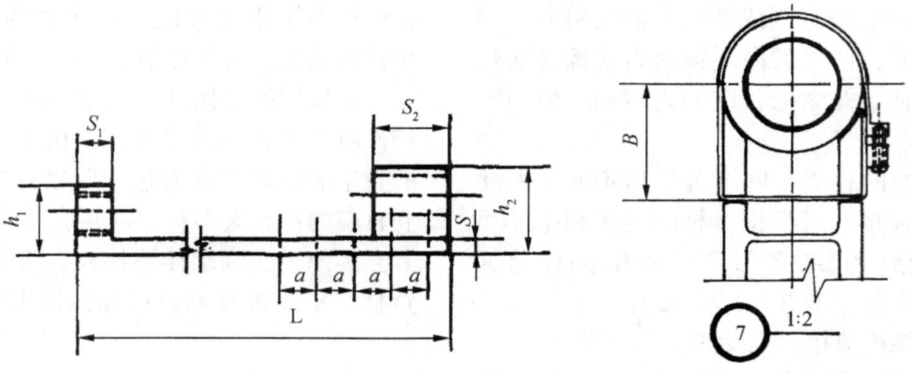

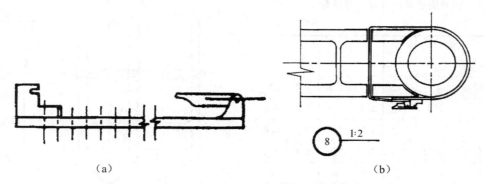

图 3-69　螺钉紧固金属带连接件及其连接应用
（a）五金件　（b）连接应用

图 3-70　扳手紧固金属带连接件及其连接应用
（a）五金件　（b）连接应用

选用（表 3-3、表 3-4）。

③ 金属带连接件：通过宽约 10mm、厚约 2mm 金属带将两个相互垂直的竹竿连接固定。连接件主要由两部分组成：连接部分和紧固部分。金属带可赋予不同的颜色和图案，起装饰作用。

螺钉紧固金属连接件，如图 3-69 所示，金属带的首尾两端用螺钉拉紧固定，连接紧固时既可利用紧固螺钉位置（位置距离差为 a 的整数倍）粗调，又可利用螺钉细调。

扳手紧固金属连接件，如图 3-70 所示，金属带的首尾两端用小扳手将金属带拉紧卡住固定，连接紧固时可利用金属带上的拉钩位置进行调节。金属带连接件也可有一系列规格供选用（表 3-5、表 3-6）。

金属带连接件外径的尺寸范围有一定要求，故竹竿应经过选料、车削等规格加工，并根据不同的竹竿径级选用相应的连接件。

④ T 型螺栓连接件：如图 3-71 所示，通过两个相互垂直（呈 T 字形）的螺栓将两个相互垂直的竹竿固定。连接件由拉钩、纵向螺栓、横向螺栓、垫片等组成，可调节的尺寸范围较大，但对装配的熟练程度要求较高。其系列规格见表 3-7。

2）套接式连接件

用形圆而中空的筒状金属套或塑料套将竹竿

连接。金属套（塑料套）或衬套在竹竿的竹腔内，或裹套着竹竿，再辅以螺钉将竹竿固定。为适应拆装需要，采用带内螺纹的倒刺螺母，涂胶后打入竹竿孔中，再用螺钉接合，这样不仅提高接合强度，又可多次拆装。

① 一字套接连接件：主要用于将竹竿接长，分台阶式一字套接连接件和外裹式一字套接连接件。图3-72、图3-73分别为它们的结构示意图和装配效果图。一字套接连接件特别适用于连接竖直方向上的零部件（如高柜的立柱、架子床的立柱），此时竹竿零部件所受的力可直接从竹竿由上往下传递，连接件基本上不受力，所以经接长的部件可承受较大载荷。

② T字套接连接件：用于将三个竹竿连接成T字形部件。图3-74为其结构各装配效果示意图。

表3-5　螺钉紧固金属带连接件规格表

单位：cm

参数＼规格	1	2	3	4	5
金属带长 L	105	103	98	95	90
孔位到相连接的竹竿的圆心距离 B	45	45	44	44	43
竹竿外径 D	5.8~7	5.0~5.8	3.9~5.0	2.7~3.9	1.5~2.7
调整孔间距 A	0.5	0.5	0.5	0.5	0.5

表3-6　扳手紧固金属带连接件规格表

单位：cm

参数＼规格	1	2	3	4	5	6
金属带长 L	108	106	102	100	96	94
孔位到相连接的竹竿的圆心距离 B	45	45	44	44	43	43
竹竿外径 D	6.2~7	5.4~6.2	4.7~5.4	3.9~4.3	3.1~3.9	2.3~3.1
调整孔间距 A	0.3	0.3	0.3	0.3	0.3	0.3

注：以上两种类型 $S_1=0.5$cm，$S_2=1$cm，$h_1=1$cm，$h_2=1.2$cm

表3-7　T型螺栓连接件规格表　单位：cm

参数＼规格	1	2	3
拉钩长 a	5	3	2
纵向螺栓长 L	10	5	3
纵向螺栓螺纹长 l	4	3	2
毛竹外径 D	4~7	2~4	1~2

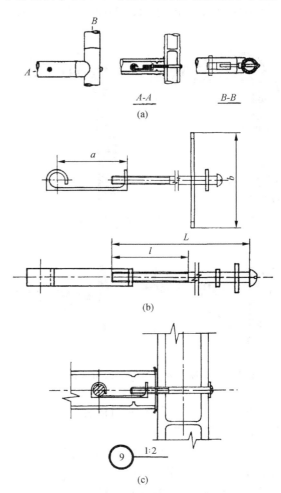

图3-71　T型螺栓连接件及其装配图
(a)装配示意图　(b)五金件　(c)连接应用

图3-72　台阶式一字套接连接件

图3-73　外裹式一字套接连接件

图3-74　T字套接连接件及其装配示意

 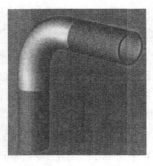

图 3-75　L 字台阶式套接连接件及其装配示意图

图 3-76　L 字内套接连接件及其装配示意图

图 3-77　L 字金属片连接件及其装配示意图

可用于桌、几、案、台等腿与横枨的连接，床梃和床屏的连接等。连接件的外表面还可加工出藤条编缠捆扎连接的图案，实现以假乱真效果。

③ L 字套接连接件：用于连接两个相互垂直的竹竿，分内套式连接件和台阶式套接连接件两种，分别如图 3-75、图 3-76 所示，他们可用于扶手部件的连接，靠背椅靠背的立挺与搭脑的连接等处。

3）L 字金属片连接件

用于连接两个相互垂直的竹竿，具有一定的隐蔽性（图 3-77）。为提高自身强度，连接件的相贯线处应进行结构增强处理。这种连接件可连接的零部件类型类似于 L 字套接连接件。

如将套接连接件和 L 字金属连接件的规格在径级、连接后两竹竿形成的夹角等方面加以系列化，就可以连接一系列规格的竹竿，所连接的竹竿形成的角度也从相互垂直扩大到多种夹角。

为保证装配的精度和强度，套接连接和 L 字金属片连接所连接的竹竿应进行车削等外径规整、相贯铣削等加工。

圆竹家具新型结构和连接件的开发和利用，改变了传统竹家具中打穴凿孔、榫合钉固的结构和连接方式，为实现零部件和产品的标准化、系列化、通用化打下基础，拆装式结构可节约原料，提高生产率，降低产品的运输和贮存成本。同时，这些新颖的结构和连接件还能使消费者参与设计、体验 DIY 的乐趣。

圆竹家具的总装配类型与部件装配类型基本相似，在此不再赘述。

必须说明的是，以上分析是为了阐述方便而对各式结构进行详细分类，实际上，一件圆竹家具往往采用多种结构方式，或一种结构中采用多种连接方式。

3.2.2　竹集成材家具的结构

家具结构是直接为家具功能要求服务的，合理的家具结构可以增强家具制品的强度，节省原材料，提高工艺性。结构设计除了满足家具的基本功能要求外，还必须寻求一种简洁、牢固而经济的构筑方式并赋予家具不同的艺术表现力。

竹集成材家具结构设计是竹集成材家具设计的重要组成部分，它包括家具零部件的结构以及整体的装配结构。竹集成材家具结构设计的任务是研究其零部件自身及其相互间的接合方法和家具局部与整体构造的相互关系。竹集成材家具设计应力求功能、感性与结构的完美统一。

3.2.2.1　构件自身的结构

新型竹集成材家具的基材是竹集成材，而竹集成材家具基材的最小构成单元是宽厚基本规格基本相同的竹片通过一定的方式胶合而成的，根据家具用材的要求特点，可设计成以下结构：

（1）竹质立芯板材结构

把色泽较一致并经涂胶陈化后的竹片按青对青、黄对黄排列的弦面作为胶合面，也可按青对黄排列作为胶合面，但前者成板后的物理力学性能更好。表层材料为竹片横拼板时，竹片径面为胶合面，通过横向胶合拼成一定规格尺寸的表层材料，表层材料也可用实木单板或薄型中密度板。芯层材料经刨光处理与表层材料进行整板胶合即制成竹质立芯板。竹质立芯板主要有以下几种结构：

如图 3-78(a)所示,其特征是由三层结构组成,其中上、下表层材料为竹片顺纹横拼板或实木单板,芯层材料为竹片竖拼板,三层以同一纤维方向胶合而成。

如图 3-78(b)所示,其特征是由三层结构组成,其中上、下表层材料为竹片错纹横拼板或实木单板,芯层材料为竹片竖拼板,上、下表层材料与芯层材料纤维方向相垂直进行胶合而成。

如图 3-78(c)所示,其特征是由三层结构组成,其中上、下表层材料为薄型中密度板,芯层材料为竹片竖拼板,三层结构通过胶合而成。

如图 3-78(d)所示,其特征是由三层结构组成,其中上表层材料为竹片顺纹横拼板或实木单板、下表层材料为薄型中密度板,芯层材料为竹片竖拼板,上表层与芯层以同一纤维方向胶合而成。

如图 3-78(e)所示,其特征是由三层结构组成,其中上表层材料为竹片错纹横拼板或实木单板、下表层材料为薄型中密度板,芯层材料为竹片竖拼板,上表层与芯层材料纤维方向相垂直进行胶合而成。

(2)竹单板(或薄竹)结构

将竹片横拼或竖拼后的竹板方,再经锯切制成竹薄板或刨切成薄竹,即为竹单板(或薄竹)。主要为竹片横拼单板,竹片竖拼单板和竹片端面单板(图 3-79)。

(3)竹集成材横拼板

竹片径面为胶合面,通过横向胶拼成一定规格尺寸的单层板,再把径面胶合组坯的单层板按所需的厚度选择层数,涂胶、陈化后再胶压在一起成整板。

如图 3-80(a)所示,各层为同一纤维方向,层间非同缝隙胶合。

如图 3-80(b)所示,各层为垂直纤维方向胶合。

如图 3-80(c)所示,相邻两层为同一纤维方向,非同缝隙胶合,第三层为垂直纤维方向胶合。

(4)竹集成材竖拼板

竖拼板是单层板,是把色泽较一致并经涂胶陈化后的竹片按青对青、黄对黄排列的弦面作为胶合面,也可按青对黄排列作为胶合面,但前者成板后的物理力学性能更好(图 3-81)。

(5)上层横拼单板、下层竖拼板

如图 3-82(a)所示,上下层同一纤维方向胶合。

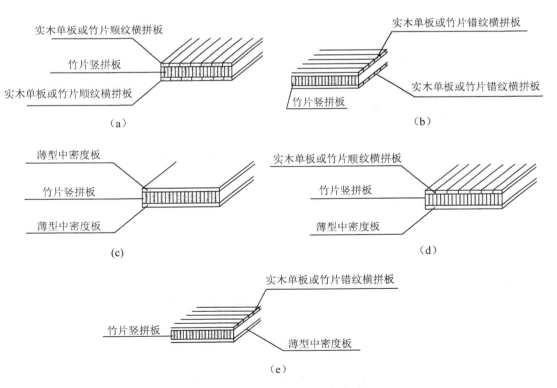

图 3-78　竹质立芯板的结构类型

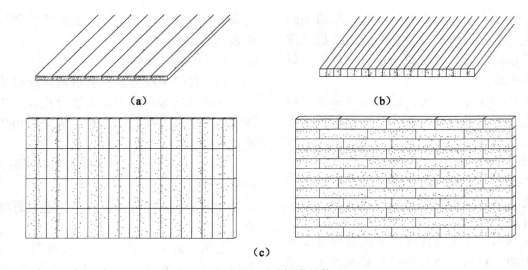

图 3-79 竹单板或竹薄
(a) 竹片横拼单板　(b) 竹片竖拼单板　(c) 竹片端面单板

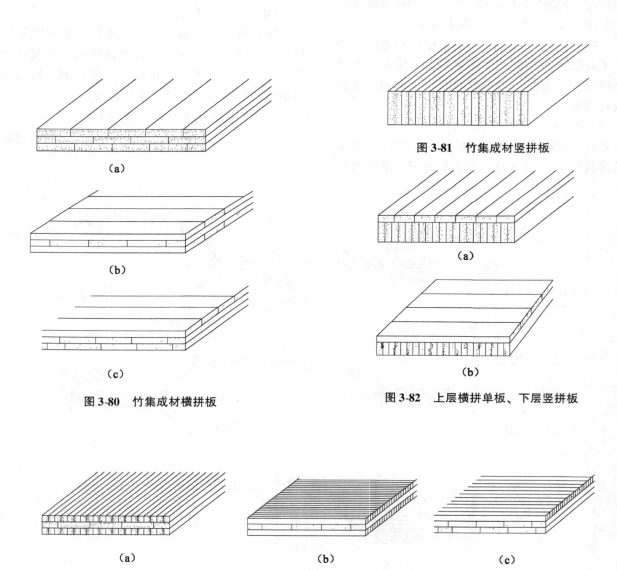

图 3-80　竹集成材横拼板

图 3-81　竹集成材竖拼板

图 3-82　上层横拼单板、下层竖拼板

图 3-83　表层为竖拼单板的复合型板

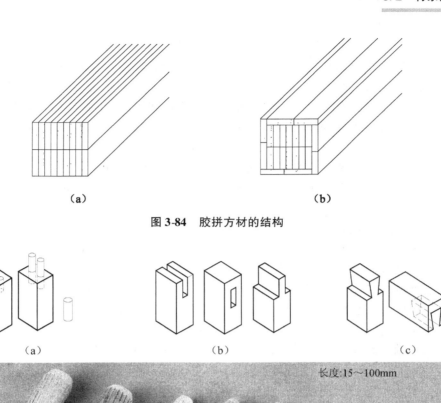

图 3-84 胶拼方材的结构

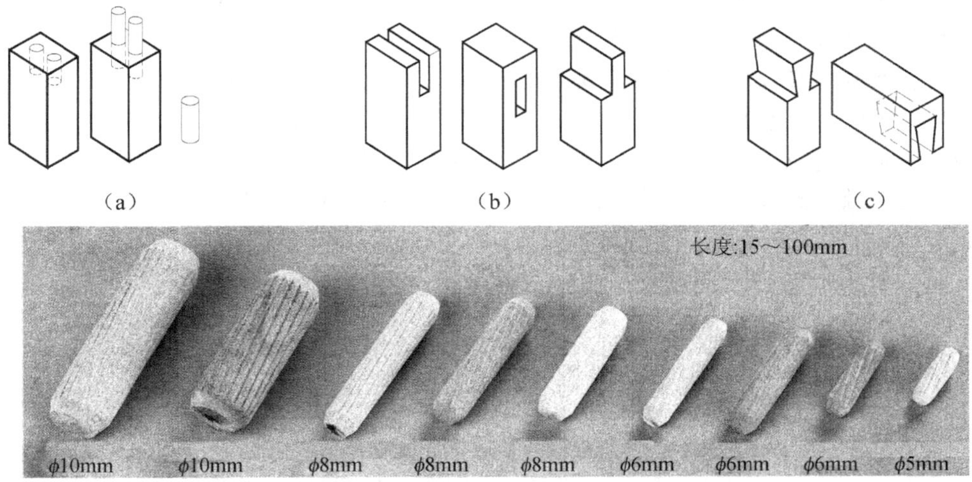

图 3-85 榫接合
(a)圆榫接合 (b)直角榫接合 (c)燕尾榫接合 (d)竹圆榫

如图 3-82(b)所示，上下层垂直纤维方向胶合。

(6) 表层为竖拼单板的复合型板

如图 3-83(a)所示，上下表层为竖拼单板，芯层为同一纤维方向的横拼单板。

如图 3-83(b)所示，上下表层为竖拼单板，芯层为垂直纤维方向的横拼单板。

如图 3-83(c)所示，芯层和下表层都为横拼材料且非同缝胶合，后与上表层竖拼单板垂直纤维方向胶合。

(7) 方材的结构

如图 3-84(a)所示，为多层竖拼板胶合。

如图 3-84(b)所示，芯层为多层竖拼板胶合外表层为竹片横拼，这种方材结构强度更高。

3.2.2.2 零部件的装配结构

竹集成材幅面大、尺寸稳定、强度大、耐磨损，可进行锯截、刨削、镂铣、开槽、钻孔等加工方式，具有中档硬实木家具的造型特点和加工特性，同时又具有人造板材加工生产现代板式家具的特点。因此，竹集成材家具的结构设计可从竹集成材家具基材具有的特性进行研究。

新型竹集成材家具是由若干竹质零、部件和五金配件所构成，可采用的接合方式为胶接合、榫接合、结构连接件接合和竹销(条)竹钉接合。胶接合主要用于竹集成材家具基材自身结构胶合。

(1) 零部件间榫连接

榫接合是把榫头嵌入榫眼或榫槽的连接，通常要施胶以提高接合强度。常见的榫头基本形状为直角榫、燕尾榫以及圆榫等(图 3-85)，其他形式的榫头在此基础上进行变化。

新型竹集成材家具可根据中档硬实木家具榫连接的特点进行加工生产。

(2) 零部件间结构连接件的连接

金属连接件是家具的重要组成部分。特别是现代家具由框架式结构向板式结构和拆装式结构发展，更显示了它的重要性，在工艺上不用榫眼结构而是利用金属连接件，将各种零部件组装成为整体的家具。

金属连接件包括活动件、紧固件和各种插接件，起到连接、紧固的作用。常见于板式家具和各种金属家具中。

1) 竹集成材家具构件的角连接

图 3-86 所示为欧式插套连接件，适用于竹集成材家具的连接，如餐桌、餐椅、床、地柜、书柜等。装拆简便、快捷、免工具；安装牢固、精密，并隐藏于内，可替代榫连接。

图 3-87 所示为拆装连接件，适用于竹集成材家具的连接，如桌、椅、地柜、书柜等。装拆简便、快捷，安装牢固并隐藏于内，可替代榫连接。

图 3-88 所示为重力拆装件，适用于竹集成材家具的连接，如桌、椅、地柜、书柜等。装拆简便、快捷，安装牢固并隐藏于内，可替代榫连接。

图 3-89 所示为双偏心连接件，操作简单，用于端面间成 90°角或成 180°角的连接件连接。

图 3-90 所示为四合一连接件，主要用于竹集成材家具构件间的直角连接，能承受较重负荷。

图 3-91 所示为外露式三合一连接件，主要用于竹集成材家具构件间的直角连接，能承受较重负荷。

图 3-92 所示为强力连接件，主要用于竹集成材家具构件间的直角连接，接合牢固，能承受较重负荷。

图 3-93 所示为五合一连接件，主要用于竹集成材家具构件间的直角连接，安装牢固、精密，能承受较重负荷。

图 3-94 所示为偏心连接件，主要用于竹集成材家具构件间的直角连接，安装牢固，能承受较重负荷。

图 3-86　插套连接件

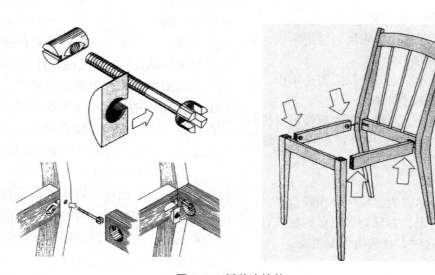

图 3-87　拆装连接件

3.2 竹家具的结构

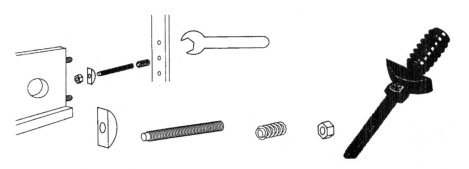

图 3-88　重力拆装件

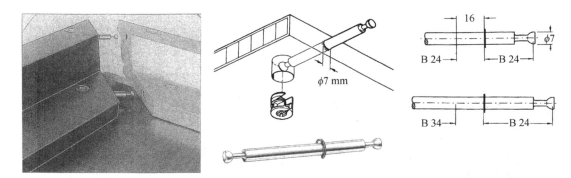

图 3-89　双偏心连接件

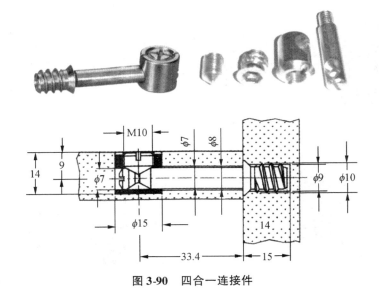

图 3-90　四合一连接件

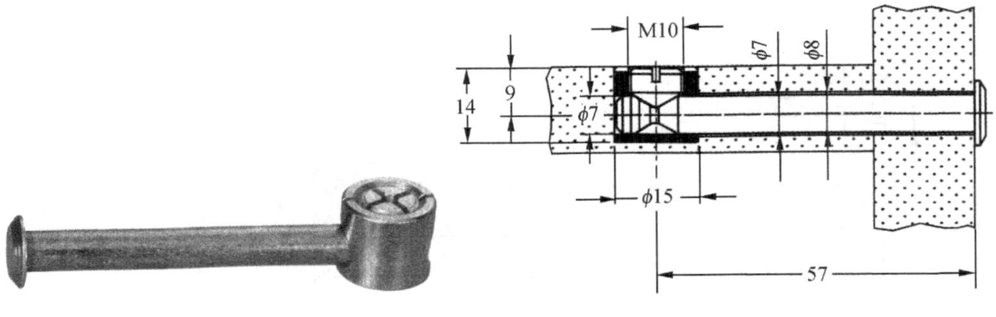

图 3-91　外露式三合一连接件

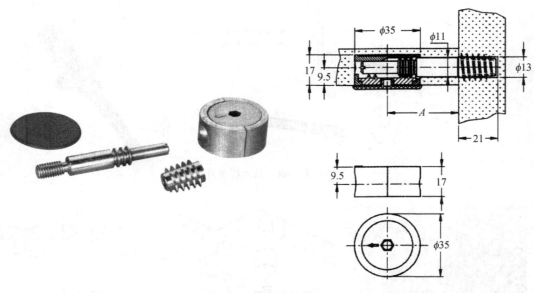

图 3-92　强力连接件

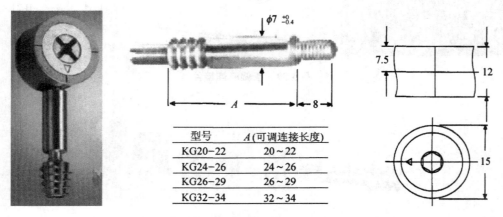

型号	A（可调连接长度）
KG20-22	20～22
KG24-26	24～26
KG26-29	26～29
KG32-34	32～34

图 3-93　五合一连接件

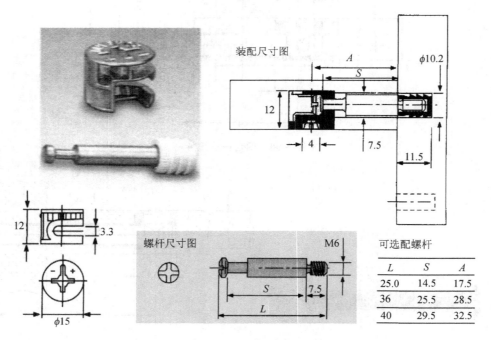

L	S	A
25.0	14.5	17.5
36	25.5	28.5
40	29.5	32.5

图 3-94　偏心连接件

图 3-95 所示为五合一与三合一 (偏心连接件) 性能比较分析,五合一是对三合一的改进,在自锁头结构利用了螺旋涡杆的推进原理,使家具受到重力或受力不均匀时也不易变形或松动,从而不会破坏家具构件圆孔结构,在实际生产应用中真正降低了材料损耗,提高了产品的品质。

图 3-96 所示为双脚组合器,主要用于竹集成材家具构件间的直角连接,能承受一定的负荷。

图 3-97 所示为用于竹集成材家具构件间的直角连接件,不宜承受重负荷,可通过螺钉调整 5mm 内的装配误差。

图 3-98 所示为用于竹集成材家具构件间的直角连接件,连杆为直角形。

图 3-99 所示为层托连接件,主要用于竹集成材家具搁板与旁板直角连接。

2) 两构件板面间或端面间的接合

图 3-100 所示为合板连接件,主要用于竹集成材家具组合柜侧板之间的连接。

图 3-101 所示为成角连接件,主要用于竹集成材家具构件端部成某一角度的连接。

图 3-102 所示为侧向连接件,主要用于竹集成材家具构件侧面间 180°的连接。

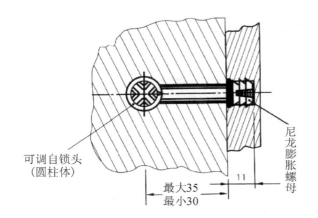
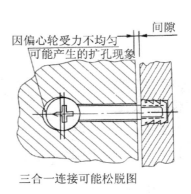
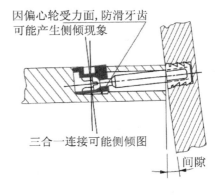

图 3-95 偏心连接件

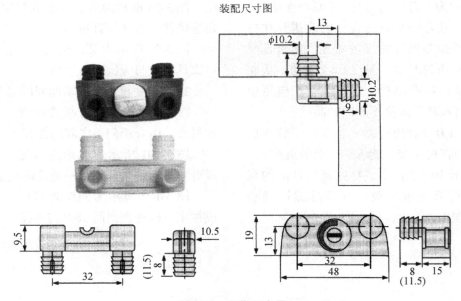

图 3-96　双脚组合器

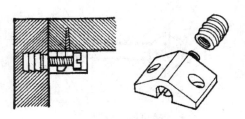

图 3-97　角连接件

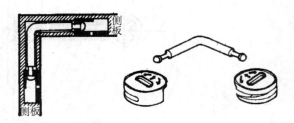

图 3-98　角连接件

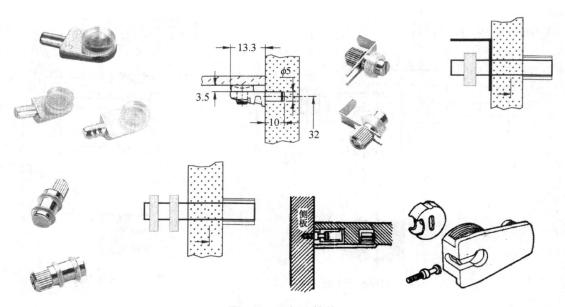

图 3-99　层托连接件

 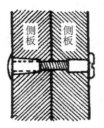

图 3-100　合板连接件

 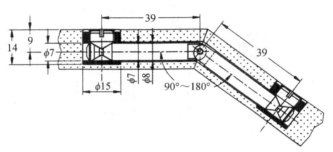

图 3-101　成角连接件

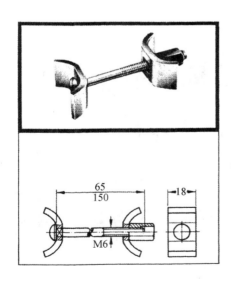

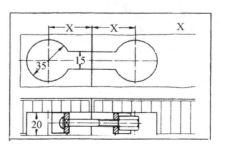

图 3-102　侧向连接件

图3-103所示为十字形连接件，主要用于竹集成材家具构件间的十字形连接，操作简单，紧固力强。

图3-104所示为十字形连接件，主要用于竹集成材家具隔板两侧搁板的固定，在隔板穿螺纹套管，通过套头向螺纹套管旋入螺钉。

图3-105所示为螺栓连接件，主要用于竹集成材家具构件的叠合或构件端部的连接固定，竹集成材材质较硬，因此在拆装家具及弯曲家具中用得比较多。

（3）竹插销（条）竹钉连接

图3-106所示为竹插销贯通单榫，主要用于仿古家具。

图3-107所示为斜肩插入榫，主要用于无榫夹角的胶接合，插入竹插销。

图3-108所示为双肩斜角插入暗榫，主要用于断面小的斜角之接合，插入竹插销。

图3-109所示为双肩斜角插入明榫，主要用于断面小的斜角之接合。

图3-110所示为插入竹方榫搭接，要求加工准确，适合于机加工。

图3-111所示为竹销钉搭接，主要用于受力较大的曲、直外部框架的搭接，如大餐桌、望板的拼接。

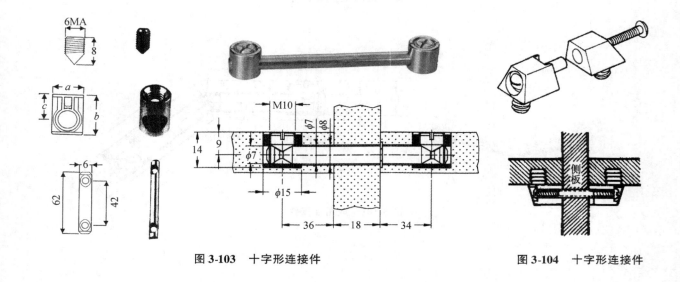

图3-103　十字形连接件　　　　图3-104　十字形连接件

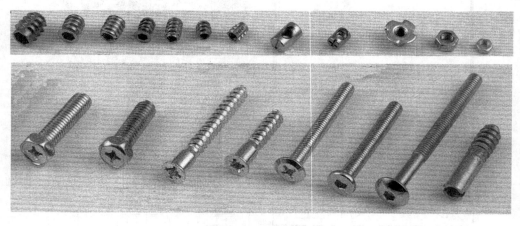

图3-105　螺栓连接件

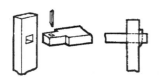
图 3-106　竹插销贯通单榫

图 3-107　斜肩插入榫
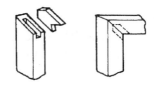
图 3-108　双肩斜角插入暗榫

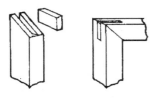
图 3-109　双肩斜角插入明榫
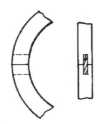
图 3-110　插入竹方榫搭接
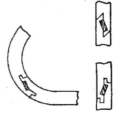
图 3-111　竹销钉搭接

图 3-112　槽条接合

图 3-113　竹钉连接

图 3-112 所示为槽条接合，主要用于板间端部角呈 45°，并在斜面上铣槽，插入竹插条，涂胶接合。

图 3-113 所示为竹钉连接，主要用于小部位的连接或作为辅助加固的连接。

(4) 零部件间木螺钉连接

木螺钉连接不能多次拆装，不然会影响竹集成材家具的结构强度。木螺钉连接应用于竹集成材家具的桌面板、椅座板、柜面、柜顶板、脚架、塞角、抽屉滑道等零部件的固定，拆装式家具的背板固定也可用木螺钉连接，拉手、门锁、碰珠以及金属连接件的安装也常采用木螺钉连接。

木螺钉的类型有一字头、十字头、内六角等，其帽头形式有平头和半圆头等，装配时可用手工或电动工具进行。木螺钉的握钉力随着螺钉的长度、直径增大而增强。竹集成材的握钉力很大，比一般实木的握钉力还大。此外，在竹集成材上

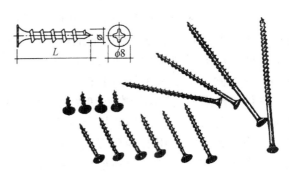
图 3-114　加强型硬木自攻（其螺丝尖处附加刀口）

预先钻孔，涂上胶黏剂后拧入螺钉，可提高其握钉力。

木螺钉连接的优点是操作简单、经济且易获得不同规格的标准螺钉。竹材纤维致密，纹理通直，物理力学性能达到中档硬木的强度，宜使用螺距大、齿宽而利专用螺钉或硬木自攻螺钉（图 3-114）。

(5)"32mm 系统"设计

"32mm 系统"已成为世界板式家具的通用体系，现代板式家具结构设计被要求按"32mm 系统"规范执行。

"32mm 系统"是以 32mm 为模数的，制有标准"接口"的家具结构与制造体系。这个制造体系以标准化零部件为基本单元，可以组装成采用圆榫胶接的固定式家具，或采用各类现代五金件连接的拆装式家具。

"32mm 系统"要求零部件上的孔间距为 32mm 的整倍数，即应使其"接口"都处在 32mm 方格网的交点上，至少应保证平面直角坐标中有一维方向满足此要求，以保证实现模数化并可用排钻一次打出，这样可提高效率并确保打孔精度。由于造型设计的需要或零部件交叉关系的限制，有时在某一方向上难以使孔间距实现 32mm 整数倍时，允许从实际出发进行非标设计，因为多排钻的某一排钻头间距是固定在 32mm 上的，而排际之间的距离是无级调整的。

3.2.3 竹重组材家具的结构

由于竹重组材(重组竹)本身的结构与竹集成材有所不同，而其质感或触感却与天然木材相似，因此采用竹重组材(重组竹)制造家具，可以使用实木家具的结构形式和接合方式，并利用通用的木材加工设备和工艺对重组竹进行加工。

竹重组材(重组竹)家具的基本构件主要有方材、板件、木框和箱框四种形式。方材在形状上可以是直线形、曲线形等；在断面上可以是方形、圆形、椭圆形、不规则形、变断面形等。板件按照结构的不同，主要有整拼板和框嵌板等。这些基本构件可根据家具的不同类型和需要进行选配。基本构件之间需要采用适当的接合方式进行相互连接而构成家具。常用的接合方式有榫接合、钉接合、木螺钉接合、胶接合和连接件接合等。采用的接合方式是否正确对家具的美观、强度和加工过程以及使用或搬运的方便性都有直接影响。

根据所采用的接合方式不同，竹重组材(重组竹)家具常见的结构类型主要有：

(1)固定式结构

固定式结构又称非拆装式结构。它是指竹重组材(重组竹)家具各零部件之间主要采用榫接合(带胶或不带胶)、非拆装式连接件接合、钉接合和胶接合等，一次性装配而成，结构牢固稳定，不可再次拆装。

(2)拆装式结构

拆装式结构是指竹重组材(重组竹)家具各零部件之间主要按照"32mm 系统"，采用各种拆装式连接件接合，可以多次拆卸和安装。拆装式家具不仅易于设计与生产，而且便于搬运和运输，也可以减少生产车间和销售仓库的占地面积，供给零部件由顾客自行装配。这种结构不仅适用于柜类家具，也可以适合椅、凳、沙发、床、桌、几，甚至传统雕刻家具等。

(3)框式结构

框式结构是以竹重组材(重组竹)为基材做成框架或框架嵌板的结构(以重组竹方材为基本构件)所构成的，这是目前重组竹家具的最常见结构形式。它既可以做成固定式结构，也可以做成拆装式结构。

(4)板式结构

板式结构主要是以竹重组材(重组竹)为基材做成的各种板式部件(如整拼板、框嵌板等)，或适当配合采用竹集成材，同时采用五金连接件等相应的接合方法所构成的，这类家具一般多为拆装式结构。

目前，竹重组材(重组竹)家具的结构大多采用传统的实木家具结构，通过各种榫接合和严密配合，使构成的框架结构家具造型简洁端庄、线条挺秀流畅、材料美观华贵、结构稳定牢固。例如，由于经炭化制成的重组竹的色泽、纹理、材性等方面与红木类木材极为相似，因此，一些企业用重组竹代替红木，用传统的榫接合、结构、加工工艺制作具有中国传统风格的明式、清式家具，这些家具从材料质感、触感、颜色、纹理等方面与红木(花梨木、红酸枝等)极其相似。

除此之外，有些企业对重组竹在现代家具方面的应用进行开发研究，采用现代的连接件结构，设计生产了具有现代风格的餐桌椅、客厅家具、卧房家具等，有的家具具有斑马木家具的外观，有的似柚木效果，受到了国内外顾客的青睐。

3.2.4 竹材弯曲胶合家具的结构

根据竹材径向易弯曲、弦向弯曲刚性大且易扭曲的物理力学特性，采用先用模具使成捆的竹条或竹刨切(旋切)单板径向弯曲，再将弯曲的竹条或竹刨切(旋切)单板按一定的结构粘接成所需的弯曲构件。

3.2.4.1 弯曲构件的结构

(1) 横拼竹集成材弯曲构件

竹片径面为胶合面,通过横向弯曲胶拼成一定规格尺寸的单层板,再把径面胶合组坯的单层板按所需的厚度选择层数,涂胶、陈化后再胶压在一起成整板。

图3-115(a)所示为各层为同一纤维方向,层间非同缝隙胶合。

图3-115(b)所示为相邻两层为同一纤维方向,非同缝隙胶合。

(2) 竹单板覆面的横拼竹集成材弯曲构件

上下层为竹刨切(旋切)单板;中间层竹片径面为胶合面,通过横向弯曲胶拼成一定规格尺寸的单层板,再把径面胶合组坯的单层板按所需的厚度选择层数,涂胶、陈化后再胶压在一起成整板。

图3-116(a)所示为各层为同一纤维方向,层间非同缝隙胶合。

图3-116(b)所示为相邻两层为同一纤维方向,中间层同缝隙胶合。

(3) 竹刨切(旋切)单板弯曲胶合构件

竹刨切(旋切)单板各层为同一纤维方向胶合或各层为垂直纤维方向胶合(图3-117)。

3.2.4.2 支撑构件的结构

竹材弯曲胶合家具支撑构件的连接,主要通过榫接合和各种五金连接件连接。常见竹材弯曲胶合家具的支撑构件如图3-118所示。

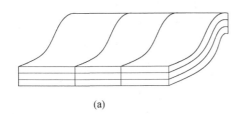 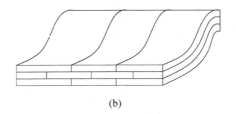

(a)   (b)

图3-115　横拼竹集成材弯曲构件

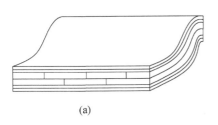 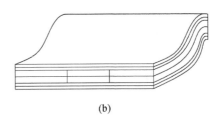

(a)   (b)

图3-116　竹单板覆面的横拼竹集成材弯曲构件

图3-117　竹刨切(旋切)单板弯曲胶合构件

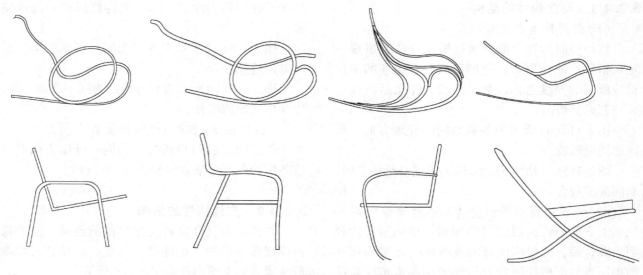

图 3-118　常见竹材弯曲胶合家具的支撑构件

复习思考题

1. 竹材在家具造型设计中与木材相比有哪些不同的特点？
2. 圆竹家具的天然造型要素与特点有哪些？
3. 竹集成材家具的天然造型要素有哪些？如何在竹家具设计中，发挥出这些要素特征？
4. 竹重组材家具与竹集成材家具的天然造型要素有哪些不同之处？为何说可利用重组竹制造仿木家具？
5. 圆竹家具的结构特点及零部件类型有哪些？
6. 竹集成材家具构件自身的结构特点有哪些？
7. 竹集成材家具零部件的装配结构特点有哪些？
8. 竹材弯曲胶合家具弯曲构件的结构与造型在设计上的关系如何？
9. 常见的竹材弯曲胶合家具支撑构件的结构有哪些种类？
10. 你对设计竹材弯曲胶合家具支撑构件有何新的想法？

第4章 圆竹家具的生产工艺

【本章重点】
1. 圆竹家具的生产工艺。
2. 传统圆竹家具生产工艺。
3. 全拆装式圆竹家具生产工艺。
4. 竹编生产工艺。

4.1 传统圆竹家具的生产工艺

科学合理的生产工艺是实现设计意图,提高产品品质,控制产品成本的根本保证。对传统圆竹家具生产工艺的了解、分析和研究,有助于吸取其精华,为生产工艺的创新提供经验和思路。

4.1.1 工具与设备

(1) 量具

量具主要有直尺、卷尺、比例尺、卡尺、圆规等。比例尺是在生产成批产品时,自制的一些刻度尺。这些刻度尺上的刻度根据产品的常用刻度来定,使用刻度尺可减少计算时间,提高工作效率,同时还能防止测量差错。

(2) 锯割工具

锯割工具有横截锯(图4-1)、钢锯、框锯(又名板锯、架锯)(图4-2)、龙锯等(图4-3)。龙锯是专用于加工竹板面时锯槽口的一种手锯。由于圆竹家具的锯割工具多用于竹竿的横截,所以锯子也多为横锯,锯齿的切削角一般为80°。

(3) 破削工具

破削工具有篾刀[又名齐头刀,图4-4(a)]、尖刀[又名牛耳刀,图4-5(a)]等。篾刀重量一般为0.6kg左右。它是竹器行业的专用刀,主要用于砍竹、破竹、削竹、刮青、去隔、起篾、车节等。大部分地区的篾刀尾部有一长约30mm的凸

图 4-1 横截锯

图 4-2 框锯

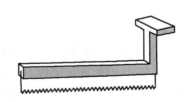
图 4-3 龙锯

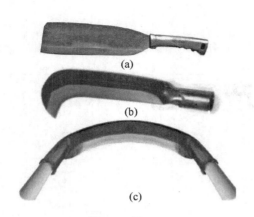

图 4-4　篾　刀
(a)(b)篾刀　(c)刮刀

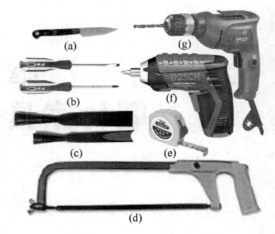

图 4-5　竹工常用手工工具
(a)小尖刀　(b)手动螺钉旋具　(c)铲刀(上)、圆凿(下)
(d)钢锯　(e)钢卷尺　(f)电动螺钉旋具　(g)手电钻

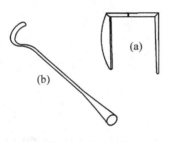

图 4-6　扣　刀
(a)曲柄扣刀　(b)直柄扣刀

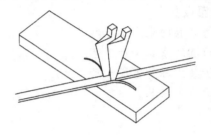

图 4-7　剑　门

起部分，俗称"刀鼻"[图 4-4(b)]，用于竹竿开间及保护刀刃不受意外破坏等。尖刀最重可达 0.5kg，尖刀的作用除了与篾刀有共同点之外，还有钻引孔、削急弯的功能。

（4）挖削工具

挖削工具主要包括扣刀（挖刀）、圆凿[图 4-5(c)]、铲刀[图 4-5(c)]等。扣刀由刀把、刀杆、扣刃 3 个部分组成。刀杆有直柄和曲柄之分(图 4-6)，扣刃的曲率半径有不同的规格以适应不同直径的原料；其作用是专用于扣挖箍头内的竹黄及竹肉，使竹竿的竹壁变薄，便于加热弯曲定型。圆凿主要用于榫结合时榫眼的开凿，圆凿刃口的曲率半径有多种规格，以便开凿出不同直径的榫眼来配合相应规格的榫头竹竿。铲刀用于竹竿加工的切、铲、刻等。

（5）刮削工具

刮削工具主要有刮刀[图 4-4(c)]、剑门（又名铜刀、匀刀、扯刀、二片刀）(图 4-7)等。刮刀是专用于刮除竹青的工具，一般重 4.15 kg 左右。剑门主要用于零件的定宽加工，使抽刮过的篾、丝、竹条等宽窄一致，边部光滑。剑门安装时，

两刀刃间的宽度按零件的设计要求来定，两刀形成的夹角约为 60°。

（6）车削工具

车削工具主要包括车刨（又称绞刨、竹节刨），是用来刨平竹节突出部分的专用工具。常见有两类，一类刨身形状类似于木工刨子[图 4-8(a)(b)]，由刨身、刨刃、木楔等部分组成，刨身底部一般有一凹形弧面，以便与圆柱状的竹竿接触，进行刨节。刨身的斗形槽的倾斜角一般为 45°[图 4-8(b)]。实践证明，如倾斜角大于 45°，操作费劲，工效不高；如小于 45°，车削过的竹节表面粗糙，质量不高。另一类刨身为圆柱形，由刨身、刀架组成。刨身常用竹段制成，刀架的车削部分为平行于刨身的圆弧形[图 4-8(c)]。

（7）钻削工具

传统钻削工具有胡琴钻（也称拉杆钻）(图 4-9)、天砣钻(图 4-10)，现在，手电钻[图 4-5(g)]已得到广泛运用。

（8）其他工具

其他工具主要有工作凳、锤子、电动螺钉旋具[又名电动改锥，图 4-5(f)] 等。竹工常用的锤

4.1 传统圆竹家具的生产工艺

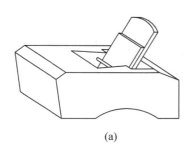
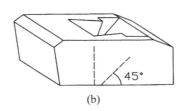
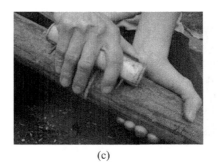

图 4-8 车 刨
(a)木车刨 (b)车刨的最佳切削角 (c)竹车刨

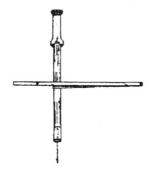

图 4-9 胡琴钻

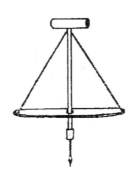

图 4-10 天陀钻

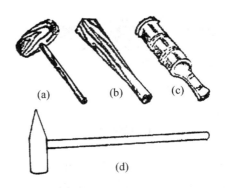

图 4-11 锤 子
(a)(b)木锤 (c)竹锤 (d)尖头锤

图 4-12 泥浆盆和洒泥浆帚

图 4-13 汽油喷灯

图 4-14 灌砂漏斗

图 4-15 酒精灯

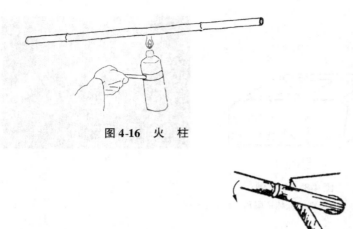

图 4-16　火　柱　　　　　　　图 4-17　冷却盆

　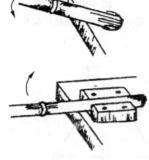　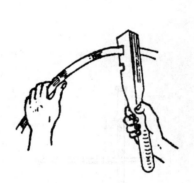

图 4-18　烘烤炉　　图 4-19　拗架　　图 4-20　拗弯扳手

子有竹锤、尖头锤、木锤等（图 4-11）。竹锤因取材加工方便，是竹工最常用的锤子。尖头锤主要用于钉铁钉，钉钉时，可先用锤尖钻出引孔，再用锤子送落。如钉头需要藏头，也可用锤尖冲送，使钉头低于工件表面。

用不同的竹种，采用不同的生产工艺，生产不同款式的家具，所使用的工具不尽相同，如用淡竹制作花竹家具或弯曲构件时要使用的工具有：泥浆盆和洒泥浆帚（图 4-12）、汽油喷灯（图 4-13）、灌砂漏斗（图 4-14）、酒精灯（图 4-15）、火柱（图 4-16）、冷却盆（池）（图 4-17）等。泥浆盆和洒泥浆帚用于装盛泥浆并将泥浆均匀地洒在竹竿表面上。汽油喷灯用于将洒过泥浆的竹竿表面烤出斑纹。钢钎钻用于打通竹隔，以便往竹腔中灌砂。灌砂漏斗用于将干砂快速地灌入竹腔中。酒精灯燃烧时产生的黑烟少，用于对要校直或弯曲的竹材进行加热。火柱，开有豁口，校直或弯曲竹材时因杠杆原理而较为省力方便。冷却盆用于将烘烤弯曲好的竹竿进行快速冷却定形。

其他的设备还有烘烤炉（图 4-18）、拗架（图 4-19）、拗弯扳手（图 4-20）等。

4.1.2　生产工艺

4.1.2.1　花竹家具的生产工艺

花竹家具圆竹零件形状主要可分为直线形、曲线形和包接形三类。主要工艺流程为：原料 → 水热及药剂处理 → 干燥 → 选料 → 打通竹隔 → 灌砂 → 竹竿校直 → 下料 → 烤花 → 零件加工 → 装配 → 表面装饰 → 检验 → 包装 → 入库。

(1) 原料

主要有淡竹、黄壳竹等，要求竹龄 4 年左右，竹竿表面无洞眼疤痕。

(2) 水热处理及药剂处理

在蒸煮池进行的水热处理能提高竹竿含水率，减少竹竿的抽提物，并能高温杀虫、杀菌。在水热处理的同时进行药剂处理，常用的杀虫灭菌药剂如"虫霉灵"等。

(3) 选料

按设计要求选择竹材的规格与材质，如竹龄、竿径、节间长、壁厚、表面质量等。

(4) 通竹隔

用钢钎将竹竿的竹隔全部打通，以便向竹腔灌入干砂，同时使竹腔内外的气压平衡，避免在竹竿加热时封闭在竹腔内的气体因受热膨胀而导致竹壁爆裂。

(5) 灌砂

为了提高竹竿校直或弯曲时竹竿横截面的圆度，灌好砂的竹竿两端用纸或布堵好，以免干砂流失。

(6) 竹竿校直

将直线度不佳的竹竿加热校直，提高产品外观和装配质量。为保证加工质量，要求竹竿不能有裂纹,且竹竿的含水率要在30%左右,对于含水率太低的原料,要进行增湿处理。校直前,先确定加热点的正向、背向和侧向,校直时,先从竹竿的基部正向开始,正面校直后再校直背向,最后是侧向的校直。校直某一弯曲部位时,先校直节间弯点,后校直竹节弯点。烘烤时,当温度达到120℃左右,竹竿表面渗出发亮的水珠——竹油时,再缓缓用力,将竹竿校直。竹竿经校直后要将干砂倒出。

(7) 下料

按设计横截成一定规格的毛料。下料时,对箍头和横向锯口—弯曲零件,要测量并避免锯口和碗口在竹节上,如不能避开,就要打上记号,在后续加工时尽量保留所在部位的竹节(即不车节)。对弯曲零件,要定好弯曲零件的弯曲点,再根据弯曲点下料;要留合理的加工余量并合理配料,以节约原材料。

(8) 烤花

将原来无斑纹的竹竿表面烤出浓淡、大小、疏密不同的斑纹。首先是洒泥浆,将要烤花的竹竿在平地上排列整齐,用洒泥帚从泥浆盆中蘸取适量泥浆疏密有致而又均匀地洒在排列好的竹竿表面,待竹竿的一面洒好后,再将其翻转180°后接着洒好另一面。然后是烤花,点燃汽油喷灯,调整好火焰,对准竹竿一道道烘烤,做到不漏火、不滞火,并注意掌握好火候。由于竹竿表面被厚泥浆覆盖的地方受热有限,基本保持竹竿原色,

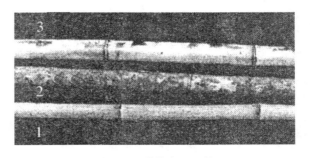

图 4-21 竹竿表面比较
1. 原料竹竿 2. 表面洒好泥浆的竹竿
3. 已烤出斑纹的竹竿

而覆有薄泥浆处因受到较强烘烤,被烤出较淡的斑纹,至于无泥浆处,则被烤出较浓的斑纹,最后将竹竿表面的泥浆擦洗干净。原料竹竿、表面洒好泥浆的竹竿及已烤出的斑纹的竹竿表面如图 4-21 所示。

(9) 零件加工

零件加工是关键工序,如圆竹家具的结构部分所述,圆竹家具的零件分为直线型零件和曲线型零件,而曲线型零件的加工方法有直接加热弯曲和锯口弯曲两种方法。

①直接加热弯曲的零件加工:先校直竹竿。加热时,应使弯曲部位的凸面受热,若烤大弯,火力要均匀;若烤急弯,则要将火力集中于弯点;若同竹竿校直,待竹竿表面渗出竹油时,再缓缓用力弯曲到位(图 4-22),并立即用湿布冷敷定型,再用绳索牵拉固定后置于冷却盆中定型。

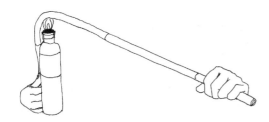

图 4-22 直接加热弯曲

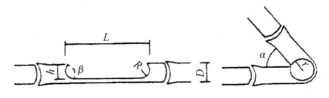

图 4-23 箍与头计算示意图

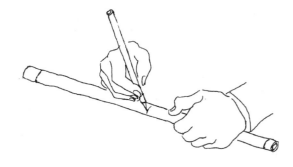

图 4-24 划线

图 4-25 铲壁

图 4-26 扣 挖

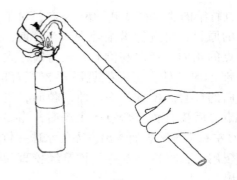

图 4-27 碗口烤弯

②包接零件的箍和头的计算与加工：花竹家具骨架的水平构件与垂直构件的接合一般采用包接法，在加工这类零件前要先进行箍与头的配合计算，也称讨墨，表 4-1 是生产中常用方折的讨墨计算表，它们的计算方法如图 4-23 所示，其中凹槽也称碗口。设 α 为方折后的角度，如三方折为 60°，四方折为 90° 等。则：

表 4-1 常用包接讨墨计算表

名称	角度 $\alpha/°$	长度 L	角度 $\beta/°$	高度 $h \leqslant$
3 方折	60	5.23r	120	4.150r
4 方折	90	4.71r	130	4.171r
5 方折	108	4.39r	144	4.181r
6 方折	120	4.17r	150	4.187r
8 方折	135	3.92r	157.5	4.192r
12 方折	150	3.66r	165	4.197r
18 方折	160	3.49r	170	4.198r

凹槽长度：$L = 2\pi r - \alpha \pi r / 180°$

凹槽弧段半径：$R = r$

凹槽深度：$h \leqslant r + r\sin(\alpha/2)$

凹槽折角：$\beta = 90° + \alpha/2$

计算完毕后，进行划线、锯槽、铲壁、扣挖、碗口弯曲等加工。划线是标记好凹槽的长度、弧段半径及深度（图 4-24）。锯槽是用锯子在划好线的凹槽的左右两端下锯，并锯至接近凹槽所需的深度。铲壁是用铲刀铲去两槽口间的部分竹壁，使零件符合如图 4-23 所示 β 角、凹槽高度和长度要求（图 4-25）。扣挖是用扣刀削去凹槽部位的部分竹黄，使竹壁变薄，便于弯曲，提高装配质量。扣挖时，要先在锯口下的竹黄部位横扣，再纵向扣挖，扣挖的深度视竹竿竹壁的厚度而定，一般以保留 2mm 厚的竹青为宜（图 4-26）。凹槽部分加工好后，将竹青作为凸点加热并弯曲至所需的角度（图 4-27），并将箍与头进行试接合，如接合不

理想，应进行零件修整直至符合要求。

（10）分部件装配及产品总装配

图 4-28(a)～(e) 说明了分部件的装配过程。其中(b)(d) 为装配好的部件，(f) 为装配好的产品。花竹家具的部件装配常采用圆木芯接合中的端接和丁字接，以及木螺钉接合。如图 4-28(a) 为圆木芯端接，(b)(c) 为木螺钉接合。此外，并竹接合时应将拼接面的竹节削平，以使拼缝紧密。

（11）表面涂饰

部分圆竹家具产品采用透明涂饰的涂料及相关工艺，也有的产品仅在表面上蜡。

（12）检验与包装

主要检验产品的规格、外观质量、结构强度等内容。检验合格的产品用泡沫纸捆扎，边角及凸出部位，要多用几层泡沫纸，以防产品在运输过程中发生碰撞摩擦而影响产品质量。捆扎好的产品再用塑料袋将其包裹封闭，最后入库和销售。

4.1.2.2 毛竹家具的生产工艺

毛竹家具主要工艺流程为：原料→选料→竹竿校直→下料→水热及药剂处理→零件加工→装配→修整→表面装饰→检验→包装→入库。

其中选料、下料、水热及药剂处理、检验、包装、入库等类似于淡竹家具，在此不再赘述。

（1）原料

主要为毛竹，要求竹龄 6 年左右，正常生长并在秋冬砍伐的竹材，竹竿表面无洞眼疤痕。

（2）竹竿校直

毛竹径级较大，加热烤直时燃料的火头也要大，一般用干透的废竹梢或捆扎成把、燃烧时能产生较高温度的细灌木、树枝等，如木麻黄枝。烤直时用力较大，一般在拗架上进行（图 4-19）。竹竿校直的工艺要求、过程与花竹家具相似。

（3）零件加工

①弯曲：毛竹竹径大，曲率半径小的弯曲零

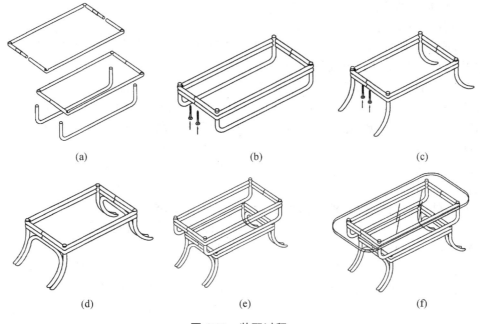

图 4-28 装配过程

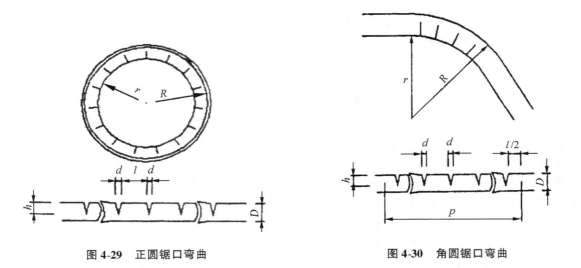

图 4-29 正圆锯口弯曲　　　　　　图 4-30 角圆锯口弯曲

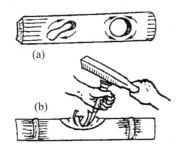

图 4-31 榫眼加工
(a) 圆凿修削　(b) 圆凿加工

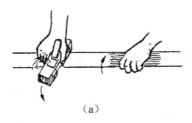 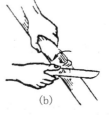

图 4-32 毛竹车节
(a) 车刨刨削　(b) 篾刀转削

件不能采用直接加热弯曲法，而是采用横向锯口－弯曲工艺(也称骗竹工艺)，并分正圆锯口弯曲(图4-29)和角圆锯口弯曲(图4-30)，正圆锯口弯曲常用于制作桌面、几面等，角圆锯口弯曲常用于沙发扶手、桌子面板、装饰件等。它们的有关尺寸计算方法如下：

正圆锯口弯曲，设槽口总数为 n ，则：

开口深：$D/2 \leq h \leq 3D/4$

开口宽：$d = 2\pi h/n$

开口间隔：$l = 2\pi r/n$

正圆弯曲的零件多有外包边，外包边的长度计算如下：

外包边净料长：$L_{净} = 2\pi R$

外包边料长：$L_{料} = 2\pi R + 接头长$

角圆锯口弯曲，设形成的角度为 α，槽口总数为 n ，则：

开口深：$D/2 \leq h \leq 3D/4$

开口宽：$d = \alpha \pi h/180°n$

开口间隔：$l = \alpha \pi r/180°n$

计算好后进行划线，划线的顺序是先划长度，后划节数，再划口距，同时槽口线要避开竹紧密节，竹节也不宜车得过平。加工好后要求凸面无倒刺丝皮，凹面开口处光清，接合紧密，圆弧过渡自然连贯，若开口不当应加以修削或用涂胶的竹片加垫。

②包接零件的箍与头的计算与加工：参见花竹家具部分。

③榫接合零件的加工：榫眼用圆凿加工[图4-31(b)]，也可用钻床钻孔后用尖刀、圆凿修削[图4-31(a)]，榫头与榫眼的接合应紧密。

④车节、去青：不经保青处理的竹竿易褪色、变色，一些产品要求车平竹节(图4-32)，削去竹青。因竹青含有蜡质，一些产品为了提高涂饰质量，也要求削去竹青。

(4)装配

毛竹家具常用竹销钉连接固定。

(5)修整

包括砂去毛刺、将外露的横截面修削平整并倒角。

4.1.2.3 刚竹家具的生产工艺

刚竹与毛竹同属刚竹属，材性与毛竹相近，工艺性能与特点也与毛竹相类似，刚竹家具的生产工艺参见毛竹家具部分。

4.2 全拆装式圆竹家具生产工艺

在对传统圆竹家具生产工艺全面了解和系统分析研究的基础上，提出全拆装式圆竹家具生产新工艺思路：竹材定向 → 竹材选材 → 竹材防蛀、防腐、防霉、保青、着色等改性处理 → 竹竿干燥→机加工涂饰→检验→包装→入库或销售。

(1)原料与选材

用于圆竹家具生产的竹材应定向培育，合理间伐，使原料竹材竿形端直，材质优良，竿皮无瑕疵。

原料选材在竹林中进行。砍伐时应根据产品设计要求选择立地条件、生长状况、竹龄、外观、径级、节间长、壁厚等均与设计相符的竹株。如用于经保青处理后加工高品质家具，则在采伐、运输时要注意保护竿皮，避免竿皮划伤、擦伤、碰破，必要时用织物或草绳捆扎保护。

(2)竹材防蛀、防腐、防霉、保青、着色等改性处理

在采伐后24h内，对竹材进行防蛀、防腐、防霉处理。图4-33所示的设备用于竹竿的树脂增强与防开裂处理，采用先减压再增压的处理法使树脂浸渍更深入。

(3)竹材干燥

根据产品销售地的气候特点，干燥到当地平衡含水率以下。由于竹材构造特点，干燥时应采用软基准，防止竹竿开裂。

(4)机加工

下料：用吊截锯或万能锯将竹材横截成一定长度的竹段。合理下料可提高原料利用率。

内外径规整：在车床上将竹竿车削成外径径级、圆度、直线度均符合要求的工件，再以外径为基准，按要求规整内径的深度、直径。

其他机加工：包括铣床加工竹竿的相贯线、钻床加工竹竿的定位孔和装配孔等。

(5)涂饰

根据设计要求对产品进行上蜡抛光或涂料涂饰加工。全拆装化零部件使气压喷涂、静电喷涂等现代涂饰工艺的应用成为可能。

(6)包装

按包装设计要求将产品零部件、胶水、五金件连接件、装配工具、产品使用说明书、质量检

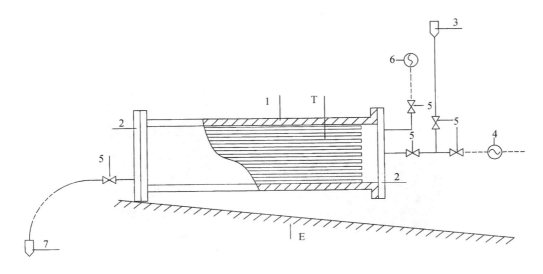

图 4-33　树脂与防开裂处理
1. 容器　2. 端盖　3. 溶液槽(进)　4. 减压泵　5. 阀门　6. 加压泵　7. 溶液槽(出)　T. 竹材　E. 地面

验合格证、质量保证书等包装好，再入库或销售。

传统圆竹家具生产设备简陋，生产效率低下，产品品质有待提高，质量不易控制。采用新型结构和专用五金件连接件，运用现代加工技术，可以高效率、大批量地生产出标准化、通用化程度高的全拆装式现代圆竹家具。

4.3　编织竹器生产工艺

编织竹器的种类很多，如竹箱、竹盆、竹盘、竹碟、竹篮、竹箕、竹篓、竹包、竹花瓶等。虽然其造型多种多样，但基本构造却是一样的，都是由底、腰、筒身、缘口、提手等几个部分构成，具体如图 4-34 所示。

一件竹器的高度与筒身直径的比例要适当，否则既影响美观，也不适用。一般篮子的高度是筒身直径的 1/3～1/4；篓子的高度是直径的 1～1.5 倍；花篮、花瓶的高度是直径的 2～3 倍；果盘高度通常在 8～9cm 以下，如图 4-35 所示。

一般把竹器编织的纵向竹篾，也就是经向竹篾，称为立竹篾；把横向竹篾，也就是纬向用篾，称为横回竹篾；把增加横回竹篾的编织称为横回编。另外，把竹器绞口用篾称为缘卷篾，绞口的编织工艺过程称为缘口加工。

4.3.1　编织竹材的加工

精制的产品，不但要用优质的材料，还必须认真加工。编织竹材的加工可分为截取竹段、削平节峰、劈裂竹段、劈篾、细篾加工等工序。

(1) 截取竹段

根据工艺要求，把竹竿锯成适当长度为截取竹段，也叫锯竹。锯竹虽是一项极普通的工序，但对竹器编织来说却是很重要的一环。如劈刀过节往往产生歪斜，使材料大小不一，浪费很大。因而选取竹段时要尽量避免或减少节数。如果需要两个节间长度时，截取的竹段应带一个节，需要三个节间长度时可截取带二个节的竹段；如要求较长的竹段时，应从竹竿某一节的上部量其长度，而后截取，以避开节环。

由于编织工艺的部位不同，要求竹段的长短也不一样。按照工艺要求大致可分为三种用篾：立竹篾、横回竹篾、缘卷篾。

立竹篾竹段的截取：在编织工艺上，立竹用篾长度是从底编开始到缘口加工的距离。要注意这种用篾起腰和缘口加工的弯曲部位不能带节，否则会因弯曲而折断。

横回竹篾竹段的截取：截取横回竹篾可以适当长些，否则接头太多，影响牢度，但也不要过长，太长了编起来动作不方便。要根据工艺品的大小而定，一般小型竹器用的横回竹篾 2～3m 长。

缘卷篾竹段的截取：因为缘口加工工艺需要用较长的竹篾才能完成，所以要截取较长的竹段，一般 5～6m。缘口加工要求薄而韧性好的竹篾，所以截取时最好选择节数少、节间长、弯曲性能好的部位，如整根竹竿的中上部位。

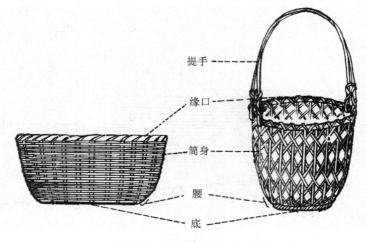

图 4-34 竹器的构造

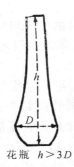
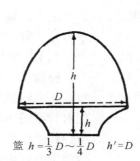
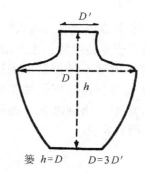

花瓶 $h > 3D$　　篮 $h = \frac{1}{3}D \sim \frac{1}{4}D$　$h' = D$　　篓 $h = D$　$D = 3D'$

图 4-35 竹器的高度与筒身直径的比例

(2) 削平节峰

在工艺上把竹竿上的竿环和箨环凸起部分称为节峰。为了有利于竹材的加工劈篾和编织，必须把节峰削平。因为竹纤维在竿环部位是上下弯曲分布的，所以对竿环不要削得太深，以免破坏纤维，有损竹篾的质量。箨环是纤维的末梢，应尽量把它削平，不会影响竹篾的质量。削节峰可使用篾刀、手刨和机械等。

用篾刀削平节峰：此法要求手、臂并用，即把竹段的一端夹在左臂腋下，把另一端握在左手中；右手握篾刀，并用食指和刀刃把竹段卡紧。刀刃向上对准节峰，左手用力迎刀刃转动竹段即可把节峰削平（图4-36）。

用手刨削平节峰：左手左臂的使用同上，右手握紧刨刀，刨的刀刃与节峰垂直或稍有倾斜，左手用力迎刀刃转动竹段，即可削平节峰（图4-37）。

用砂轮磨平节峰：将竹段的节峰轻轻用力靠近转动的砂轮，缓缓地打磨一圈即可磨平节峰。大竹竿的节峰可用粗砂轮打磨，小竹竿的节峰要用细砂轮打磨。

在削平节峰的过程中，应防止刀刃或砂轮等碰伤竹青部分，否则影响竹篾的质量和美观。另外，必要时还要刨去竹皮上的硅质层，这样有利于劈篾厚度的掌握和制品色彩的一致。刨刀及使用方法如图4-38所示。

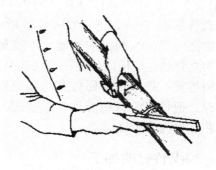

图 4-36 用篾刀削平节峰

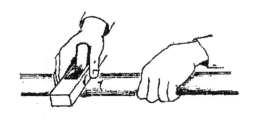

图 4-37　用手刨削平节峰

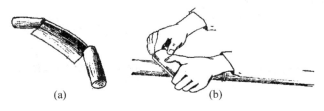

图 4-38　用刨刀刨竹皮上面硅质层的手法
（a）刨刀　（b）双手持刀法

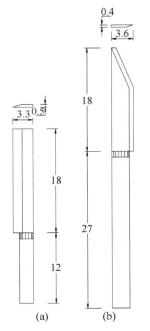

图 4-39　竹刀（单位：cm）
（a）小刀　（b）大刀

（3）劈竹

把竹竿或锯好的竹段纵劈成 4~8 片竹条称劈竹。劈竹的工具有竹刀、劈竹器等。

1）竹刀及其使用

民间常用的小竹刀长约 18cm，宽约 4cm，厚约 4~5mm，柄长约 12cm，重约 280g（图 4-39）。

劈割大型竹竿需要较大的竹刀，厚度可达 7mm，长 22cm，重约 500g。俗话说"磨刀不误砍柴工"。说明只有锐利的刀才能快速劈出好竹条。鉴别竹刀锐与钝的方法：一是用眼睛垂直地看刀刃，当刀刃磨成一条似见非见的细白线时，就是锐刀。如果呈一条明显的白线，则是钝刀。二是用拇指轻轻地从刀口上垂直而过，如有毛糙感觉时，则是锐刀；如感到很滑，则是钝刀。另外，还可以用放大镜横向观察刀刃，如呈锯齿状则是钝刀，如呈一条直线则是锐刀。

2）劈竹要领

① 持刀：右手握刀柄，食指与拇指夹在刀基部的两侧，其他指头紧握刀柄（图 4-40）。

② 开头：左手握紧竹段一端，右手持刀其拇指和食指尖掌握竹段端头，定下开头位置，如图 4-41 所示。如果 1~2m 长的竹段，定下刀口位置以后，刀背向下，左右手握竹段及刀一起向台面击劈（图 4-42）。如劈长竹段时，刀口定位后，用木锤锤击刀背也可开头。开头劈竹一定要掌握从竹竿的基部开始，向梢部方向劈去。一般是从较粗的一头向稍细的一头劈去。如果是等粗竹段，可依箨环和竿环的位置来分。即箨环的一方为基部方向，竿环的一方为梢部方向。

③ 进刀：劈割长竹竿时，通常右手持刀保持直立平衡，主要靠左手握竹竿垂直向刀刃方向送去，如图 4-43 所示。

④ 过节：劈竹过节是一难关。刀在过节前就要注意竹段被分割的比例和持刀的姿态，甚至连呼吸也要暂停一下。当左手把竹节推到刀刃前方时，左手不再用力向前推移，而持刀的右手平稳突击用力即可顺利过节。如果劈裂细竹段，当劈刀进入竹节的前方时，右手持刀保持平稳姿态，左手突击用力也可以使节顺利越过刀刃。

⑤ 持续进刀：在劈竹进刀过程中，如果出现宽窄比例不一时，一方面可使刀背撬曲较宽的一方，另一方面继续劈裂，这样就会慢慢地恢复平衡。由于编织的需要，还会碰到 3:2 或 3:1 等不同比例的劈竹。也要注意使用以上的方法保持比例一致，如图 4-44 所示。

3）劈竹器及其使用

劈竹器是带有交叉刀刃的劈竹工具，有十字形和网状两种。

十字形劈竹器有木制或铁制两种，如图 4-45、图 4-46 所示。它适用于劈割长竹竿。首先用劈刀把竹段的下端开头劈成四等份，然后把十字形劈竹器压入劈口，取出劈刀，再用刀背击打十字劈竹器。劈裂过程如图 4-45 所示。

网状劈竹器，如图 4-46 所示，适用于短粗

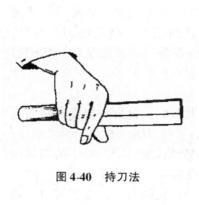 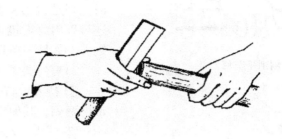 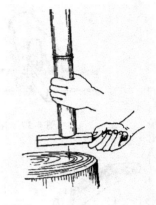

图 4-40 持刀法　　　　图 4-41 劈竹开头法（1）　　　　图 4-42 劈竹开头法（2）

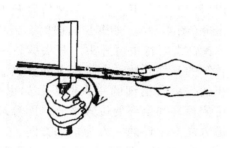 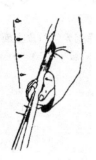

图 4-43 劈竹进刀法　　　　图 4-44 不同比例劈竹进刀法

竹段的劈裂。根据劈竹条数的要求，选择适当刀刃数的网状劈竹器。使用时，把劈竹器固定在 1m 高的工作台上，下面放一木箱，再把待劈的竹段垂直放在劈竹器刀刃上，然后用木锤击打被劈竹段的上端，立即可把竹段劈成预计的条数，掉在下面的木箱中。

如把网状劈竹器装在机械上，用电动机带动机械，把竹段送进劈竹器劈成预计的竹条，即成机械劈竹。

（4）劈篾

把劈好的竹条加工成较薄的编织用篾称为劈篾。工艺上也称为"起篾"。从使用的工具和劈篾方法上分，分为手工劈篾和机械劈篾两种。从进刀方向上分，又可分为径向劈篾（即刀刃与直径线相重的劈篾）和弦向劈篾（即刀刃与弦线相重的劈篾）两种，是编织中最常用的劈篾方法，如图 4-47 所示。

1）人工弦向劈篾

劈刀的使用，持刀的方法、开头、进刀、过节等与劈竹要求相同，如图 4-48 所示。由于竹青和竹黄中的纤维密度不同，所以在劈分竹青和竹黄时，必须掌握竹青篾和竹黄篾强度相等。一般竹青与竹黄的大小比例保持 4∶6 时即可保持强度一致。在进刀过程中，要时刻注意上下厚度比例。如果发生比例不同时，可用刀身迫使较厚的一方，使它弯曲适当程度，再突击过节，这样可以逐渐达到比例平衡。

① 手的使用：如图 4-49 所示，要充分发挥持刀的右手拇指和拿篾片的左手拇指向上或向下的技能。劈篾的厚与薄要靠右手拇指与食指掌握。为了防止劈刀过节而断篾，握力右手要随机把刀刃偏上或偏下缓缓用力进刀。

② 足的使用：如图 4-50 所示，在劈取较长的竹篾时，右足的拇指和食指可以掌握下方的一片篾，而上方的一片由右手的拇指及劈刀来掌握，这样可以将力用在适当的位置上，连劈带剥可以大大提高速度。

③ 嘴的使用：如图 4-51 所示，把被劈的竹片弦向分为上下两片，上片用牙咬住，下片由左手的拇指和食指掌握。主要靠左手和右手的拇指压紧和劈分。在劈分过程中一般弯曲度大的一片薄；弯曲度小的一片厚。两手拇指和食指灵活掌握，可以劈出较好的竹篾来。缘卷篾多用此法。

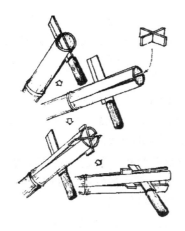

图 4-45　十字形劈竹器及其使用

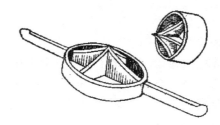

图 4-46　网状劈竹器

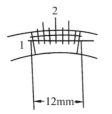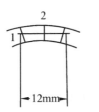

图 4-47　劈篾进刀的方向
1. 弦向　2. 径向

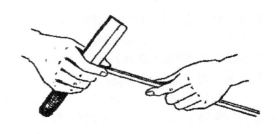

图 4-48　手工劈篾开头手法

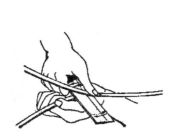

图 4-49　手的使用

图 4-50　足的使用

图 4-51　嘴的使用

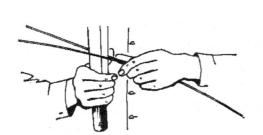

图 4-52　细劈的手法

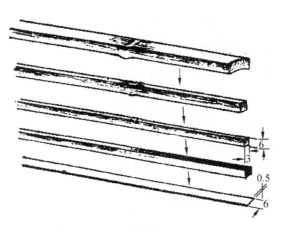

图 4-53　径向劈竹篾（单位：mm）

④ 细劈：将宽的竹篾再劈成较细的竹篾称为细劈。因为竹青部分纤维较多，所以它能劈成很细竹篾。细劈的篾刀要求薄而锐利，持刀姿态如图 4-52 所示，要特别注意持刀的右手拇指始终要超过刀刃，它与持篾的左手拇指经常相对接触，这样经常运用就会习惯，刀刃不会伤手。

2）人工径向劈篾

把竹条劈成四棱形，削平上下节与隔的凸起部分，而后径向劈成厚 0.5mm 的细篾。因为纤维在韧筋中分布密度不同，所以用来编织工艺品别有意趣，如图 4-53 所示。

3）机械劈篾

其原理如图 4-54 所示。它的关键是滚压机滚动强度、转动方向与刀刃位置的关系。

图 4-54（a）为大型劈篾机，$t_1 < t_2$，$S_1 < S_2$。下面的滚轮弹簧强度较弱；被劈上下两片竹篾的厚度取决于刀刃的位置调整。

图 4-54（b）为中型劈篾机，$t_1 = t_2$，$S_1 = S_2$。刀刃的位置可以上下、前后调节。如把刀刃的位置调至靠近上面的滚轮，这时劈出的上层竹篾薄；如把刀刃位置调低，被劈出的竹篾下层薄。所以只要认真调节刀刃位置，就可以劈出预计的竹篾来。

图 4-54（c）为小型劈篾机，$t_1 > t_2$，$S_1 > S_2$。上面滚轮弹簧强度较弱，要把刀刃微微向上调节才能劈出等分的竹篾来。

使用劈篾机一定要注意以下事项：

第一，要准备好锐利的刀刃和认真调节弹簧，使刀刃的位置适当。

第二，被劈的竹条要干燥，节上凸起的节峰要预先削平；竹条的开头不能带节，至少要 10cm 以后才能出现节，以防止机械滚轮通不过。

第三，根据被劈的竹条大小不同，适当选择大、中、小劈篾机。

第四，要把被劈的竹条送到滚轮中压紧再开动机器。

（5）细篾的加工

编织精巧的竹工艺品，对竹篾的厚度、宽度都有严格要求，而且表面还要光滑匀称。因此还必须将已劈出的竹篾再进一步加工成细篾。

1）厚度加工

把竹篾加工成适当厚度的细篾有手工法、台削法和使用削薄器等。

① 手工法：手工法是民间常用的一种方法。准备工作是人坐在凳子上，大腿保持平稳，其上放一块厚布。右手持刀，刀刃向下；左手持篾，把篾从刀刃下通过，如图 4-55 所示。另外，缘口加工的轮圈厚竹片，可采用手脚并用方式进行，如图 4-56 所示，还可用直径 3cm 左右的小圆竹段，在其表面上刻大小不等的凹槽，深度约 3cm，把小圆竹段套在右手的食指上，右手持竹刀，刀刃向外处于拇指与食指之间，并位于小凹槽之上，左手持竹篾，使竹篾从小竹段凹槽和刀刃之间通过，如图 4-57 所示。

② 台削法：如图 4-58 所示。在圆木墩的边上，刻出适当的凹槽。左手持篾，并把篾放在凹槽中；右手持刀压在篾片上，刀刃斜倾向下。左手把篾从刀刃下拖过。用此法刀刃一定要锐利，压力大小及刀刃角度都要经过多次试验才可掌握。被加工竹篾的节部凸起要先削平。

③ 使用削薄器：如图 4-69 所示。首先把上下刀刃的距离和角度调好。而后把要削的竹篾水湿，插入刀刃下。右手在前面托着竹篾，左手往后拉

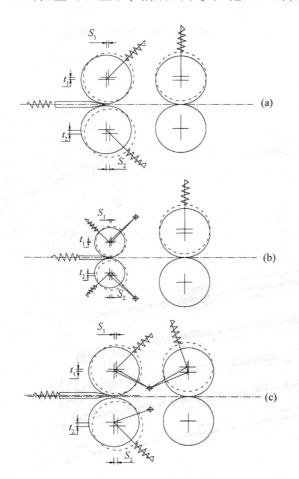

图 4-54　劈篾机工作原理示意

t_1、t_2. 滚压机移动的距离　　S_1、S_2. 滚压机水平移动的距离

4.3 编织竹器生产工艺

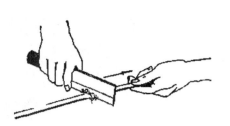  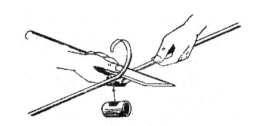

图 4-55　手式细篾厚度加工法　　　图 4-56　轮圈用篾厚度加工法　　　图 4-57　手式细篾进度加工法

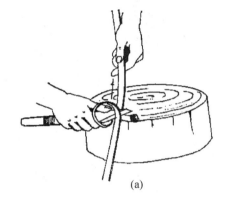 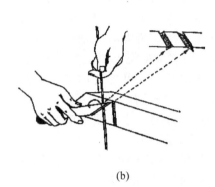

(a)　　　　　　　　　　　　　　　　(b)

图 4-58　台削法
(a) 宽篾削薄　(b) 细篾削薄

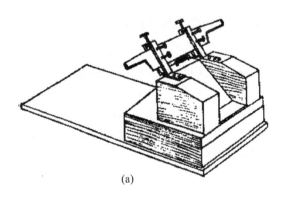 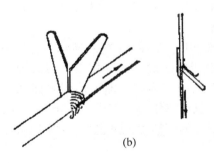

(a)　　　　　　　　　　　　　　　　(b)

图 4-59　削薄器斜角刀的使用
(a) 削薄器　(b) 斜角刀的使用

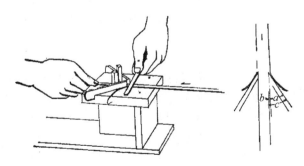 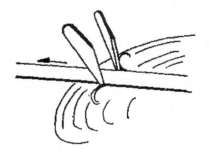

图 4-60　宽度器的使用　　　　　　　图 4-61　斜角刀的使用

竹篾，这样数次即可光滑。也可将两只斜角刀的刀尖打入木墩中，两刀刃方向一致而又平行。把竹篾从中迎刃拉过，也可达到削薄的目的。

2）宽度加工

把竹篾加工成适当的宽度，可采用宽度器和斜角刀等工具。

① 宽度器的使用：最简单的宽度器如图4-60所示。它是用两个直角刀刃按照一定的距离固定在木台上的。两刀刃之间宽窄可以自由调整。当刀刃角度等于 a 角，或 b 角很小时，则不易劈削竹篾；当刀刃角度大即 c 角大时，则容易劈削竹篾。经过多次试验精心调整便可确定恰当的角度。两刀刃间距和角度调好后，可把待加工的竹篾平放在两刀刃之间，左手持竹片压紧刀前方的竹篾，右手在刀的后方拖拉竹篾，这样便可顺利通过宽度器，达到宽度加工的目的。

② 斜角刀的使用：如图4-61所示。使用两把斜角相同、左右分别开口的斜角刀，按照需要的距离和恰当的角度把刀尖打入木墩之上。把待加工的竹篾从中间拖过，也可达到加工的目的。

3）表面加工

细篾的厚度和宽度加工完成后，如要编织高级竹器，还要使用光面刀、斜角刀、篾通器等进行表面磨光。

使用光面刀，如图4-62（a）所示。在刀刃上有大小不等锐利的凹槽，右手持刀，刀刃向下，左手拖篾数次从凹槽通过，即可达到表面加工的目的。反之，也可以使刀刃朝上，固定在工作台上，将竹篾从刀刃的凹槽中拖过也可，如图4-62（b）所示。

也可使用斜角刀，如图4-62（c）所示。把两只斜角刀角度交叉，刀刃向上，打入木墩上，再把竹篾从两刀刃上拖过多次，也可将竹篾打光。

有时还需要用单刀加工。其方法如图4-62（d）所示。

4）圆形竹篾加工

有很多竹编工艺品如花篮、鸟笼等都需要圆形或椭圆形横断面的竹篾。最简单的办法是，把方形横断面的竹篾多次通过光面刀刃中的凹槽即可。另外，也可用篾通器，如图4-63所示。即在固定的钢板上，打出一些大小不同的圆孔，孔口要锐利。将细方形横断面的竹篾多次通过一定粗细的圆孔，即可成为光滑的细圆形横断面的圆竹篾。

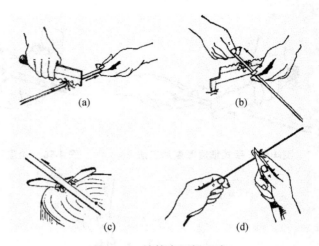

图4-62 竹篾表面加工法
（a）（b）表面刀加工 （c）斜角刀加工 （d）单刀加工

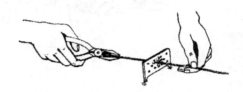

图4-63 篾通器使用

4.3.2 竹编织的基本方法

竹器的编织工艺一般来说是由底开始，而后逐渐弯曲向上升为腰，再继续编筒身至缘口，最后再加上提手，必要时另做盖子。在竹器编织过程中底、腰、筒身、缘口是一个整体，这里为了叙述方便分为底编、起腰、筒身、缘口加工、提手装配等几个方面。

（1）底编

俗话说"万事开头难"，竹器的编织也是如此。一般情况下，竹器编织总是由底开始，它关系着起腰、立竹数的多少、整体造型等。底的编织方法很多，比较常见的有织编、篓底编、方孔编、六角孔编、鸟巢编、菊底编、人字花编、轮口编等。

1）织编

使用经纬竹篾进行织编，并用加缘口来造型的竹器编织称为织编。用此种方法编织的竹器底、腰、筒身等区别不明显。例如米箩、洗菜箩等多用此种方法制成。其方法：制作一套适当大小的轮圈。轮圈直径大小和用篾粗细应与缘口直径大小、立竹粗细相协调。轮圈的做法，如图4-64（a）所示。选用适当长短、粗细的竹片圈起，接头过程见图中箭头所示。轮圈完成后，再取3~5条竹篾作为纬编的开头，弯曲后把其两端临时结在轮圈 DE 上，如图 4-64(b)所示。接着继续在 AB 及 AC 之间进行纬编，一直编到缘口 DE 为止，如图 4-64(c)所示。最后把编织部分弯曲向上夹入内外两层轮圈之间，切去多余的部分，如图 4-64(d)所示，绞口后即形成完整的竹器。

2) 篓底编

其方法如图 4-65 所示。它适于编织各种篓、篮、筐等的底。

底编的立竹数不论是多少[图 4-65(b)]，起腰后的自然立竹数总是偶数。当底编横回竹[图 4-65(a)]编完第一周后，继续编第二周时，开头要越过两根立竹再继续编织，编第三周开头时也要越过两根立竹，以后依此类推，如图 4-65(a)所示。筒身的横回竹，可用一根，也可用两根进行追编，如图 4-65(b)所示。

3) 方孔编

立竹与横回竹的编孔为方形，其方法如图 4-66 所示。一般实用竹器多采用此种方法，如篮、提包、篓等的底。图中的虚线为底编的面积。

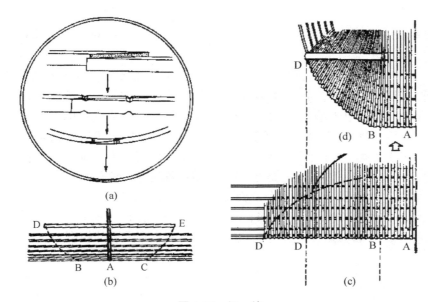

图 4-64 织　编
(a)轮圈的做法　(b)起编　(c)织编过程　(d)造型加工

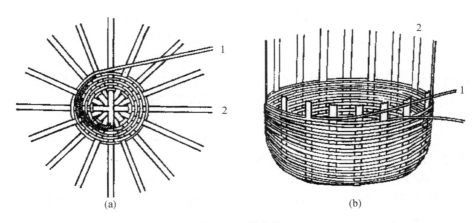

图 4-65 篓底编
(a)底编　(b)筒身编
1. 横回生　2. 立竹

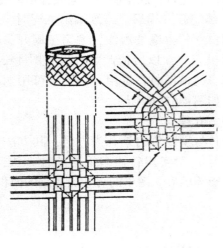

图 4-66 方孔编

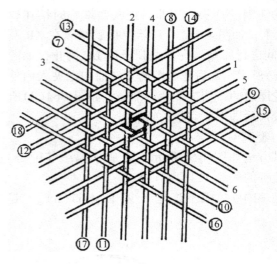

图 4-67 六角孔编

4）六角孔编

立竹与横回竹编孔为六角形，如图 4-67 所示。其编织方法：用 2 压 1，把 3 编入 1、2 之间即形成正三角形；用 4 压 1 挑 3，与 2 平行即形成另一个三角形；用 5 压 3 挑 4，与 1 平行即又形成一个三角形，再用 6 压 2、4，挑 1、5，与 3 平行。这时便形成一个基本六角形，即是六个三角形的结合体。在这个六角形中 1 与 5，2 与 4，3 与 6 必须平行等间距。扩大编织则依次用 ⑦～⑱ 的顺序进行。

5）鸟巢编

是以一个六角孔编为中心，向四周扩大的底编。基本编织法如图 4-68 所示。图 4-68（a）中的 ①～④ 黑线为编织顺序。图 4-68（b）中的 ⑤⑥ 按实际箭头方向编入。照此法顺序编织下去，正面为六角箭羽形，如图 4-68（c）所示。而背面则为鸟巢状，如图 4-68（d）所示。

6）菊底编

底编的立竹为放射状重叠，其形状像菊花。它的底编横回竹是用较薄的竹篾，从巢状中心开始编织而后逐渐扩大。因立竹排列方式不同又可分为十字组菊底、扇子组菊底、二重菊底。

① 十字组菊底：如图 4-69 所示。它的立竹用十字形式互相重合，横回竹编完一周之后立竹才能稳定不乱。此法被广泛用在各种竹器制品中。

② 扇子组菊底：如图 4-70 所示。它的立竹用扇子骨形式互相重叠。此种编法必须把底的横回竹编完两周之后立竹才能减少零乱。扇子组菊底的重合部分较为平整，在编织工艺品中应用较广。

③ 二重菊底：由于大型竹器如笋、筐等的底编重合立竹数较多，起编困难，所以要采用二重菊底编。二重菊底编的立竹数比菊底编的立竹数多一倍。具体的编法如图 4-71 所示。开始只用半数立竹作底，编入横回竹。但要注意内圈横回竹和立竹间的三角孔的大小，至少要能够插入立竹，如图 4-71（a）所示。当横回竹编至一定幅度时，再将另一半立竹分别插入三角孔内，再继续编入横回竹，直到需要的幅度为止，如图 4-71（b）所示。

7）人字花编

人字花编的纵横编篾比较紧密，形成"人"字花纹。一般竹编的底和筒身多采用此法。它的适用范围较广，特别适合编织竹箱、提包、花盆盛器、挂屏等。其编织方法如图 4-72 所示。首先把纵向立竹紧密排队，压紧一端，而后进行横向编织。第一次横向编是挑 2、压 2，如图 4-72 中的 1；第二次横向编开始压 1，从第二根纵篾开始挑 2、压 2，如图 4-72 中的 2；第三次横向编与第一次横向编相反，为压 2、挑 2，如图 4-72 中的 3。其他依此类推继续编织。

另外，如使用不同宽度或不同色彩的竹篾进行人字花编，还会产生各种花样，如图 4-73 所示。

8）轮口编

轮口编形状好像一个车轮，立竹由轮孔中心向四周放射。此种方法适用于各种竹器编织的底，也可作缘口。例如花篮、热水瓶壳、挂屏等。作为底编需外加一平面。所以有单轮口编和双轮口编之分。

4.3 编织竹器生产工艺

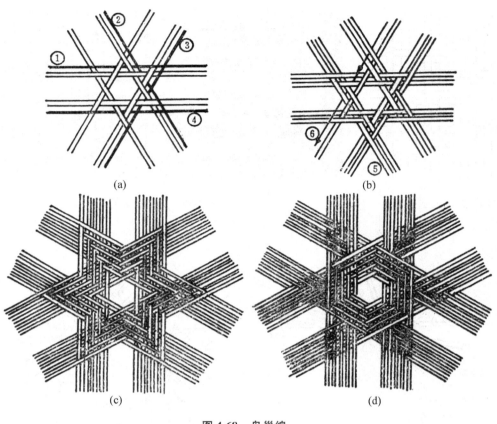

图 4-68 鸟巢编

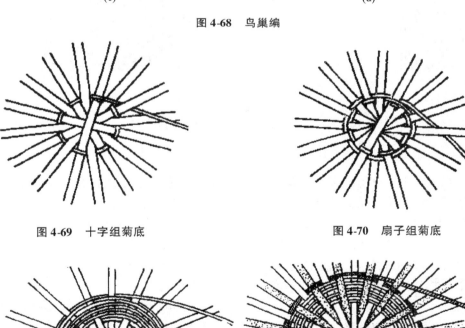

图 4-69 十字组菊底   图 4-70 扇子组菊底

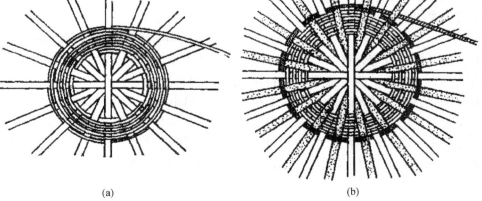

图 4-71 二重菊底

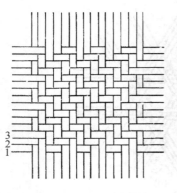
图 4-72 人字花编

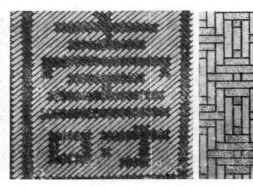
图 4-73 人字花编的花样

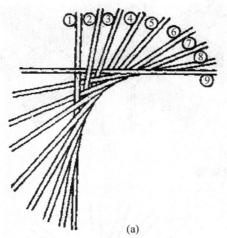

图 4-74 轮口编
(a) 轮口编开头法　(b) 轮口编收尾法

单轮口编：如图4-74(a)所示。第①②③④⑤⑥根竹篾顺序重叠；第⑦根开始为挑①，压②~⑥；第⑧根为挑①②，压③~⑦；第⑨根为压①，挑②③，压④~⑧。第⑩根以后与第⑨根类同，用压1根，挑2根，压5根竹篾的方法继续编织。如果轮口直径需要扩大时，可把后面的压篾数减少。

最后，还必须注意轮口的合拢。以末尾一根竹篾压4根竹篾的轮口合拢为例，最后5根竹篾的编法如图4-74(b)所示。具体编法如下：把1挑①②③④，压⑤⑥，挑⑦；把2挑①②③，压④⑤，挑⑥⑦；把3挑①②，压③④，挑⑤⑥；把4挑①，压②③，挑④⑤；把5压①②，挑③④；而后正常组编。

双重轮口编：用单轮口编制作两个同等大小的轮口，而后把这两个单轮口重合，再把上下轮口的竹篾用方孔编互相交叉制成，如图4-75所示。在双重轮口间要夹一个圆形平面编织，但这个圆形平面直径要比轮口直径大3cm左右。如在两个圆形花编平面之间夹上彩色纸，即可组成一个具有色彩图案的底编。

(2) 起腰

底和筒身连接处为腰，从底编的平面开始向上弯曲横回编织5圈左右即为起腰。其方法如下：

1) 湿水

在起腰前，立竹湿水，便于弯曲，不易折断。

2) 弯曲

开始起腰时可用手指把立竹向上弯曲，以便向筒身发展。也可把立竹扎成一束，用夹子夹起，而后进行横回编。还可用木模具、电烫、火烫等方法把立竹垂直竖起后再进行横回编，如图4-76所示。

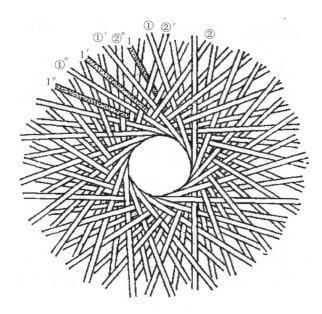

图 4-75 双重轮口编

3）横回竹的使用

由于立竹弹性较大，容易使起腰伸展开，最好在起腰开始夹入一条较厚的横回竹，然后再继续向上编织。这样用左手弯立竹，用右手编横回竹 4~5 围后一般可以完成起腰。但如果起腰不成，一定要加较粗的横回竹。

4）立竹片的使用

由于底编较薄，起腰后立竹容易弯曲，竹器底部凸起而站立不稳。为了防止以上弊病，使用数条竹片，插在底部。该竹片的宽度和厚度都比底编竹篾大，如图 4-77 所示。

5）奇数立竹的形成

正常编织的立竹数都为偶数，由于花编及缘口加工有时需要奇数，所以在起腰时就要把偶数变为奇数。其方法有插入法、分离法、劈裂法、合并法、编入法等。

① 插入法：起腰时先把一根立竹插入底编的一侧，再继续起腰、编横回竹，如图 4-78 所示。

② 分离法：底编立竹为两根并列时，起腰前先把其中的一组分开为两根，再继续编起腰横回竹，如图 4-79 所示。

③ 劈裂法：起腰后，将最粗的一根立竹劈成两根，继续进行横回编织，如图 4-80 所示。

④ 合并法：方孔底编用单根竹篾横向来回编织，形成双根立竹底时，最后一根不回头而形成单根，再把横回竹的一端编入其中则为双根。用横回竹的另一端继续进行起腰横回编，如图 4-81 所示。

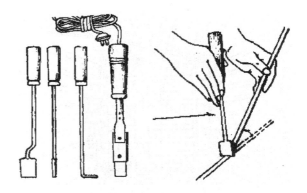

图 4-76 起腰弯曲法及工具

图 4-77 立竹片的使用

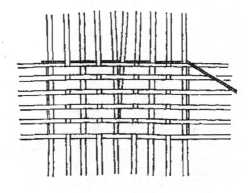

图 4-78 插入法形成奇数立竹

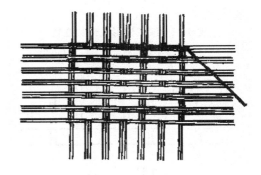

图 4-79 分离法形成奇数立竹

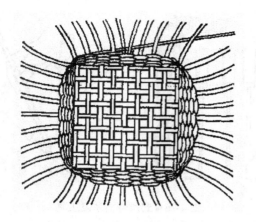

图 4-80　劈裂法形成奇数立竹

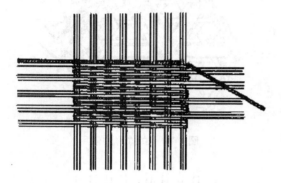

图 4-81　合并法形成奇数立竹

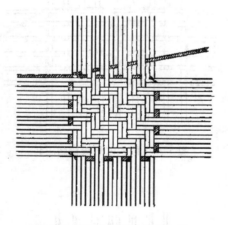

图 4-82　编入法形成奇数立竹

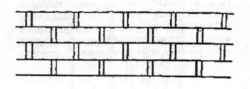

图 4-83　砖　花

图 4-84　畦花

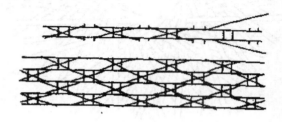

图 4-85　千鸟花

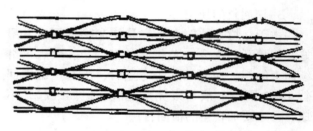

图 4-86　石垣花

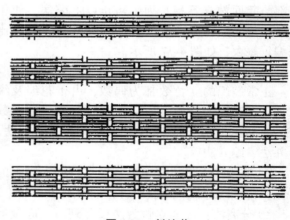

图 4-87　斜纹花

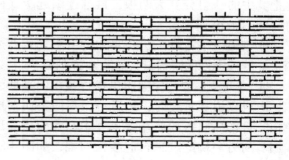

图 4-88　谷花

⑤ 编入法：起腰前，把横回竹的一端编入底中当作一根立竹处理，然后用另一端继续进行起腰横回编，如图4-82所示。

（3）筒身编

起腰完成之后，即进行筒身编。编织的方法基本上与底编相同。但筒身编的横回竹通常用较薄或较细的竹篾。有些工艺美术品的横回竹可使用宽篾和窄篾混合编织。以形成各种花纹，如砖花、畦花、千鸟花、石垣花、斜纹花、谷花、提花、绳花、波纹花、编孔插花等。

1）砖花

如图4-83所示。立竹篾较窄，横回竹篾较宽，即形成砖墙式的花纹。

2）畦花

如图4-84所示。其横回竹篾用一宽一窄间隔使用，即形成厚薄明显的畦花。

3）千鸟花

如图4-85所示。横回竹篾较宽，在编织过程中夹入两条细竹丝，在立竹上交叉编织形成无数小鸟图案。

4）石垣花

如图4-86所示。是使用两种横回竹进行编织，一种宽15mm，另一种宽1.5mm。编织时，只编较窄的横回竹，把较宽的横回竹篾缠入其中，即形成石垣状的花纹。

5）斜纹花

也称流纹花，如图4-87所示。这种编法适用于立竹比较密的制品。横回竹与立竹篾的宽度相近。在编织横回竹时，用挑2、压1，或挑2、压2，或挑3、压3，最后都会出现斜纹花。

6）谷花

如图4-88所示。横回竹比立竹窄，其编织过

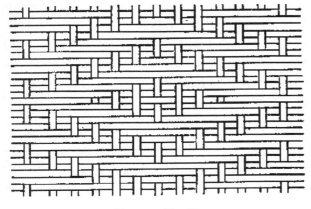

图4-89 提 花

图4-90 三根篾绳花

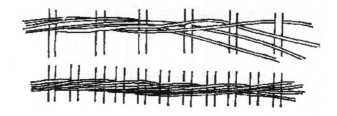

图4-91 四根篾绳花

程是横回竹均匀地挑越3根立竹。编成后即形成均匀的谷花。

7）提花

如图4-89所示。横回竹与立竹用篾宽度基本相同。在筒身的适当高度，按照一定的设计图样编出各种提花纹。

8）绳花

把立竹当作栅，用3~5根细篾作横回竹，上下挑越进行编织即形成绳花。

① 三根篾绳花：如图4-90所示。用3根细篾作横回竹，开头2根在前，1根在后，每次都用最下方的1根挑越2根立竹。向左编织称为左绳花；向右编织叫右绳花。

② 四根篾绳花：如图4-91所示。编法与3根篾绳花相同，唯有横回竹细篾需超过3根立竹。还可以在2根立竹间增加1根立竹。这样立竹数就可增加1倍，花孔缩小，制品可以盛放更小的东西。

9）波纹花

波纹花如图4-92(a)所示。波纹花编与绳花编相近，但要求立竹数为偶数，横回竹比立竹窄。编时用3根横回竹向同一方向进行，上下的横回竹呈"～"形编入，每次都挑越2根立竹，编成后即形成波纹花。另外，还有反正波纹花，如图4-92(b)所示；松叶花，如图4-92(c)所示等，它们与波纹花的编法基本相似，但是立竹要求奇数，横回竹篾要细。

10）编孔插花

即在编好的筒身上缠上或插上各种花纹。如图4-93所示为六角孔筒身编的制品。用较薄的竹

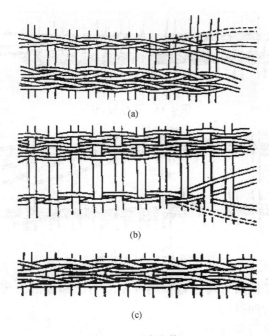

图 4-92 波纹花
(a)波纹花 (b)反正波纹花 (c)松叶花

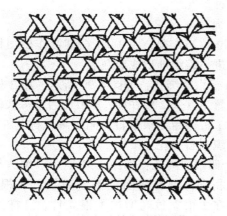

图 4-93 六角孔筒身编的插花法

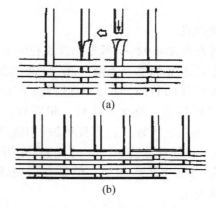

图 4-94 断立竹的补救和横回竹的续接
(a)断立竹的补救 (b)横回竹的续接

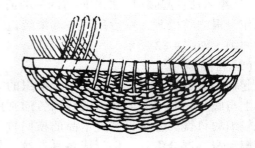

图 4-95 织编缘口立竹弯曲

篾，从三个不同方向缠绕在立竹上，既牢固又美观。也可在六角孔编或方孔编的筒身下部，平行或交叉插入十字形、箭羽形、梅花形等花纹。

在编织筒身过程中经常会碰到折断立竹的现象。其补救方法如图 4-94(a)所示。首先把断立竹弦向劈开，而后选用同等大小的竹篾，将其一端削薄，插入立竹劈口深处即可。横回竹篾的续接更是常用，其接法如图 4-94(b)所示。即新加的横回竹篾端头与前根横回竹篾的末尾要重叠在 4 根立竹之中，然后再继续进行横回编。

(4)缘口加工

竹编最后的工序是缘口加工。缘口加工关系到制品的造型及牢度。因为底、腰、筒身的编法不同，所以缘口加工方式也各不相同。

1)立竹弯曲法

立竹弯曲法是指利用立竹到缘口的多余部分弯曲加工。方法多种多样。如织编缘口立竹的弯曲、篓编缘口立竹弯曲、六角孔编缘口立竹弯曲、方孔编缘口立竹弯曲、人字花编缘口立竹弯曲等。

① 织编缘口立竹弯曲：如图 4-95 所示。先做一个与竹器缘口直径相等的轮圈，卡在缘口外围。再将缘口立竹隔一根剪一根，把留下的立竹向外弯曲，插入筒身的横回编中，并把轮圈包在其中。

② 篓编缘口立竹弯曲：把缘口立竹间隔剪去半数，再弯曲留下的半数立竹使其尾部编入最后一根横回竹下即成[图 4-96(a)]。把编到缘口的立竹径向劈成两半，用手把劈好的立竹向内或向外等高折弯，互相弯曲压头即成[图 4-96(b)1、2]。如果缘口立竹比较宽，可把立竹剪去1/2～2/3，再用弯曲相互压头的办法也可[图 4-96(b)3]。采用轮圈、立竹、横回竹联合加工的，即把立竹弯向轮圈一侧，用最后一根横回竹压头，最后剪去多余的立竹尾即可[图 4-96(c)]。如果筒

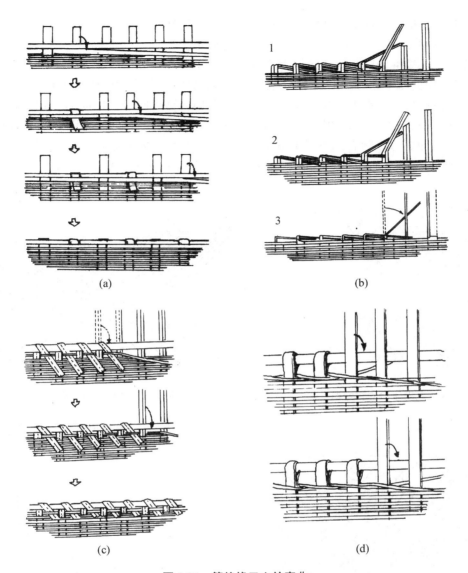

图 4-96　篓编缘口立竹弯曲
(a)剪去半数立竹　(b)剪去每根立竹的1/2～2/3 径向劈后弯曲
(c)轮圈、立竹、横回竹联合加工法　(d)绳编法

身编的立竹较疏，横回竹篾可用绳编的形式通过立竹间隙把弯下的立竹头压住[图 4-96(d)]。

③ 六角孔编缘口立竹弯曲：如图 4-97 所示。把六角孔编缘口两排交叉的立竹，沿着横回竹的高度剪去其中的一排，将另一排等高向下弯折曲，并压在被剪立竹之下，最后在横回竹下面剪去立竹尾部。

④ 方孔编缘口立竹弯曲：如图 4-98 所示。方孔编的立竹密而两排交叉。先把左向的一排(即内方的一排)立竹剪去，剪口要平整，然后把另一排立竹径向劈成 3～4 份，再顺势把立竹倒插在筒身的横回竹内方即可。

⑤ 人字花编缘口立竹弯曲：如图 4-99 所示。其缘口有两排交叉的立竹，先把右向的立竹向内弯曲，越过交叉的两双立竹，向右编入右向立竹之下，而后剪去左向一排立竹和右下方的立竹尾即成。

2)立竹腕卷法

将立竹互相腕卷而组成缘口。此法多用在小工艺品编织缘口加工上，有时也用在大型竹器上。其方法有辫子腕卷、弓形腕卷、轮口腕卷、羽状缘卷等。

① 辫子腕卷：如图 4-100 所示。先用小径竹竿或厚竹条做一个圆形轮圈，其直径大小依照竹器缘口直径为准。再将缘口立竹保留 20cm，并把它弦向薄劈成两份；最后将轮圈放在缘口内方，

把立竹内卷，自内向外穿过左立竹和轮圈下方，依次进行一周即成辫子腕卷。

② 弓形腕卷：如图 4-101 所示。立竹为直立的竹编缘口加工多用此法。基本方法与辫子腕卷相同，不过它的轮圈是放在缘口立竹的外方，立竹向外弯曲，绕过轮圈向右越过 2 根立竹，自外向内穿入，腕卷一周即成弓形腕卷，如图 4-101(a) 所示。如果把立竹尾再越 2 根立竹，自内向外穿出，这样腕卷一周即成双重腕卷，如图 4-101(b) 所示。

③ 轮口腕卷：如图 4-102 所示。多用在立竹较密而又直立的竹编缘口加工。首先把缘口立竹弦向薄劈成两份，再向右依次弯倒，使每根立竹尾越过 2~6 根立竹，相互压尾呈放射状，而后再把立竹尾从外开始越 1~3 根立竹穿入内方，逐次穿越一周再剪去多余立竹尾，即成轮口腕卷。

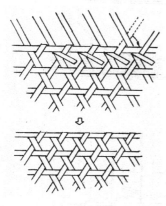

图 4-97　六角孔编缘口立竹弯曲

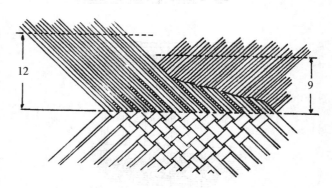

图 4-98　方孔编缘口立竹弯曲

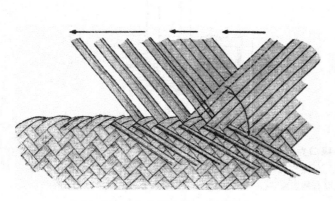

图 4-99　人字花编缘口立竹弯曲

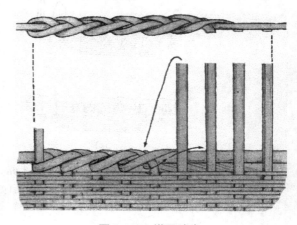

图 4-100　辫子腕卷

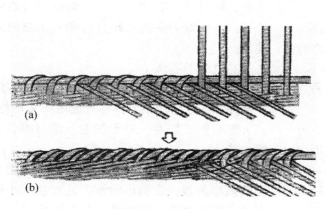

图 4-101　弓形腕卷

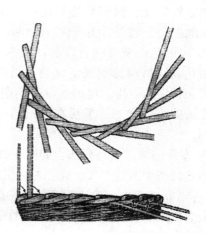

图 4-102　轮口腕卷

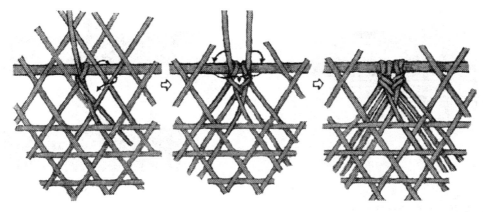

图 4-103 羽状腕卷

④ 羽状腕卷：如图 4-103 所示。此法适用于六角孔编及变形工艺上。首先把已做成的轮圈放在高出缘口 3cm 处的内方，把两个交叉的立竹分别一个向左一个向右绕过轮圈，再围起邻近的 1 根立竹，左右会合一同再自外向内穿入中间的夹孔。最后把被围着的两根立竹分别左右绕过轮圈，再自外向内一同穿入夹孔，即在结点上形成羽状。

3) 缘卷加工法

在缘口上用薄竹篾、塑料篾、藤皮等把轮圈和立竹卷紧称为缘卷加工。竹制品经过缘卷加工后，可以增强牢度和美观。缘卷的用篾要求薄而软，并富有弹性。其方法很多，有一般缘卷、箭羽缘卷等。

① 一般缘卷：其开头方法有 3 种，如图 4-104。图 4-104（a）为缘卷篾从缘轮下方开始插入，在内缘口上先绕 2~3 圈再开始缘卷加工；图 4-104（b）为缘卷篾先在内部缘口打结，然后再继续缘卷加工；图 4-104（c）为缘卷篾直接插入立竹旁再开始缘卷加工。

在缘卷过程中，如缘卷篾越过 2 根立竹继续卷 2 周后，缘卷篾基本并列称两次卷，如图 4-105（a）所示；如越过 3 根立竹，卷 2 周则称为三次卷，如图 4-105（b）所示；如顺序排列，卷完整个缘口则称千段卷，如图 4-105（c）所示；如开始把缘卷篾向右卷 1 周，而后再向左卷 1 周，则形成十字交叉二重卷，如图 4-105（d）所示；如将缘卷篾右卷 1 周后，再将缘口外围增加一副轮圈，而后再向左卷 1 周则成二重缘口卷，如图 4-105（e）所示。

最后，为了防止缘卷篾松脱还必须认真进行结尾。其方法是：把缘卷篾的末尾直接插入缘口下的立竹旁，如图 4-106（a）所示。也可将缘卷篾的末尾绞成绳状横回编入立竹中即可，如图 4-106（b）所示。

② 箭羽缘卷：缘卷篾的宽度一定要和立竹间隔相适应，使缘卷篾能自由通过，如图 4-107（a）所示。其方法是把缘卷篾自内而外穿出，过 4 根立竹，再自外向内，翻越轮圈，从内向外由第 4 根立竹间穿出，向后隔 2 根立竹自上而下穿过 1 根缘卷篾的下方。这样继续缘卷一周即成箭羽形缘卷口。为了工作方便，可先用"篾通子"通过，如图 4-107（b）所示。再把缘卷篾沿着其凹面自由穿过。

4) 双层缘口加工

用一套轮圈，从内外把缘口立竹夹紧，在轮圈上方剪去立竹，平行排放细竹篾后再用金属丝或藤丝缠紧即成。这是一种牢固的缘口加工方法，适用各种竹器编织的缘口上。

轮圈的制作是双层缘口加工的关键。它既可增加美观又能提高牢度。先用火烤法将轮圈竹条作圆形弯曲，然后将两个端头相接。其方法如图 4-108 所示。

弯曲成圆环时要注意内轮圈竹青向内，外轮圈竹青向外，然后两头加工连接而成。图 4-108（a）是将轮圈竹条两端纵向相对斜削，然后用藤丝缠绕或加入黏合剂结合即成；图 4-108（b）是利用竹条节部做出凹下部位，再将另一端做出凸起部分，凹凸相嵌胶合而成；图 4-108（c）是将两端斜面上做出凸凹部位相嵌胶合而成；图 4-108（d）是将两端头对应的凹槽相互胶合而成。为了增强牢度还可以在接头的横向打孔销竹钉。此种轮圈端头接法，被广泛应用在各种竹条嵌接工艺上。

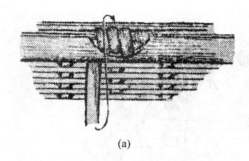

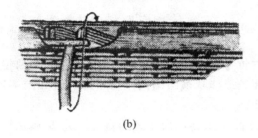

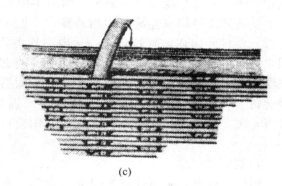

图 4-104　缘卷篾开头法

(a)内绕法开头　(b)内结法开头　(c)插入法开头

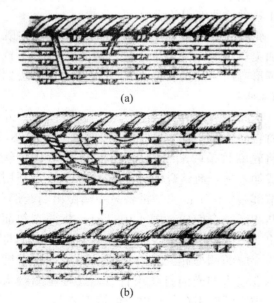

图 4-106　缘卷篾的结尾法

(a)插入法　(b)横回编入法

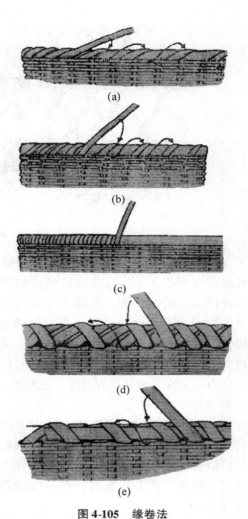

图 4-105　缘卷法

(a)两次卷法　(b)三次卷法　(c)千段卷法
(d)十字交叉二重卷　(e)二重缘口卷

金属丝的应用，如图 4-109 所示。图 4-109(a)为分段扎结。其方法：选用 20~22 号金属丝，扎紧一段后剪去多余部分，将留下的 1cm 左右向上弯曲穿入轮圈内即可。顺序如图 4-109(a)中①②③箭头所示。也可用连续结法，如图 4-109(b)(c)所示。

藤丝的应用，图 4-110 所示为藤丝或塑料丝的结扎法。其中(a)为分段扎结法，(b)为单根斜向扎结法，(c)为单根连续扣扎法。

(5)提手装配

提手的装配需要竹条、细竹、薄竹篾、藤丝等材料。其方法有插入法、八字结法、日字结法、卷曲法等。

插入法：是比较简单的一种方法。把适当长度的细竹或薄竹条两端削薄、修尖或做凹下部位，再弯曲成弓形，将其两端插到竹器两边对称位置的立竹间，或固定在缘口上即可(图 4-111)。

4.3 编织竹器生产工艺

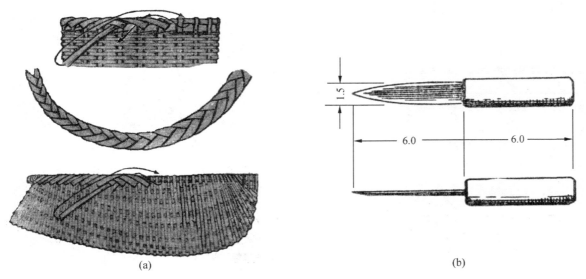

图 4-107　箭羽缘卷（单位：cm）
(a)箭羽缘卷　(b)篾通子

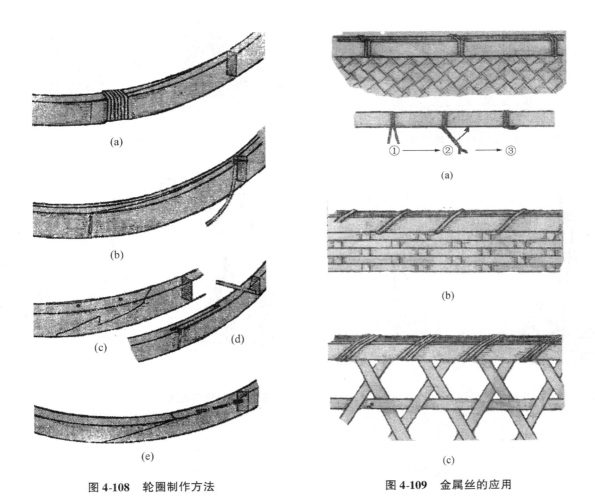

图 4-108　轮圈制作方法　　　　　图 4-109　金属丝的应用

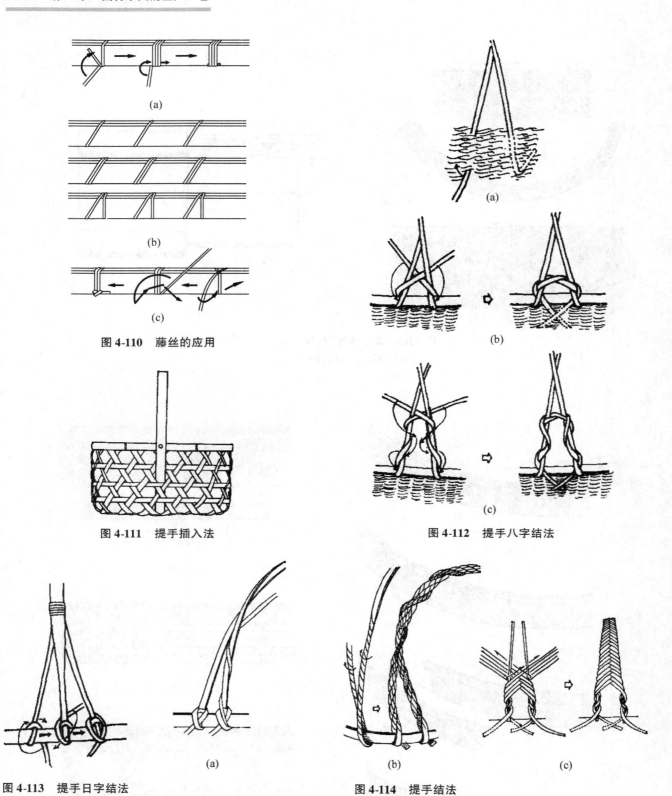

图 4-110 藤丝的应用

图 4-111 提手插入法

图 4-112 提手八字结法

图 4-113 提手日字结法

图 4-114 提手结法
（a）缠卷法　（b）卷曲法　（c）箭羽法

八字结法：用两根厚竹条，把两端弦向薄劈成数片，将其弯成弓形，把两端呈八字形插入筒身，梢端再呈V字形斜插[图4-112（a）]。另外也可把两端分别自外而内插入缘口下方，再从内方翻出相互交叉，从提手篾基穿过，最后插入筒身[图4-112（b）]。也可以把两端头各自向上转两圈，再向下转两圈，最后还从提手篾基部穿过插入筒身[图4-112（a）]。

日字结法：如图4-113所示，把提手竹条端籴（音：夹）自外而内从缘口下插入，再从内方绕过提手基部，而后从轮圈下穿出，绕提手基部一周，从自己下部穿入后插进筒身。

缠卷法、卷曲法、箭羽法：缠卷法与日字结法基本相同，但是缠卷法用的提手竹篾较薄，端头从日字结中穿出顺提手多次缠卷，如图4-114(a)所示。另外，还有卷曲法，如图4-114(b)所示；箭羽法等，如图4-114(c)所示。

藤丝的使用：藤丝在竹编中常用于缘口加工、提手装配、篾箱保护。使用前先把藤丝浸在水中，随用随取，使用方法有缠卷法、结法、织法等。

复习思考题

1. 传统圆竹家具与全拆装式圆竹家具在生产工艺上有什么不同？
2. 简述传统圆竹家具生产工艺流程及其在各自的生产中要注意的主要问题？
3. 传统圆竹家具生产工艺存在哪些不足之处？
4. 试述竹编生产工艺如何与现代家具的发展有机结合。

第5章
竹集成材家具的生产工艺

【本章重点】
1. 竹集成材家具基材生产工艺。
2. 刨切薄竹与旋切薄竹生产工艺。
3. 竹集成材家具的制作工艺。
4. 竹集成材家具质量的主要影响因素。

5.1 竹集成材家具基材生产工艺

竹集成材家具采用的基材是各种形式的竹集成材。竹集成材是一种新型的竹质人造板，它是通过以竹材为原料加工成一定规格的矩形竹片，经三防处理（防腐、防霉和防蛀）、干燥、涂胶等工艺处理进行组坯胶合而成的竹质板方材。竹集成材的最小组成单元为竹片，因此，根据竹片的组合与胶拼形式的不同，竹集成材的种类和形式主要有竹质竖拼板、竹质横拼板、竹质立芯板、竹质胶拼方材（胶拼竹方）等，这些竹质集成材既继承了竹材的物理化学特性；同时又有自身的特点。

常见竹集成材加工的主要工艺流程为：原竹（毛竹）→横截→开条（纵剖）→粗刨→竹片→蒸煮漂白（或蒸馏炭化）→干燥→精刨→选片→涂胶、陈化→组坯→热压胶拼（立型胶拼、或横型胶拼、或混合型胶拼）→刨光→锯边或开料→砂光→检验分等。

根据热压胶拼的形式不同，可以得到不同种类的竹集成材。采用立型胶拼方式可以得到竖拼竹集成材（即竹质竖拼板）；采用横型胶拼方式可以得到横拼竹集成材（即竹质横拼板）；采用混合型胶拼方式可以得到立芯集成材（即竹质立芯板）或方材集成材（即竹质胶拼方材，也称胶拼竹方）。

根据蒸煮处理方式的不同，可以得到不同颜色的竹集成材。采用经蒸煮漂白处理后的竹片进行胶拼，可以得到本色竹集成材；采用经蒸馏炭化处理后的竹片进行胶拼，可以得到炭化色竹集成材；采用经蒸煮漂白和蒸馏炭化处理后的竹片进行交错胶拼，可以得到混合色竹集成材。

5.1.1 竹质立芯板的制作工艺流程

在竹集成材种类和形式中，立芯集成材即竹质立芯板的制作工艺流程主要为：选竹→锯截→开条→粗刨→蒸煮、三防或炭化→干燥→精刨→选片→涂胶、陈化→表层胶拼→芯层胶拼→芯层刨光→整板胶合→锯边或开料→砂光→检验分等、修补包装。

制作竹质立芯板的工艺流程简图如图5-1所示，其具体工艺技术的主要内容如下：

（1）选竹

竹片制造时基本采用竹地板的生产工艺工序，选用离地250～500mm处毛竹竿，且要求粗、直，壁厚7～9mm，竹龄4～6年。竹龄过小，小于4年时，其细胞内含物的积累尚少，纤维间的微孔

5.1 竹集成材家具基材生产工艺

图 5-1　立芯竹集成材加工工艺流程简图

(a)毛竹原料　(b)开条　(c)竹条　(d)竹片加工　(e)蒸煮　(f)炭化　(g)处理后的竹片　(h)干燥　(i)选片　(j)涂胶　(k)组坯　(l)侧向胶拼　(m)(n)胶拼后的板材　(o)整板复合胶压　(p)立芯集成材(竹本色)　(q)立芯集成材(炭化仿柚木色)　(r)立芯集成材桌面板(炭化仿胡桃木色)

径较大，纤维强度尚未完全形成，在干燥后易引起变形，制成品干缩湿胀系数大，几何变形也大，故不宜选用；竹龄过大，大于7年时，在干燥后，硬度过大（含硅量增加），强度开始降低，对刀具损伤也大，故也不宜大量选用。

(2) 锯截

根据产品的长度再加9~10cm的加工余量截断竹子。

(3) 开条

采用工作台可移动的开片锯剖分锯截后的竹段（竹筒）以得到竹条。虽然开片锯（剖竹机）工效较高，但所得竹条直度不够，这将给下面的工序带来一定的困难，而且降低了材料的利用率。

(4) 粗刨

修平竹片的内外节，并刨去一层竹青和竹黄，这样水分容易进出竹材壁部，减少精刨机负荷以及干燥装窑体积，缩短干燥时间。

(5) 蒸煮或炭化

完全蒸汽蒸煮时间6~8h，分常压和加压两种，其中加压蒸煮的压力为0.6~0.8MPa；炭化的温度100~105℃，压力为0.3~0.4MPa，时间为3~4h，蒸煮或炭化的目的是把竹材内的蛋白质、糖类、淀粉类、脂肪以及蜡质等物质除掉；蒸煮的同时可增加竹片的白度和亮度，蒸煮中加入双氧水等漂白剂可使竹片漂成白色；炭化是将竹片在高温、高湿条件下变成深棕色。因此，竹集成材家具基材，如没有进行染色处理，那么，经过蒸煮、漂白、炭化的竹集成材家具基材主要有两种颜色：竹材的天然色和炭化后的深棕色。此外，蒸煮时可加入防虫剂、防腐剂和防霉剂进行三防处理。

(6) 干燥

干燥后含水率为7%~9%，竹片达到干燥工艺标准要求，制成品才不易变形、开裂或脱胶。蒸煮处理后的竹片，含水率超过80%，达到饱和状态，需要进行干燥处理。竹材的密度较大，为0.8g/cm³，且密度分布不均，竹壁外侧密度较内侧大。竹节部分密度局部增大，竹竿的茎部向梢部密度逐渐减小，因此，竹材的干燥比较困难，易产生内部应力，造成翘曲变形。因而，竹片干燥温度不宜过高，一般控制在75℃左右，升温不能太快，要注意干燥窑内温度及空气循环速度。

(7) 精刨

刨削竹片的竹青和竹黄，厚度精度保持在±0.2mm之内，选用硬质合金刀具。

(8) 选片

选片要求达到两个目的：一是剔除机械加工中不合格的竹片；二是将色泽差异大的竹片分级，变色的要增加调色工序，以淡化竹片的色泽。同一块板材应选用色泽一致的竹片。

(9) 涂胶

采用脲醛树脂胶黏剂，其固含量60%~65%，黏度35~50s，施胶量控制在200g/m²左右，竹片在涂胶后应陈化15~20min。也可对脲醛胶进行改性或使用其他胶种，以增加或提高某些性能。竹片在涂胶后应陈化，其时间应比木质材料的陈化时间长一些，这是因为竹材的弦向或径向吸水速率较低。

(10) 表层胶拼

表层材料为竹片横拼板时，竹片径面为胶合面，通过横向胶拼成一定规格尺寸的表层材料。

(11) 芯层胶拼

将色泽较一致并经涂胶陈化后的竹片按青对青、黄对黄排列的弦面作为胶合面，也可按青对黄排列作为胶合面，但前者成板后的物理力学性能更好，然后按所需要宽度排列，并通过拼板压机胶拼成一定规格尺寸的芯层材料。胶压设备采用蒸汽或高频加热的双向单层压机。

(12) 芯层刨光

将胶拼后的芯层材料（芯板）刨光处理，使芯层厚度均匀一致，要求芯层厚度公差为±0.2mm。

(13) 整板胶合

由于竹材的导热系数比木质材料略小，因此其热压时间应略长于木质材料；热压温度与木质胶合板相同，热压压力可视竹片的平整度而异，且与压机的操作顺序有关，一般比木质材料稍大。热压温度为100~110℃、正压压力为1.5~1.8MPa，竖拼时的侧压压力为1~1.5MPa；时间为10~12min。芯层的上下表层胶合上一层竹片横拼板或木单板或薄型中密度板。热压后的板坯在冷却过程中易产生弯曲变形，需放入冷压机中，使之在受约束的情况下冷却定型，以保证板材的平整。

(14) 锯边或开料

胶压后的板坯经开料锯进行纵横向锯边或开料成要求的规格尺寸。

(15) 砂光

用宽带砂光机，对一定规格尺寸（长×宽）板材表面进行磨削加工,以保证板材表面光洁,厚度均匀。

(16) 检验分等、修补与包装

砂光后的板材应进行检验、分等和修补,然后再按等级包装入库。

5.1.2 竹质竖拼板的制作工艺流程

在竹集成材种类和形式中,竹质竖拼板的制作工艺基本上与竹质立芯板的制作工艺相同,只是少了表层胶拼和整板胶合;竹质立芯板的制作工艺中的芯层胶拼与竹质竖拼板的制作工艺中的胶拼相同。

5.1.3 竹质横拼板的制作工艺流程

在竹集成材种类和形式中,竹质横拼板的制作工艺基本上与竹质立芯板的制作工艺相同,只是少了芯层的胶合。其中:

径面胶合组坯,即竹片径面为胶合面,通过横向胶拼成一定规格尺寸的单层板。

整板胶合,把径面胶合组坯的单层板按所需的厚度选择层数、涂胶、陈化后再胶压在一起。

5.1.4 竹质胶拼方材的制作工艺流程

在竹集成材种类和形式中,竹质胶拼方材(胶拼竹方)的制作工艺基本上与竹质立芯板的制作工艺相同。竹质胶拼方材(胶拼竹方)属于混合型竹集成材,芯部为竖拼胶合,四面为横拼胶合,同时进行整个方材的胶合。

5.2 刨切薄竹和旋切薄竹生产工艺

竹材可通过旋切方法制成旋切薄竹(也称竹皮);还可将竹片重组成竹方,然后经刨切方法加工制成刨切薄竹(竹皮),但薄竹存在脆性大、强度低、易破损、幅面小等缺点,为了克服上述缺点,可将薄竹与无纺布等柔性材料黏合,通过横向拼宽或纵向接长而制成大幅面薄竹(图 5-2)或成卷薄竹(图 5-3),不但可以改善薄竹的脆性,增加其横纹抗拉强度,而且可使其整张化,既便于生产、运输,又利于使用。薄竹具有特殊的质地和色泽极佳的装饰效果,可用于家具饰面,也可用作中密度纤维板、刨花板、胶合板、地板等的高档贴面材料,能实现竹材的高增值。

刨切薄竹和旋切薄竹不仅具有竹子的天然纹理,优美朴实的质感,且产品品质完全可与其他珍贵树种的薄木相媲美,能满足人们回归自然的愿望;竹纤维长而硬,故具有良好的耐磨性;经过表面装饰后,可以进一步改善产品的各项物理指标。

目前薄竹产品以较高的性价比,引来了全球具有前瞻性的家具生产商和新型饰面材料开发商的目光,逐渐成为市场的新宠。

5.2.1 刨切薄竹和旋切薄竹的分类和用途

(1) 刨切薄竹和旋切薄竹的分类

刨切薄竹(竹皮、竹薄片)是精选竹片并经胶合成竹方再通过刨切机加工而成的薄片。从加工程序上又分为:平压(宽条纹)和侧压(窄条纹)两种花纹,平压的板材可以看见竹节,侧压的则看不见竹节。可生产的最长尺寸是 2500mm,最宽尺寸是 1250mm,厚度有 0.2~0.8mm 等。刨切竹皮的背面为无纺布背衬。

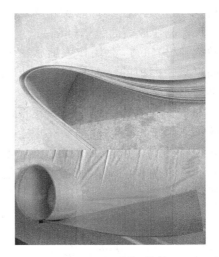

图 5-2　平压刨切薄竹

图 5-3　背面粘贴无纺布的成卷薄竹

旋切薄竹(竹单板、竹皮、竹薄片)是采用优质大径级竹材,用特殊设计的竹材旋切机进行旋切和加工处理而成的薄片,旋切竹单板是一类竹节纹并排在一线的竹皮,并具有针状花纹和条状闪光,纹理独特,色泽淡雅。由于竹材中空、壁薄,并与木材的物理特征和组织结构明显不同,故旋切竹单板的厚度、长度尺寸受到限制。旋切的竹单板越厚,长度越长,则瑕疵越多,竹单板材出材率越低;如旋切竹单板太薄,也很难旋出连续单板。为获得较高出材率,一般旋切竹单板的厚度在0.3~1.0mm之间。

刨切薄竹和旋切薄竹(竹单板、竹皮、竹薄片)根据竹板材颜色主要分为:本色和炭化色。本色为竹子最基本的颜色,亮丽明快;炭化色与胡桃木的颜色相近,是竹子经过烘焙转变而成的,依然可见清晰的竹纹。

(2)刨切薄竹和旋切薄竹的用途

薄竹(竹单板、竹皮、竹薄片)可以直接采用脲醛树脂胶黏剂和聚醋酸乙烯酯乳液的混合液粘贴在基材上,也可以在其背面粘贴无纺布,经指形纵向接长,制作成表面装饰材料。

这种装饰材料可广泛用作人造板家具的贴面材料,如家具、橱柜的贴面材料;还可充分利用其竹纤维的形象和良好的耐磨性用于室内装饰装修材料,如用作护墙板、地板、天花板的表层材料;它还可以像墙纸一样被粘贴在墙上,其装饰效果具有独特的地方风格且价廉物美,这种产品并能与其他珍贵树种的薄皮相媲美,其使用范围非常广泛。

5.2.2 刨切薄竹生产工艺

刨切薄竹(竹皮、竹薄片)是将经加工处理的竹片先胶合成竹方,再通过刨切机加工而成的薄片。目前,用定宽、定厚的竹片胶合成刨切薄竹用竹集成方材的生产方法有以下3种。

第一种工艺:首先将干燥后的竹片在厚度上进行层积胶合,成为一块在厚度上与竹片等宽,但宽度上与所需尺寸竹集成方材等厚的竹层积板。若干块竹层积板经砂光或刨光处理后再在其厚度方向上进行层积胶合,达到所需尺寸的竹集成方材。这种工艺由于在宽度方向和厚度方向上层积胶合的竹片均是干燥竹片,易于胶合操作,所选择的胶黏剂只要能保证胶合成型的竹集成方材长时间水热处理后不开胶即可。但颜色较深的胶黏剂,如酚醛树脂胶等会影响刨切薄竹的外观质量,不宜使用。这种方法尽管胶合操作容易,但这种工艺由于采用胶合好的规格较大的竹集成方材进行软化处理,因此软化处理后的竹集成方材内应力相对较大。同时由于竹材水热处理过程中水分渗透速度慢,要浸透规格较大的竹集成方材,十分困难,采用常压下的水热处理所需时间较长。有条件的工厂可采用加压进行软化处理的工艺,通过加压来加速竹集成方材的软化速度,或采用高频软化竹集成方材。

第二种工艺:先将干燥后的竹片在其厚度方向上进行层积胶合成为竹层积板,竹层积板再进行浸水处理,当含水率达到50%~60%时取出,在竹层积板的厚度方向上进行刨光处理,然后将这种含水率较高的竹层积板在厚度方向上进行湿胶合,成为所要求尺寸的竹集成方材,胶合好的竹集成方材再经软化处理即可刨切成薄竹。这种工艺与第一种相比,由于在竹片厚度方向上层积胶合的竹层积板先进行了浸水处理,因此胶合好的竹集成方材再经软化处理时,内应力相对要小。但这种方法由于在竹片厚度方向上层积胶合的竹层积板在水中浸泡过,是湿材,在进行下一步胶合操作时,表面只能进行刨光处理,如果采用砂光加工则很困难;同时由于竹层积板含水率较高,一般要采用湿固化的聚氨酯胶黏剂(但要注意尽管是湿胶合,湿材的含水率也不宜太高,否则湿胶合时,由于胶黏剂固化速度太快,会给胶合操作带来不便),由于这种胶黏剂价格比较高,此工艺经济性较差。

第三种工艺:这种工艺的前半部分与第二种工艺一样,即先将干燥的竹片在厚度方向上进行层积胶合,层积胶合后的竹层积板进行浸水处理,当含水率达到50%左右时取出,所不同的是这样高含水率的竹层积板要用鼓风机把表面吹干至含水率为20%左右,经刨光后用胶黏剂将竹层积板在其厚度方向上进行胶合,成为所需尺寸的竹集成方材。胶合好的竹集成方材再经软化处理即可刨切成薄竹。这种方法与第二种工艺相比,不必采用湿固化的聚氨酯胶黏剂胶合竹层积板,可采用水性高分子异氰酸酯胶黏剂替代。目前生产中用的较多的是第三种方法,下面主要介绍这种生产方法。

(1)刨切薄竹的生产工艺流程

平压刨切薄竹生产工艺流程:如图5-4所示。

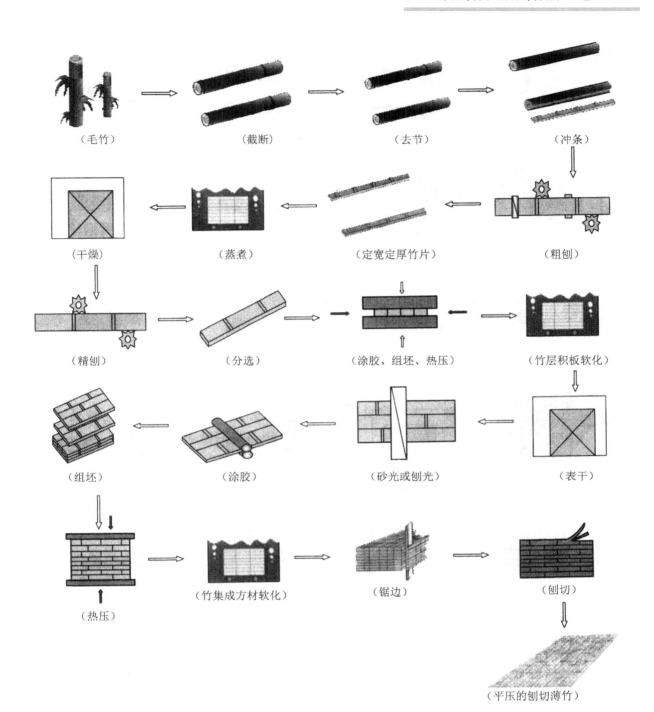

图 5-4 平压刨切薄竹的生产工艺流程示意

侧压刨切薄竹的生产工艺流程：如图 5-5 所示。

(2) 刨切薄竹主要生产工序的技术要求

1) 原竹

一般应使用直径 10cm 以上，外形通直，尖削度小，壁厚较厚（壁厚 7mm 以上）的竹子为原材料。竹龄过小（<4 年），其细胞内含物的积累尚少，纤维间的微孔隙较大，在干燥后易引起变形，制成品干缩湿胀系数大，几何变形也大，故不宜选用；竹龄过大（>7 年）在干燥后，硬度过大（含硅量增加），强度开始降低，对刀具损伤也大，故也不宜选用。因此，最好选用竹龄为 4～6 年的竹材。

2) 截断

原竹按照预先设定的长度用截断机锯成一段一段的竹筒，俗称下料。根据成品长度要求、设备的精度及操作者水平等因素必须留出加工余量，将竹筒定长截断（竹筒长度 = 成品长度 + 加工余

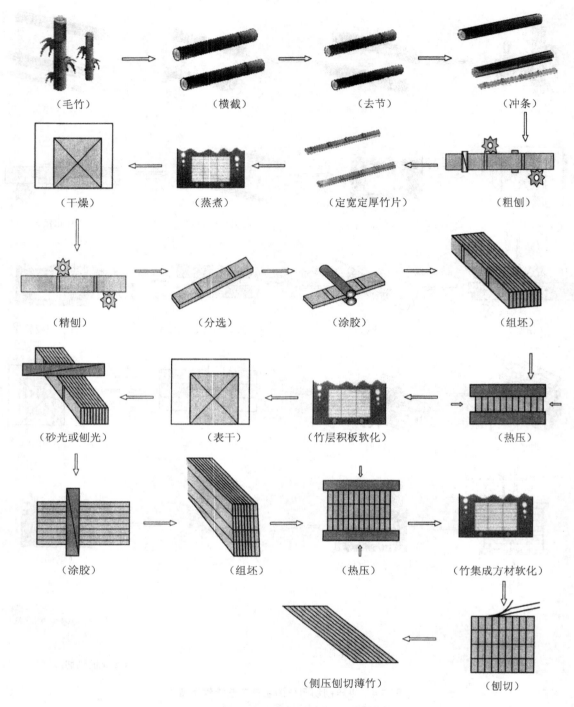

图 5-5 侧压刨切薄竹的生产工艺流程示意

量)。在下料时,要注意因材选用,提高竹材的利用率,降低生产成本。

3)冲条

将截断机所截取的竹筒,用开片机锯开,得到等宽等长的竹片。竹片的宽度由锯片之间的间隙来决定,可按需要进行调整。通常,竹片宽度越宽,则刨削竹青、竹黄时的切削量就越多,竹材的利用率就越低。但竹片过窄,则锯路的损耗亦随之增大,因此,必须合理确定竹片开片的宽度。通常,宽度为 20~30mm。

4)粗刨(四面刨平)

竹筒经锯开分离后的竹片,实际上就是竹筒圆弧中的一段。为了便于后续加工,必须将竹片两面的竹青、竹黄去掉;并刨削加工成断面形状为矩形的竹片。如不去掉表层、里层的竹青竹黄,不仅蒸煮漂白时,化学药物难以渗透进去,达不到应有的效果,而且在竹片涂胶时胶黏剂不能润湿,竹片就无法胶合。竹片粗刨用专用粗刨机进行加工。首先应将竹片上残留的竹内节用刀削去,然后将竹片按厚度分类,一般分2~3种厚度。将粗刨机的加工厚度调至为相应的厚度规格再进行竹片刨削加工,粗刨后分别堆放,并捆扎成捆。竹壁较厚的竹片,刨削成较厚的竹坯片,反之,则制成薄一些的竹坯片。竹片厚度一般为5~8mm。

5) 蒸煮、漂白

竹材比一般木材含有更多的营养物质,这些有机物质是一些昆虫和真菌的最好营养。在这些营养物质中,蛋白质的含量为1.5%~5.0%,糖类为2%左右,淀粉类为2.0%~5.0%,脂肪和蜡质为2.0%~4.0%,因而在适宜的温度和湿度条件下,容易引起霉变和虫蛀。竹材的腐烂与霉变主要由腐朽菌寄生所引起,在通风不良的湿热条件下,极易发生。因此,竹片要首先解决防虫防霉问题。

在生产上,解决竹材虫蛀和霉变的方法,一是采用竹材蒸煮去除营养物质,二是采用竹材炭化。此外蒸煮时还可加入防虫剂、防腐剂对竹材进行处理。竹材蒸煮是制作本色刨切薄竹的必要环节。其原理是通过高温煮沸,并加入一定量的氧化漂白剂及专用的防虫防霉剂,将竹材中的可溶性有机物析出,并杀死竹材中的虫卵和霉菌,以达到防虫防霉的目的,竹片蒸煮如图5-6所示。此外,在竹材蒸煮过程中,由于氧化漂白剂的作用,使不同竹龄和不同部位的竹材颜色趋于一致,增加了竹片的白度,减少了色差。

在实际操作中,可先将粗刨好的竹片放入60℃左右的热水中,再按5%~8%的比例加入30%的过氧化氢(H_2O_2)及适量的防虫防霉剂,将水用蒸汽加温煮沸并保持6~8h。蒸煮完毕后,将竹片取出。蒸煮池中的水仍可继续使用,但随着使用次数的增加,需要依次加入适量的上述化合物。由于竹片经过粗刨后,竹青、竹黄已去掉了大部分,故药物能较顺利地渗入竹片中。通过蒸煮的竹片,其防虫防霉效果较为可靠。

6) 炭化

应有些客户的要求,竹材还需经过炭化处理,处理后竹材由黄白色变成了浅棕色或深棕色(依处理温度和时间不同),深受一部分人的喜爱,尤其在欧洲,大部分人喜欢这种色泽的竹地板。炭化的原理是将竹片置于高温、高湿、高压的环境中,使竹材中的有机化合物,如糖、淀粉、蛋白质分解,使蛀虫及霉菌失去营养来源,同时杀死附着在竹材中的虫卵及真菌。竹材经高温、高压后,竹纤维炭化变成古铜色或类似于咖啡的颜色。经炭化加工出来的地板,颜色古色古香,别具一格。由于炭化过程中没有像蒸煮时那样将可溶性有机物析出,因此炭化后的竹片其密度比蒸煮的竹片稍大一些。竹材炭化对竹材自身的强度影响不大(通常略有降低),但竹材的表面硬度却略有提高。

生产中一般将粗刨后的竹片,放入专用炭化炉(图5-7)中,然后打开蒸汽阀,向容器中通入高压饱和蒸汽,在高温高湿状态下使竹材炭化。炭化处理压力一般为0.25~0.4MPa,温度为130~140℃,时间约1~2h,然后关闭蒸汽阀,排出炉内蒸汽,打开炉门,取出竹片。如果需要深度炭化,炭化时间可适当延长。

7) 干燥

竹片干燥是生产中重要的一个环节。竹片干燥后,一是可以防止竹材在使用过程中干缩、开裂和变形;二是可以有效防止蛀虫和霉菌的生长;三是有利于热压胶合,提高竹层积板的胶合强度。因此,生产过程中对竹片干燥有着严格的要求。

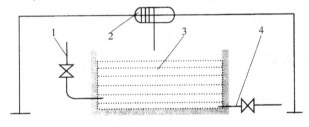

图5-6 竹片蒸煮示意
1. 蒸汽管 2. 起重机 3. 蒸煮池 4. 排水管

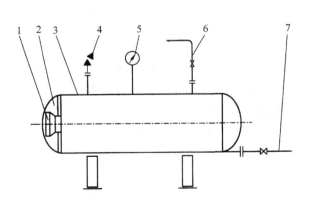

图5-7 炭化炉示意
1. 手轮 2. 炉门 3. 炉体 4. 安全阀 5. 压力表
6. 进汽管 7. 排汽管

通常热压胶合时，竹片的含水率应控制在10%±2%。考虑到从竹片干燥后到热压胶合之间有一个周转时间，在这段时间内，竹片还要从空气中吸收一些水分，因此竹片干燥后，含水率应控制在8%~10%为宜。

竹片经过蒸煮或炭化处理后，其相互之间含水率一般较为接近，可达35%~50%，由于竹片纤维排列整齐，竹片体积较小，在干燥过程中不会产生像木材那样的扭曲变形及开裂现象。因此竹材干燥工艺比木材干燥工艺要简单得多。既不需要喷蒸加湿，亦不需要用复杂的温度曲线来控制操作。一般竹片在烘房中采用60~70℃左右的温度连续烘干72~84h，即可达到10%以内的含水率。但要注意不宜采用超过70℃的温度。因为干燥速度过快，则会使竹片翘曲导致地板变形。

为了充分利用加工废料，可以用以废料为燃料的燃烧炉产生的炉气体干燥竹片，效果也较好。对竹片的干燥质量主要应评价如下指标：竹片干燥的终含水率、终含水率的均匀程度；对漂白片还要控制花片率；对炭化竹片，要控制缩水率。

8）精刨（四面精修平）

竹片经粗刨并干燥后，外形尺寸基本稳定和规整。由于外观和精度的要求，在热压之前必须使竹片的尺寸（主要是厚度和宽度）符合规定的要求，以使竹片与竹片之间达到拼缝紧密、无缝隙的效果。确定竹片精确尺寸的过程就是精刨。精刨机由上、下滚刀组把竹片的两面（竹片弦面，即竹青、竹黄面）刨削平整，左右立轴滚刀组把竹片两边（竹片径面）刨削平整，竹片的厚度和宽度通过调节上、下滚刀或左、右刀轴的距离来调整。精刨时要注意：

① 竹青、竹黄一定要全部刨削掉，以免影响胶合强度。

② 竹片的每一个面都要刨平。有的竹片在干燥后，干缩率比较大，这时候刨削量要增加一些。

③ 精刨后的竹片规格不宜太多，且要分类堆放以便组坯时搭配使用。

④ 竹片精刨后的厚度和宽度误差应控制在±0.1mm以内。

9）选片

胶拼前按刨切薄竹的材面质量标准进行选片。选片有两层含义：一是机械加工中不合格的竹片应尽数剔除，安排另作他用；二是根据色泽差异对竹片进行人工分选，深浅不同的竹片分类堆放。

在由竹片胶合成竹集成方材前，应设置检验人员对竹片逐一检查，不但可以提高刨切薄竹的质量，而且还可以减少竹材浪费。选片时要注意尽可能使胶合在同一竹集成方材上的竹片的色泽一致，有利于提高刨切薄竹的等级率；剔除有霉变、腐朽、虫眼、严重翘曲的竹片；为保证产品质量，竹片宽度和厚度公差应控制在±0.1mm以内，竹片表面应平整、光滑，不得有波纹、缺肉、毛刺等加工缺陷，特别注意竹片不允许有啃头和缺肉，以保证胶合后的竹片紧密接触，避免出现产品开胶、端裂和变形等缺陷。所用竹片含水率最好控制在10%±2%以内，如果含水率过高应重新干燥。合格的竹片进入下一工序。

10）胶合成竹层积板

胶黏剂和胶合操作是影响刨切薄竹质量很重要的因素。将组好的板坯送入热压机进行热压胶合，胶压设备常采用蒸汽加热的双向压机，也可采用高频加热的双向压机。由于竹材的导热系数比木质材料略小，因此其热压时间应略长于木质材料。热压压力可视竹片的平整度而异，且与压机的操作顺序有关，一般比木质材料稍大。

所用胶黏剂首先要保证竹层积板在软化处理后不开胶，同时要求有一定的柔韧性。胶合竹层积板时常用的胶黏剂有三聚氰胺改性脲醛树脂胶黏剂、脲醛树脂胶黏剂和水性高分子异氰酸酯胶黏剂的混合胶黏剂以及水性高分子异氰酸酯胶黏剂等。如果采用脲醛树脂胶黏剂或三聚氰胺改性脲醛树脂胶黏剂胶合竹层积板，热压工艺一般为：热压温度95~110℃；压力2.0~3.0MPa。

如果采用水性高分子异氰酸酯胶黏剂，冷压的效果比热压的效果好。如果采用热压的方法胶合竹片层积板时，热压温度以不超过85℃为宜，热压时间8~12min，压制出的竹层积板至少要养生1~2天后，再进行软化处理。使用水性高分子异氰酸酯胶黏剂时要注意粘板问题的发生。

另外所胶合的竹层积板的宽度不宜太宽，一般在300~400mm之间为宜。如果太宽，在胶拼过程中易发生起拱现象，影响竹层积板的合格率，同时由于尺寸大，竹层积板的内应力大，竹层积板变形大，在胶合成竹集成方材前，就要增加刨削量，这无疑增加了损失，降低了出材率。

侧压的竹片层积板示意如图5-8所示。

11）竹层积板软化

软化处理应以竹层积板中心部分得到软化为准。

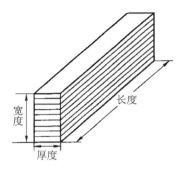

图 5-8　侧压的竹片层积板示意

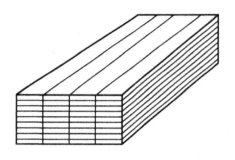

图 5-9　竹集成方材示意

图 5-10　胶合好的竹集成方材

竹材水热处理过程中水分渗透速度慢，如果采用常规的方法在常压下，在温度为 60℃ 的水中加入 $NaHCO_3$ 对竹层积板进行软化处理，即使软化 1~2 天，也很难浸透。为了改善竹层积板的软化效果，有条件的工厂可采用加压进行软化处理的工艺，通过加压来加速竹集成方材的软化速度，即可在水温为 60℃，压力为 0.4MPa 的条件下加压软化 5~10h，但要注意竹层积板放入压力釜的温度以不超过 30℃ 为宜，以免放入温度过高造成竹层积板内应力大而导致竹层积板开裂。

12）胶合竹集成方材

在这一工序中将竹层积板胶合成竹集成方材（图 5-9、图 5-10）。

按照刨切工艺要求，压制的竹集成方材要经过软化处理，且胶层固化后应有柔韧性和耐水性，以保证刀刃锋利，能刨出光洁、薄而不断裂的薄木。这就要求使用的胶黏剂应具有下列要求：

① 具有一定的胶合性和耐水性，经软化后，不开胶。

② 固化后仍有一定的柔韧性和耐水性，不至于在刨切薄木时损伤刀刃。

另外，由于胶合好的竹集成方材很厚，若采用热固性胶种，常规热压时靠近热压板的竹材板面上的胶黏剂先固化，靠近竹集成方材中心层竹材板面上的胶黏剂滞后固化，使竹集成方材胶合不均匀，同时在内外温差作用下，热压后的竹集成方材内应力很大，易开裂、变形。因此，胶合竹集成方材宜采用冷固性胶黏剂，采用冷压。

竹层积板软化后含水率较高，如果采用水性高分子异氰酸酯胶黏剂（API）胶合竹集成方材，一定要把软化后含水率较高的竹层积板表面吹干至含水率为 20% 以下刨光后再胶合。因为水性高分子异氰酸酯胶黏剂由 A 组分和 B 组分组成。B 组分分子结构中含有异氰酸酯基（—CNO），由于 —CNO 与水分反应产生 CO_2，若竹层积板中水分过多，产生过多的 CO_2 会使胶黏剂网状结构的孔隙增加，从而影响胶合效果；同时，因异氰酸酯基与水反应，形成的聚脲分子使异氰酸酯端基失去活性，使竹材与胶黏剂之间不能形成足够的化学结合。

胶合前，将 API 胶黏剂的主剂与交联剂按质量比为 100:20 的比例混合均匀，将配制好的 API 胶黏剂以 140~150g/m²（单面）的施胶量均匀涂施在拟胶合的竹层积板上，用 2.0~3.0MPa 的单位压力压紧，并在 20~25℃ 的条件下静压 2~3h 后，用螺栓固定胶合竹集成方材，并从冷压机中卸出来，堆放到旁边继续保压，养生 2 天后，卸掉保压螺栓。

如果采用湿固化的聚氨酯胶黏剂在厚度方向上胶合竹层积板成为所要求尺寸的竹集成方材，应注意将软化后的竹层积板含水率控制在 50% 左右，较为适宜，不宜过高，因为如果竹层积板的含水率太高，由于湿固化的聚氨酯胶黏剂固化速度太快，会给胶合操作带来不便，严重时，涂胶很困难。

如果采用压力釜软化后的竹层积板，捞出后不要马上在厚度方向上胶合，一定要放置一段时间后再进行胶合加工。因为刚从压力釜中捞出的竹层积板由于板内压力大，板内水分会大量向外渗出，如果马上胶合会给后面的胶合操作造成不利。

13) 竹集成方材的软化处理

竹材材质较木材硬，竹材的纵横强度比高达30:1，而一般木材却仅为20:1，且竹纤维的排列走向平行而整齐，纹理一致，没有横向联系，因而竹材的纵向强度大，横向强度小，容易产生劈裂。如果不经软化直接刨切竹集成方材，刨切薄竹背面裂隙多，表面粗糙，凹凸缺陷多，不平整，啃丝起毛现象严重，并且很难刨切出厚度在0.6mm以上的薄竹，大大限制了刨切薄竹的生产和利用。所以，竹材刨切前的软化处理是竹集成方材刨切薄竹生产工艺的重要环节之一，竹集成方材的软化处理影响着刨切薄竹的质量。

目前，竹集成方材的软化方法有常压水煮法、加压软化法和高频加热软化法等方法。

① 常压水煮法：工艺参数如下：

设备：蒸煮池

能源：蒸汽

水温：40~60℃

升温速度：1.5~2.0℃/h

通常软化时间由竹集成方材的体积决定，一般宽（或厚度）每增加1cm，需延长时间0.8~1h。

常压水煮法可进一步除去糖类、脂肪、蛋白质等有机物。为了加快软化速度，可选用适当软化剂，如加入适量的氢氧化钠或工业水玻璃。

常压水煮软化处理简单易行，但加热时间长，难以处理大幅面的竹材，加热过程中，由于竹材两端吸水速度快，处理后的竹集成方材外部的含水率较内部高，易产生干缩—湿胀应力，从而引起形变，并对胶层产生一定程度的破坏。另外，由于竹材属于热的不良导体，传热缓慢，处理后的竹集成方材内、外温差大，形成温度梯度，易产生热胀—冷缩应力，对胶层产生一定程度的破坏。

② 加压软化法：工艺参数如下：

设备：高压罐

能源：蒸汽

水温：40~60℃

压力：0.4MPa

③ 高频加热软化法：高频加热软化法的原理是将竹材置于高频高压振荡电流所产生的高压交变电场的两极之间，竹集成方材中的活化分子（主要是水分子）被极化，并随电场的变化在两极之间作往返运动，相互之间或与不动分子之间产生摩擦和碰撞，从而将竹集成方材加热软化。

设备：高频发生器

能源：工业用电

电源：380V(50Hz)

输出功率：30kW

栅极电流：0.25~0.6A

阳极电流：2.0~3.0A

软化时间：40~80min

软化时间与竹集成方材的高度和含水率有关，含水率为35%~40%时，高度在600mm以内的竹集成方材软化时间不超过90min。

高频加热软化法的特点是竹材的内、外部同时加热，加热时间短，加热均匀，避免了温度梯度产生的应力，且热量不易散失，为刨切薄竹提供了足够的时间。

14) 刨切

竹集成方材经软化处理后，最好趁热上刨切机（图5-11）刨切，刨切时竹集成方材温度宜保持在40℃以上。

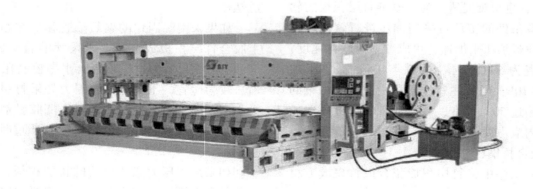

图5-11 刨切机

刨切薄竹的质量好坏与刨刀的安装调整及刃磨关系密切，安装时需调整刀具的刀门间隙、刨切角及刀刃与竹方的夹角。与刨切微薄木相比，同等条件下刀门间隙宜稍大，刨切时为均衡刨切载荷，宜使刀刃与竹集成方材构成一定夹角，刀刃与竹方纵向夹角一般为 10°~20°，刨切后角为 1°~2°。经试验证明，竹方刨切时刨刀研磨角以 17°~19°为宜，过小影响刀刃强度，过大则刨切阻力大，刨切薄竹片表面易产生啃丝现象。

当刨切薄竹时，刨刀要保持锋利，刨刀刃口要求平直无缺口，竹方软化充分，否则刀刃的微小缺陷都会在刨切薄竹面上留下刨削痕迹，影响美观及平整性，薄竹表面出现明显的刨刀划痕时，应重新磨刀。

刨切薄竹厚度在 0.5mm 以下时，厚度允许公差一般为 ±0.03mm；刨切薄竹厚度在 0.5mm 以上时，厚度允许公差一般为 ±0.05mm。

刨切下来的薄竹应立即整平，否则易卷曲和霉变，影响刨切薄竹的质量和出材率。

5.2.3 旋切薄竹生产工艺

(1) 旋切工艺

旋切薄竹(竹单板、竹皮、竹薄木)是以大径级竹材为原料，采用旋切的方法制成的厚度 0.3~1.0mm 的单板，它是一种新型的表面装饰材料。生产工艺流程如下：选材→定长→截断→通节隔→炭化处理→水浸→软化处理→装夹→旋切→干燥→剪板→分选→包装入库。

1) 选材

生产旋切薄竹的主要原料是直径大、通直、圆度好的竹材，如楠竹。由于竹子径级小、尖削度大、中空、壁薄，为了提高生产效率、旋出高质量的薄竹，选材必须慎重。旋切的竹材以 3~6 年竹龄的鲜竹为宜，储存期不宜超过 15 天，并应储存在没有阳光直射的阴凉通风的棚库内。所选的竹材应以粗大(直径在 80~120mm，竹壁厚度在 10mm 以上，且竹节间距较长)、尖削度小(尖削度在 4~5mm/m 以下)、圆满通直，没有虫眼、裂缝、腐朽的竹材为好。

2) 截断(断料)

用于旋切薄竹的竹段长度不宜过长。因为竹段的长度过长，其尖削度大，旋切下来的碎单板和长条单板的数量多，降低了薄竹的出材率；另外，由于竹材中空刚性差，故旋切竹段不能太长，太长则在旋切过程中竹段容易变形，影响旋切质量，甚至不能正常旋切。一般通直的竹段长度为 400~1000mm，竹段的长短根据竹材直径和旋切机的主参数确定。竹材截断常采用横截圆锯机，按竹单板的长度和加工余量进行锯截。竹单板顺纹方向的加工余量一般为 40~60mm。所截竹段的两个端面要平整，且无毛刺、裂纹。

3) 通节隔(去竹隔)

用直径 50~60mm 的钢管，将其一段加工成具有内侧刃的刀具。人工用该钢管将竹段的节隔全部铲除成通孔，通孔应在竹段的中央，不可偏向竹壁一侧。通节隔一方面可以在水热时操作，使热水进入竹段内腔以提高铲入速度；另一方面也便于在竹段旋切前，胀轴夹具较易打入竹段内腔。

4) 炭化处理

目的是为了提高薄竹的档次和加深、加重单板表色，并非旋切工艺的必需工序。具体方法是将竹筒材按一定要求排列放入炭化罐并密封，蒸汽预热约 1h，使其温度达到 80~90℃，然后在 0.4~0.5MPa 压力的蒸汽作用下进行炭化处理。炭化温度 130~150℃，处理时间 2~3h。时间和温度不宜过长、过高，否则易使竹材纤维受到破坏而降低强度。

5) 水浸

竹材浸出物主要是可溶性的糖类、脂肪类、蛋白质以及部分低聚糖等。一般竹材的冷水浸出物为 2.5%~5.0%，热水浸出物为 5.0%~12.5%，1% 氢氧化钠浸出物为 21%~31%。浸提有利于进行软化处理，并可减少薄竹的内应力，提高时效稳定性。

6) 软化处理

软化是竹材旋切的重要环节之一，为了旋切出高质量的薄竹，竹材旋切前一定要进行蒸煮处理。其目的有三个：一是软化竹材，增加竹材塑性，以便保证能旋出质量好、强度高的薄件；二是便于旋切，减少机床振动，减少动力消耗；三是可以浸提出竹材中的淀粉和糖类等有机物，防止薄竹发生霉变和虫蚀现象。目前，竹段软化方法有常压水煮法、密闭高温软化法。

① 常压水煮法：常用的软化处理工艺是将截好的竹段放入 40~50℃ 的水中浸泡 6~10h 后缓慢升温，温度升至 80~120℃ 后保温 1~2h，然后自然冷却到 50~70℃ 即可。蒸煮的温度选择非常重

要，温度太低竹材软化不充分，旋切困难，容易出现断板现象；温度太高，竹材纤维间的结合力被破坏，旋切的薄竹的质量差。值得注意的是出池的温度必须在50~70℃，若低于50℃，软化的竹材变硬，旋切变得困难；若高于70℃，旋切同样困难，旋出的薄竹易起毛，降低了旋切薄竹质量。

竹材的化学成分与木材相比含有较高的纤维素、半纤维素、淀粉、糖类及蛋白质等有机物质，故比木材更容易产生霉变和腐朽。为了改善蒸煮质量，提高蒸煮速度，使旋切出的薄竹具有防腐、防霉的效果，蒸煮时需加入一定量的化学药剂。例如，为了使竹子快速软化，在蒸煮时常加入10%的碳酸氢钠（$NaHCO_3$），不仅能使竹子快速软化，而且有助于竹子中有机物更完全地被抽提出来，从而达到一定的防霉效果。这是因为$NaHCO_3$具有热力能动性和非常高的扩散率，钠离子可以迅速渗入竹材内，引起竹材复合胞间层的充分塑化，并促进竹材的含水率较快地增加1~2倍。同时，还可以排除竹筒内的一部分糖类与蛋白质，有助于防霉、防蛀。加入0.4%~0.8%氟化钠稀释液，可使薄竹具有很好的防腐效果。

② 密闭高温软化法：由于竹材吸水速度较慢，采用这种常规软化法，竹筒水热处理所需时间较长。因此在密闭容器中采用高温软化处理的工艺，具体过程如下：将竹筒首先放入密闭罐中浸泡8h，然后缓慢升温，到120℃时保温30~50min。为便于软化，在入池水泡前应将毛竹竹隔去掉。

7）旋切

竹材旋切原理与木材旋切原理相同，竹材旋切机的结构也与小型单卡轴旋切机基本相同。由于工件的形态不同，木材是实心圆台体，而竹材是空心圆台体，且竹壁较薄，因此要求旋切机的精度较高，并要有特殊的夹具。

竹材旋切前应根据旋切薄竹厚度调整有关参数。旋刀研磨角一般为18.5°~20°，后角小于或等于1°，要求刀锋锐利，无卷刃，切削刃成一线；装刀高度范围为±0.5mm（旋刀与主轴中心的距离，低于主轴中心为负），实际使用中还应根据机床精度酌情调整；切削角在21°~23°；刀门间隙应根据旋切薄竹的厚度调整；装夹松紧程度要适中；旋切时竹筒温度为50~70℃。

（2）旋切设备

竹材的旋切设备，特别是旋切机的夹具，与木材旋切设备不同。目前竹材旋切机常见的有两种：胀轴式（图5-12）和卡盘式（图5-13）。

由于竹材中空，竹壁不太厚，加之有竹节，当旋切接近至竹内腔时易断裂，故可采用胀轴的方式提高竹材的径向强度。胀轴夹具是由内向外推胀的六边支撑的特殊夹持方式。采用胀轴式旋切机，先将蒸煮软化的竹段，用钢管或专用去节设备将竹内节除掉，用胀轴（图5-14）穿通竹段，然后从两端推进以撑开胀轴来卡紧竹段，在小型高精度的竹材旋切机上旋切。竹段的胀紧是通过人工转动手轮控制的，装卡时先将竹段归中再缓慢转动手轮，胀力要适宜均匀，注意观察，避免胀破竹段。

图5-12 胀轴式竹材旋切机

图5-13 卡盘式竹材旋切机

图5-14 长、短、直径不同的胀轴

图 5-15 竹材旋切机的齿形卡盘

采用胀轴的方式需将竹内节全部去除，且由于胀轴的胀力不容易控制，易导致竹壁胀破，降低旋切薄竹的出材率。因此，目前出现了齿形卡盘旋切机，利用带有密齿的卡盘（图 5-15）来传递扭矩，效果很好。

5.2.4 刨切薄竹和旋切薄竹的后期加工

薄竹指接复合材料是即将全面流行使用的表面装饰用新型材料，它以刨切或旋切薄竹背面粘贴无纺布为原料（一是提高强度，防破损；二是保证表面平整），经指形纵向接长，制成成卷的表面装饰材料，或者定长截断、横向拼宽成为大幅面的装饰材料，使用起来非常方便。

这种新型材料克服了普通刨切或旋切薄竹易开裂、浪费大、易脆断等缺点，二次加工性能好，取之于竹材又优于竹材，耐用，损耗小，为机械化加工生产现代化门窗、家具、装饰线条类材料提供了物质条件，有利于充分利用森林资源，有利于环境保护。

刨切薄竹和旋切薄竹的后期加工工艺流程如下：刨切薄竹或旋切薄竹 → 加压整平及自然干燥 → 背面粘贴无纺布 → 指接 → 砂光 → 分切 → 包装 → 成品。

（1）加压整平及自然干燥

由于刚制造出来的刨切薄竹和旋切薄竹易打卷，不利于后续加工；且刚制造出来的薄竹失去水分很容易变形和开裂，因此制造出来的薄竹最好马上进行后期加工。为利于后面的粘贴加工，应有加压整平工序（图 5-16）。

由于刚刨切或旋切出来的薄竹含水率很高，同时由于薄竹比较薄，用常规的干燥方法易产生边部裙皱和开裂，所以薄竹干燥时，也最好采用平板式干燥机来干燥。这种干燥机采用对薄竹加压的方法，使薄竹在承受一定压力的情况下进行干燥，干燥后的薄竹板面较平整。

如果采用湿贴工艺，薄竹不必进干燥机干燥。但由于刚刨切或旋切下来的薄竹含水率较高，直接粘贴在无纺布上会因为含水率过高，在热压过程中散失的水分过多而引起过度收缩使薄竹开裂，影响薄竹的质量，因此刨切或旋切下来的薄竹宜自然干燥到含水率 30% 左右，再湿贴到无纺布上。

另外，由于竹材中可溶性糖、淀粉类物质含量较高，细胞内液中的营养物质总含量占 5% ~ 10%（以干材计），其中淀粉和水溶性糖总量为 4% ~ 6%。其次，蛋白质、脂肪、氨基酸、脂肪酸、多元醇及矿质元素等均有一定含量，可为霉菌生长提供数量充足、种类齐全的营养物质。因而决定了竹材具有易霉变、易虫蛀等缺陷，特别是在高温、高湿且荫蔽不透风的环境下，霉变更为严重。因此，刚刨切或旋切下来的薄竹不宜久放，以防止发霉变色。薄竹从刚被旋切下来到胶贴，时间以不超过一天为宜。

在实际应用中，可以把自然干燥和加压整平合在一起，即在自然干燥的过程中，采取压制干燥。

（2）背面粘贴无纺布

采用无纺布强化技术可以减少薄竹的破损。

薄竹背面粘贴无纺布的胶合质量很重要，它对装饰后的产品质量起着举足轻重的作用。如果无纺布与薄竹间胶合不好，在与人造板基材粘贴时，会导致产品的表面结合强度低，即贴面产品在薄竹与无纺布之间发生剥离。在用薄竹装饰后的产品使用过程中，常常表现为表面层的薄竹脱落，影响产品质量。

经加压整平及自然干燥后的薄竹可采用专用胶黏剂，也可采用脲醛树脂胶黏剂（固体含量 60% 左右）和聚醋酸乙烯酯乳液的混合剂胶贴在无纺布上。脲醛树脂胶黏剂具有成本低、使用方便、耐水性好且不易污染板面等优点，但脲醛树脂胶黏剂在压制过程中易透胶，初粘性差。聚醋酸乙烯酯乳液初粘性好，不透胶，剥离强度好，但其耐水性差。两者混合使用，可以取长补短。使用时脲醛树脂胶黏剂和聚醋酸乙烯酯乳液按 1:1 的比例混合使用。无纺布的单面涂胶量控制在 50 ~ 80g/m²。涂好胶黏剂的无纺布陈化 30min 左右后再压贴，以免透胶而发生粘板现象。

图 5-16 工人对刨切薄竹进行整平

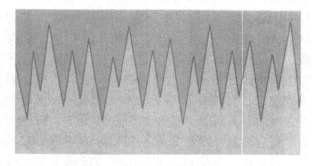

图 5-17 薄竹纵向接长指接切口

刨切或旋切薄竹背面粘贴无纺布的热压工艺：温度为 85~105℃；压力为 0.2~0.5MPa；时间为 25min（一次压 10 张），中间把压机开挡排汽 3 次。

(3) 薄竹纵向接长

为了得到大幅面或连续的薄竹，将干燥后的薄竹由短接长，其接口形态一般为不平衡指形齿（图 5-17），接长后的薄竹长度可达 200~300m 以上，接长后的薄竹既可经打卷机自动打成盘状卷绕，也可分切成大幅面薄竹，为竹材的旋切加工和刨切加工开辟了广阔的应用前景。

为提高指接效率和指接的质量，在纵向接长前应设置人员对刨切薄竹和旋切薄竹进行挑选，厚度公差应保证在 ±0.05mm 以内，以免由于指接处高低不平，而影响指接处的美观。另外也要保证指接处刨切微薄竹和旋切单板的色泽以及材质应基本相近，并做到接缝处观察不到缝隙。

薄竹接长采用单板接长机来完成，指榫施加端压后，在开指榫处的薄竹背面粘贴胶纸带。端压是指沿指接件的长度方向在指接件的端部施加的压力。适宜的端压大小是保证指接质量的一个重要因素。端压不足，造成指接不能完全压密，留有较大的指顶隙；端压太大，造成指顶过度地被压入指谷，使指劈裂，也会使指接材料的强度大大下降。压力一般可用 0.4~0.6MPa，加压时间为 3s。

试验证明，没有指接处刨切薄竹（背面粘有无纺布）的顺纹抗拉强度在 30~70MPa，而在指接处刨切薄竹（背面粘有无纺布）顺纹抗拉强度只有 10~40MPa，且抗拉强度的试件大部分在指接部位破坏，说明指接处刨切薄竹的顺纹抗拉强度只能达到没有指接处抗拉强度的 1/3~1/2。而刨切薄竹横纹抗拉强度的试验表明，指接处的横纹抗拉强度却比没有指接处的抗拉强度有所提高。

(4) 薄竹砂光

采用砂光机将粘贴过无纺布并进行了指接后的薄竹进行砂削加工，以达到对薄竹进行定厚、磨光的目的。薄竹经砂削处理后，表面光滑平整，使制成品不需再打磨，便可直接喷涂油漆，同时也实现了生产包覆材料的要求。

如果生产卷材单板封边带时，砂光后的薄竹要经单板分切机分切成需要的宽度。单板分切机主要是将指接后的薄竹带分切成所需宽度，可卷成盘，自动形成盘状的成品封边带或包覆材料及接长竹皮。

5.2.5 竹质薄片的饰面工艺

竹质薄片材料既可用于人造板整个幅面贴面，又可用于各种木制品零部件贴面。

(1) 基材准备

各种人造板基材均可以用薄竹进行贴面处理。由于薄竹很薄，基材的缺陷很容易透过薄竹反映到装饰表面上来。因此，基材必须进行严格挑选。

① 基材：作为基板的人造板含水率必须低于 14%，否则，贴好面的装饰板坯料在热压时就容易分层、鼓泡，压好的成品板因含水率高，很容易变形，甚至长时间置放会发生板面霉变，含水率大于 14% 的基板必须经烘干后方可使用。基板经过补腻子后，一定要陈放，如果表面腻子干了，而内面未干，则砂好后的基板在陈放后，腻子因水分散失会缩出一个凹槽，贴上去的薄竹会因热压时不受压而严重影响胶合，腻子不干就贴面则会在热压时出现分层和鼓泡。

各种人造板基材在进行薄竹贴面装饰前都应进行砂光，使基材表面光洁平滑，厚度一致，同时对基材含水率应严格控制在 8%~12%。

② 胶黏剂：常用的胶黏剂有聚醋酸乙烯酯乳液胶（简称乳白胶）、脲醛树脂胶两种。

脲醛树脂胶具有成本低、使用方便、耐水性

相对较好的优点，被木材工业广泛地用作胶黏剂。但由于脲醛树脂胶初粘性差，渗透性强，在压制过程中易透胶，所以在薄竹贴面中，不能单独使用。在湿法粘贴中，预压时缺乏预压性，可使用增粘剂来增加强着性，并大量增量，这将使操作性能变坏。因脲醛树脂大体上是中性的，使用时应加入固化剂（如氯化铵等），让 pH 值下降到 4.8～5.0，应注意装饰薄竹的酸性污染。聚醋酸乙烯酯乳液是热塑性胶黏剂，初粘性好，不透胶，用于薄竹粘贴时，操作方便。但其耐水性较差。

大多企业一般是将脲醛树脂胶黏剂与聚醋酸乙烯酯乳液胶按一定比例混合起来使用，使两种胶黏剂互相取长补短。脲醛树脂胶黏剂中加入聚醋酸乙烯酯乳液胶黏剂可以提高脲醛树脂胶黏剂的初粘性，防止粘贴时发生透胶现象。

在两种树脂混合的胶黏剂中，加入适量的增量剂或填充剂，薄竹含水率即使在40%以上，胶合时也不会产生透胶现象。这种胶黏剂活性期长，胶合强度大，因此，在薄竹贴面中是最常使用的胶种。

脲醛树脂胶黏剂和聚醋酸乙烯酯乳液按质量比为 1:1 的比例混合使用，固化剂、填充剂的加入量分别按 UF 胶液的 0.5%、10%～30% 的量计算，最终以水调节黏度。

③涂隐蔽剂：人造板的板面颜色往往有较大差异，必须涂上隐蔽剂来消除色差。隐蔽剂为无机颜料，具有一定的遮盖力，其含水率超过50%。为了不增加基板的含水率，我们必须让多余的水分散失掉，所采取的方法就是边涂边烘，利用封闭的干燥机烘干、烘好的基板要陈放至冷却，如果基板还没冷却完全，则刚贴好的板坯在陈放过程中会因迅速散失水分而收缩，导致薄竹离缝或者脱胶，严重影响质量。

(2) 涂胶与组坯工段

主要设备为涂胶机，辅助设备为运输带及组坯台。

在贴片时，先在基材上涂胶，使用的胶黏剂可根据用途而定。涂胶后的板坯在热压机中进行加热加压。由于薄竹较薄，因此，当温度在 100～105℃时可在几十秒以内完成，热压后进行修边及砂光处理，再进行分等检验入库。

薄竹贴面时，胶量不宜过大，否则会造成透胶。若因胶中水分过大，胶粒的渗透性增强，透胶后的板面模糊，颜色发白，失去了装饰性或降低了装饰效果。贴面板坯必须经过陈放，让胶黏剂有个预固化的过程。同时也散失部分水分。天气不同，陈放时间也不同。

天热时，板坯在移动过程中会散失大量水分，尤其是两端。薄竹失水收缩后会产生离缝和干裂，严重影响板面质量。

薄木厚度 < 0.4mm 时，涂胶量为 50～120 g/m²；薄木厚度 > 0.4mm 时，涂胶量为 100～150 g/m²。采用脲醛树脂胶和聚醋酸乙烯酯乳胶的混合液，配比一般为 1:1～1.3:1。使用前将两种胶液充分搅匀后加入适量固化剂及填充剂等调匀，即可使用。

基材的涂胶国内设备可选用 BS3413 型，该机调整与操作方便，且加工工件厚度范围较大，在 0.5～60mm 之间，便于各种不同厚度基材的涂胶。

将涂胶后的基材通过运输带送至组坯台进行组坯，为了保证薄竹贴面人造板及其制品的形状稳定性，组坯时应遵守对称原则，即基材断面对称中心层两侧所胶合的薄竹，其树种、厚度、含水率和纤维方向均应相同或相近。有时，为了节约珍贵木材，树种可以改变，但薄竹的厚度、含水率和纤维方向应对称、平衡。

如果薄竹胶贴时采用湿贴工艺，薄竹排坯时应有一定尺寸的重叠，一般应控制在 2～5mm 之间，以免制成成品后裂隙露芯，组坯后的板坯需经过一段时间的陈化，但热压前要密切注意板坯状态，在干燥的季节里，应于板坯周边适当喷水，防止热压时，薄竹炸裂，而后即可进行热压。

(3) 薄竹贴面工艺

薄竹贴面方法分热压胶贴和冷压胶贴两种。冷压胶贴指在冷压机中胶压，这种方法具有以下优点：

① 胶压的时间不受薄竹板坯厚度的限制。
② 冷压胶贴后竹材颜色不发生变化。
③ 冷压胶贴胶层应力小。
④ 不需要锅炉，因此投资少。

但冷压胶贴胶压时间长，效率低，占地面积大，因而很少被采用。

薄竹贴面方法按胶贴时用的是干单板还是湿单板分为干贴工艺和湿贴工艺。

1）干贴工艺

薄竹干贴工艺的特点是将薄竹干燥后进行胶贴。如果是拼花干贴，则是在基材上涂上热熔胶或其他适当的胶黏剂，然后按设计图案将薄竹用熨斗一张一张拼贴上去。干法拼贴薄竹的技术要求高，生产效率低，且难以适应厚度在 0.5mm 以上的薄竹的贴拼。如果薄竹含水率低于 20%，薄竹易破碎，因此，干法拼贴，要求薄竹的含水率在 20% 左右。

2）湿贴工艺

厚度在 0.5mm 以下，特别是 0.2~0.3mm 的薄竹不经干燥，可采用一些措施直接胶贴。湿贴工艺的特点是采用特殊的胶黏剂或改性脲醛树脂胶，粘贴高含水率的薄竹。常用的胶黏剂有聚氨基甲酸乙酯、醋酸乙烯—N—羟甲基丙烯酰胺二元共聚乳液等。在胶黏剂涂于人造板基材上之后，立即将按照规定幅面截成的装饰薄竹排列好，进行初粘操作。与干贴工艺相比，湿贴无需过高的操作技术，可适应大规模生产，所以，在薄竹装饰人造板生产中，多采用湿贴工艺，工艺流程为：基材→砂光→除尘→涂胶→陈化→与齐边湿薄竹组坯→热压→堆放→齐边→砂光→薄竹贴面装饰板。

湿贴工艺和干贴工艺的优缺点比较如下：

① 采用湿贴工艺，薄竹厚度不仅可以较薄，且无需拼接。采用干贴工艺，目前由于薄竹多采用热熔性树脂作"之"字形拼缝，当薄木厚度 $\delta <$ 0.25mm 时，贴面板经砂光后，其热熔性树脂胶线的"之"字形会透现于薄竹板面，影响外观，故该工艺薄竹厚度宜采用 0.5mm 左右。相对于湿法贴面工艺，其消耗竹材量增多，成本随之增加。而湿法贴面薄竹不仅厚度可以较薄，且无需拼接，直接用于基材贴面，既避免了上述缺陷又简化了生产工艺，节省了人力及拼接胶线。

② 采用湿贴工艺可省去薄竹的干燥工段。目前国内干贴工艺大多采用快速贴面生产线成套设备，投资较高，同时需配置相应的薄竹拼接设备，且生产效率低；而采用湿贴工艺，生产上可省去薄竹干燥工段，拼接设备及材料也可省掉，简化了生产工艺，生产效率大大提高，从而大幅度降低了生产成本。

③ 湿贴工艺薄竹运输及拼接、铺贴等加工工序中不易破碎，且可缩短热压时间。采用干贴工艺，由于薄竹经干燥处理，含水率低于 15%，在运输、拼接、铺贴等加工工序中易破碎，薄竹利用率低，且热压过程传热慢，生产率低；而湿贴工艺由于薄竹具有一定的含水率，便于输送加工，热压中由于水分的汽化加快热量传导，可缩短热压时间，从而提高压机生产率。

但采用湿贴方法，生产中必须注意如下几点：

① 由于薄竹没有干燥，含水率较高（40%~50%），为不让薄竹中的水分溢出且防止薄竹发霉，必须用聚氯乙烯薄膜或湿布盖好，夏天还要放进冷库。同时，还要注意薄竹不宜长久贮存，要根据生产周期进行生产，从刨切、剪裁到胶贴热压，时间最多不宜超过 3 天。

② 湿贴时，易透胶，尤其在使用初黏度较低的脲醛树脂胶时更甚。为了防止胶黏剂向表面渗透，有必要采用高黏度的胶黏剂。并且要按照标准正确掌握涂胶量。

③ 湿贴工艺由于薄竹热压时要产生收缩，铺板时应保留适当的收缩余量，由于薄竹的树种不同，含水率有差异，其收缩余量不同，铺装操作工艺应注意掌握。对热压后产生的薄竹层叠，可于热压后进行刨削修整；对过大的薄竹离缝或裂纹可进行补条胶贴，以改进板面质量。

④ 高含水率的薄竹，其含水率也应一致，否则由于收缩会产生差异。太干的薄竹要随时喷水，使之湿润。

⑤ 由于湿法贴面工艺中薄竹未进行拼接，生产过程中薄竹易产生位移，可选用初黏性（或预压性）较好的胶黏剂或在脲醛树脂胶中加入适当聚醋酸乙烯酯乳液，或增加预压工艺，避免上述缺陷出现。

⑥ 湿贴工艺胶贴时，最好采用先冷压，后热压的方法。

薄竹（竹皮）贴面工艺采用的主要设备是热压机。由于薄竹很薄，要求热压机压板平面有很高的精度，使板坯在热压过程中均匀受热受压。因而要在热压机与薄竹接触的一面安装有带缓冲材料的垫板。可在金属垫板上铺放厚度为 3~4mm 的耐热橡胶垫；缓冲材料也可采用石棉网布，衬在压板与垫板之间，垫板可用不锈钢或铝合金板固定在压板上，方便板坯进出。热压机最好使用装卸板机和配备同时闭合装置，使各层板坯受热情况一致。

热压机可选用机型为 BY214×8/3(10) 型装饰板热压机等。该机具有操作简便、结构紧凑，动作灵敏的特点。其压板间距大（达 100mm），可装配衬板,是加工贴面产品的专用设备。

胶贴板坯装入热压机时,板皮的上、下两个面必须铺放表面平整的金属垫板。为使压力分布更加均匀,有时还使用缓冲垫。涂胶后的板坯在热压机中进行加热加压。由于薄竹较薄,当温度在80~105℃时,在几十秒以内就可固化。

影响薄竹胶贴的三个因素是单位压力、热压温度和加压时间。

胶贴时,压板对胶贴材料施加的压力必须保证胶贴表面充分受压,因为只有这样才能使具有某种不平度的胶贴表面相互接触,胶液顺利地进入竹材孔隙,并使板面均匀受热。胶贴表面的这种受压状态应一直保持到胶液完全固化为止。

胶贴时加热,一方面是为了加快胶合速度,提高热压机效率,另一方面又能增加胶贴材料的塑性,使其相互均匀接触,有利于提高胶合强度。热压温度与胶种有关。

热压温度过高易鼓泡,因湿薄竹本身含水率高达45%~50%,温度过高板内部会产生大量水蒸气,并在0.6~0.9MPa单位压力下,气体无法马上排出,故造成鼓泡现象。

温度过低胶层固化时间长,使胶层老化,发脆易开胶。因此热压温度以70~105℃为宜(多层热压机),压力为0.35~0.62MPa。

加压时间是指从压力达到所需压力值开始直到卸压为止所需的时间,有时也叫保压时间。确定保压时间的主要依据是胶液应充分固化。热压时间:2~4min(多层热压机);30~60s(单层热压机)。

(4)裁边、砂光整修

卸板后要经过一定时间的工艺堆放,裁边后进行砂光整修。砂光工段的主要任务是将热压裁边后的贴面板再经砂光提高表面平整度,总砂光量为0.1~0.15mm,主要设备为砂光机。

贴面板的表面精加工设备,可选用机型BSG4112的精细砂光机。该机具有功能全、能耗小、操作简单、安全可靠、噪声小、砂光精度高、生产效率高等特点。且可根据工件要求进行粗砂光或细砂光。

鉴于贴面板的砂光表面是薄竹,需要特别注意砂光方向,因为表面粗糙度与砂光方向关系很大。横纹砂光时,纤维易被割断,表面会出现大量竹毛和条痕,所以通常多采用顺纹砂光方案。然而,有时只进行顺纹砂光很难将整个表面砂平,效率也比较低,因此建议采用先横纹后顺纹的交叉砂光方案。

砂光后的贴面板按有关标准进行检验、分等和修补。

胶黏剂固化后,还需要对产品进行修整,将多余的薄竹进行清理;对起泡薄竹用刀片划开后注入胶黏剂重新加压粘贴;对开裂的薄竹用刀片给裂缝中加入胶黏剂补贴上细的木丝加压粘贴,然后砂光整理。缺陷严重时,必须砂光重新贴面。

5.2.6 竹质薄片的饰面质量与控制

(1)常见质量问题

1)透胶

薄竹热压胶合后,胶黏剂从薄竹的孔隙中渗漏,在外表面形成胶斑。胶斑使工件表面在油漆后产生斑点。

生产实践表明,人造板进行薄竹胶贴时贴面层表面透胶是最常见的缺陷。这种缺陷通过外表检查即可发现。进行表面染色时,透胶部位因着色不一而更加明显地显露出来。

为了掩盖透胶缺陷,常常在胶黏剂中添加少许染料,使胶黏剂的颜色与薄竹相似。但是这种方法有时效果也不是很好。最根本的问题是含水率不当或涂胶量过多,也会造成透胶,此时可加入适量聚醋酸乙烯酯乳液,以提高胶黏剂的强度,降低渗透性。对湿法贴面薄竹控制含水率在30%~50%,也可在胶黏剂中加入少量颜料,使之与薄竹颜色相近,使透胶不明显。

另外,影响贴面层表面透胶的主要因素还有胶液黏度、胶黏剂的固化速度、单位压力、热压温度、胶层预先干燥、填料、薄竹厚度以及胶贴材料的树种等。

① 胶贴材料的含水率:特别是人造板基材的含水率不仅影响树脂缩聚速度,影响薄竹和基材的胶合强度,而且关系到贴面层能否透胶的问题。因为如果胶贴材料的含水率过高,胶液的黏度必然降低,随之而来的是胶液向胶贴材料内部扩散的过程加快,而胶黏剂的固化过程减慢。据此,胶贴材料的含水率是薄竹胶贴过程中必须认真考虑的重要因素。通常,胶贴材料的含水率不应超过8%~12%。

② 涂胶量:涂胶量对薄竹与基材的胶合强度和贴面层是否透胶影响很大。生产实践表明,涂胶量越大,贴面层透胶就越严重。涂胶量主要取

决于基材的质量。板面粗糙的基材，其涂胶量要适当增加；用粗大刨花或者低密度刨花制作的刨花板作基材时，其涂胶量要大于由细碎刨花或者高密度刨花制作的刨花板。

③ 胶液的黏度：胶液的黏度既影响薄竹与基材的胶合强度又关系到贴面层能否透胶。贴面层透胶率随着胶液黏度的增大而减小。涂胶量为 130~140g/m² 时，为了避免贴面层透胶，胶液黏度应不低于170s。涂胶量增大时，必须相应地增加胶液黏度，否则就会出现透胶缺陷。

④ 胶黏剂固化速度：胶黏剂固化速度对贴面层透胶率也有影响，使用固化速度快的胶黏剂时贴面层透胶率小得多。因为在热压胶贴过程中，胶黏剂的固化反应过程和胶液的渗透、扩散过程是同时进行的，但是完成胶黏剂固化反应过程所需要的时间却可能比胶液透过贴面层所需要的时间短或长，也可能相等。也就是说，贴面层透胶率取决于胶黏剂的固化速度与胶液向表面的渗透速度之比。使用快速固化胶黏剂时，胶液有可能在尚未渗透到表面之前就已经固化，故透胶的可能性小。正是基于这种缘故，薄竹胶贴时，特别是使用厚度为 0.4~0.5mm 的薄型薄竹胶贴人造板时，建议采用快速固化胶。此种胶黏剂的活性期比较短，使用过程中要经常注意观察胶液的状态。

⑤ 单位压力：单位压力也直接关系到薄竹与基材的胶合强度和贴面层的透胶率。胶贴时，如果单位压力很小，胶合面接触不良，胶合点相应减小，透胶现象也就很少见。提高单位压力能够加速胶液向胶贴材料的渗透程度，从而增加贴面层的透胶率。因此可以说，胶贴时，单位压力越大，贴面层的透胶率就越高。为减少透胶现象，如果基材的厚度偏差较小，单位压力为 0.5MPa。当基材的厚度偏差较大时，应加大压力，否则胶合强度受到影响。

⑥ 热压温度：升高热压温度能够缩短胶黏剂的固化时间和加压时间，从而有利于降低贴面层的透胶率。但是实践表明，压板温度由 100℃ 升高到 120℃，贴面层透胶率下降得并不明显。应当指出的是，如果压板温度太高，薄竹的干缩速度将大于胶黏剂的固化速度，其结果是薄竹，特别是薄型薄竹的拼缝开裂，胶层发脆，影响胶贴质量。有资料表明，热压温度达到 90℃ 即可获得较高的胶合强度，但需要延长加压时间，还有可能导致贴面层的透胶率增大。人造板进行薄竹胶贴的热压温度通常为 100~130℃。

⑦ 胶层陈化：胶层陈化是指胶贴材料涂胶后的陈化处理，这样可以降低贴面层的透胶率。陈化时间，即胶贴材料涂胶后到热压胶贴前胶层的预先干燥时间，其主要取决于胶种。陈化时间过长，有可能因胶黏剂部分固化而降低胶合强度。在允许的范围内，随着陈化时间的延长，透胶率将显著下降，其主要原因有两点：一是由于树脂与固化剂的接触时间长而提高了胶黏剂的固化速度；二是由于水分蒸发和水分向胶贴材料内层渗透而使胶层中的水分减少，从而增加了胶液强度。采用胶层预先干燥工艺是减少贴面层透胶率的有效措施，而且效果很显著。

⑧ 填料：在胶黏剂中添加填料可以使胶层富有弹性，可以减少贴面层的透胶率。

⑨ 薄竹厚度：薄竹厚度对贴面层的透胶率影响很大。生产实践表明，薄竹胶贴时，透胶率随着薄竹厚度减小而增大。如果胶层经过预先陈化，用厚度为 0.4mm 的薄竹对刨花板进行胶贴时，不仅能够获得较高的胶合强度，而且贴面层也可以不出现透胶缺陷。那种认为透胶率的增大仅仅是由于薄竹变薄的观点是片面的。实际上，用厚度为 1.0~1.5mm 的薄竹胶贴人造板时也会发生透胶现象，这是因为刨切厚薄竹时背面更容易产生裂缝的缘故。在这方面，薄的薄竹优越于厚薄竹，薄的薄竹的背面可能没有裂隙或者裂隙深度不大。

⑩ 胶贴材料的竹种：胶贴材料的竹种对贴面层的透胶率也有影响。竹材构造不同，透胶率大不一样。竹材的透气性越大，贴面层的透胶率就越高。对于基材来说，人造板密度越大，贴面层就越容易出现透胶现象。

2）鼓泡

薄竹在胶合后表面出现鼓胀、气泡，它的修补比较麻烦，会影响生产效率。

3）表面污染

除贴面层透胶外，贴面板表面污染也是常见的胶贴缺陷。表面污染主要是由竹材本身含有的油类、脂类、蜡类、单宁、色素等引起的。树脂和油脂污点可以用酒精、乙醚、苯和丙酮等溶剂擦除，也可以先用浓度为 1% 的苛性钠（或碳酸钠）擦除，再用清水冲洗。单宁与铁、铬等离子作用产生的变色，要及时用浓度为 2%~3% 的草酸液冲洗擦除。

4）贴面板表面裂缝

裂缝指薄竹在粘贴后，表面产生的缝隙。贴面板的优等品表面不允许有裂缝，一等品表面允许有长度不超过100mm、宽度0.5mm的裂缝，但每米板宽内的条数不允许超过2条。造成薄竹表面裂缝的主要原因有薄竹材质因素和生产技术因素两方面。如密度大的木材、弦切面的薄木、有树瘤的薄木都较易产生裂缝；薄竹太薄则强度差、易开裂，太厚背面裂隙易发展成裂缝，铺贴薄竹时紧面朝外，其背面裂隙易发展成裂缝；薄竹含水率太高，热压干缩时也会产生裂缝；涂胶量太少或热压温度过高易产生裂缝等。生产中应严格控制工艺参数，热压板坯应堆放一段时间以减缓水分蒸发，在薄木与基材间夹进一层纸质或布质材料作缓冲层也可以减少表面裂缝产生。如果贴面板表面有裂缝，可用调色腻子填补，而后刮平或轻微砂光，如有压痕、叠层等缺陷，也应进行修补。调色腻子是由聚醋酸乙烯酯乳液、木粉和色料或者由聚乙烯醇、木粉和色料调制成的。

5）薄竹局部开胶

热压后，基材和薄竹之间出现的局部缺少胶黏剂或胶层不连续的现象，是由于涂胶不均匀或胶黏剂强度较低等原因引起的。薄竹局部开胶的原因是：基材受污染（主要是被脂肪性物质污染）；基材涂胶作业不认真；组坯不符合要求；基材的厚度加工不精确；胶贴时单位压力小。为了避免薄竹局部开胶，必须严格按照工艺规程进行操作。

6）贴面板翘曲

贴面板翘曲的原因是：基材的结构不对称；基材两面的涂胶量不一样；基材两面的贴面材料厚度不一致；胶贴后贴面板未经工艺堆放处理。

7）叠板、离缝、错位

热压后板坯表面易产生薄竹层叠、离缝、错位等缺陷。主要原因是胶黏剂的初粘性不够好，铺贴的薄竹不能牢牢粘贴在基材上，运输时产生位移。对湿薄竹，铺装时薄竹预留热压干缩余量过多会产生叠板，余量过少则产生离缝。生产中可在胶黏剂中增加面粉加入量，提高胶的初粘性，使铺贴薄竹牢固粘贴，也可增加预压工艺防止位移，并注意掌握预留的薄竹干缩余量。

(2)薄竹的质量控制及技术参数分析

1）对薄竹的质量控制

由于薄竹的厚度一般较薄，所以它的胶合不同于一般的单板胶接。薄竹性质极易受环境的影响，如环境湿度的变化会引起薄竹含水率的改变。薄竹的吸湿膨胀或失水收缩变形十分明显，变形使其表面不平整，并且影响薄竹的拼接，同时也会导致出现鼓泡现象。因此，薄竹的保存必须密封防潮。

含水率的控制在薄竹粘贴工艺中非常重要。如果含水率较低，薄竹的脆性将明显增强，极容易在基材弯曲较大处产生脆裂，因此可在薄竹弯曲较大处进行润湿处理，以增加薄竹的韧性。同时含水率过低也不利于胶黏剂形成胶膜。一般含水率的经验值为35%左右。

2）对胶黏剂的质量控制

胶黏剂一般用聚醋酸乙烯酯乳液改性的水溶性脲醛树脂胶黏剂，一般采用热压。以下就与胶黏剂相关的几个重要参数进行分析。

① 黏度：黏度对胶合性能的影响非常显著。一般热固性树脂胶黏剂的黏度与树脂的固体含量以及树脂的缩合度成正比例关系。黏度过低时，加压时胶黏剂容易从胶接层边沿流出或向木材中过度渗透，从而造成胶接不良、缺胶或透胶。相反，黏度过高时，将会造成涂饰困难，涂胶量难以控制。若采用人工涂胶，涂胶时费力且胶层难以达到均匀。因此，为了便于涂胶，涂胶时先在基材上将低黏度的胶黏剂涂好，然后在空气中陈放数分钟，这样经过蒸发、渗透使胶黏剂水分减少，黏度增加，从而解决涂胶难度和胶黏剂黏度的矛盾。胶黏剂黏度的适宜范围为1.0~1.5s。

② 涂胶量：涂胶量应在保证形成连续胶层的前提下越少越好。胶层越薄，凝聚力越低，从而减少胶黏剂的应力凝结点，胶层的内应力随之减少，老化性也会降低；同时也减少了成本。一般涂胶量为110~150g/m^{2}时，通常通过黏度的调节来控制涂胶量。

3）热压机的控制参数

压力、温度、时间是热压机可控制的三个参数，三者有一定的相互关系。压力太大，胶液会从基材的边沿流出，易形成缺胶和透胶；胶压的时间因胶压温度的高低而异：温度越高，加压的时间越短，温度越低，则加压时间越长（如温度为12℃时，胶压时间为1~2h；温度为25℃时，胶压时间为20~90min）。加热的目的是为了加快水分的挥发，有利于胶层的形成。从经济因素和工作效率方面考虑，温度要高，时间要尽可能短。实际生产中热压温度以80℃为宜，时间为数分钟。

总之，薄竹饰面材料具有良好的外观性能，将在我国有较大的发展前景。在实际生产中，我们需要整理总结各种薄竹粘贴的经验参数，制定出较好的工艺，同时也要定期培训人员，减少人为因素对质量的影响。薄竹饰面工艺可以节约珍贵木材，保护森林资源，降低生产成本，使薄竹覆面材料在家具制造中应用更加广泛。

5.3 竹集成材家具的制作工艺

5.3.1 制作工艺流程

竹集成材家具是指将竹材加工成一定规格的矩形竹条（或竹片），竹条（或竹片）经纵向接长、横向拼宽和复合胶厚而成竹集成材，然后再通过家具机械加工而成的一类家具。由于竹集成材继承了竹材的物理力学性能好、收缩率低的特性，具有幅面大、变形小、尺寸稳定、强度大、刚性好、握钉力高、耐磨损等特点，并可进行锯截、刨削、镂铣、开榫、打眼、钻孔、砂光和表面装饰等加工，因此，利用竹集成材为原料可以制成各种类型和各种结构（固装式、拆装式、折叠式等）的竹集成材家具。

竹集成材家具的结构和制造工艺以及加工设备都与木质家具基本相似。可参考《木质家具生产工艺学》教材中有关章节的内容。竹集成材家具的制作工艺流程为：竹集成材 → 配料（开料或裁板）→ 零部件定厚砂光 →（贴面装饰）→ 边部精裁或铣异型（铣边）→ 开榫或打眼或钻孔 → 型面加工（表面镂铣与雕刻铣型）→ 表面修整加工（精细砂光）→ 涂饰 → 成品零部件质量检验 → 专用五金件预装配 → 装配（榫接合）→ 竹集成材家具 → 包装。

5.3.2 主要工艺技术

（1）配料（开料、裁板）

为了保证竹集成材家具的装饰质量和效果，对各种竹集成材基材（又称素板）都应进行严格的挑选，必须根据板件的用途和尺寸来合理选择基材的种类、材质、厚度和幅面规格等。零部件的制作通常是从配料开始的，经过配料将竹集成材基材锯切成一定尺寸（通常包含一定的加工余量）的毛料。配料是家具生产的重要前道工序，直接影响产品质量、材料利用率、劳动生产率、产品成本和经济效益等。

配料包括横截与纵解等锯制加工工序，主要采用横截圆锯、纵解圆锯、细木工带锯、推台式开料锯（又称为精密开料锯、导向锯）、电子开料锯（又称裁板机）等配料设备。

对竹集成材基材进行开料或裁板时，操作人员应首先细阅开料图及相关配套的尺寸下料表格，然后进行加工。锯割后的板材应堆放于干燥处。

（2）厚度校正（砂光）

竹集成材基材的厚度尺寸总有偏差，往往不能符合产品质量的要求，因此，必须对基材进行厚度校正加工。两面砂削量要均衡，保证基板表面和内在的质量。在砂光中，坯板每次砂削量不要超过 1mm，砂光的坯板厚度公差应控制在 ±0.1mm。基材厚度校正加工的方法常用带式砂光机（水平窄带式或宽带式）砂光，近年来普遍使用宽带式砂光机，它的作用主要是校正基材厚度、整平表面和精磨加工，使基材达到要求的厚度精度。

（3）贴面装饰

为了美化制品外观，改善使用性能，保护表面，提高强度，有些竹集成材家具所使用的零部件需要进行表面饰面或贴面处理。饰面材料种类不同，它们的贴面胶压工艺也不一样。采用薄竹（竹薄木、竹皮、竹单板）胶贴工艺常用的分别有干贴和湿贴、冷压和热压两种。

（4）边部精裁或铣异型（铣边）

竹集成材板式部件经过表面装饰贴面胶压后，在长度和宽度方向上还需要进行板边切削加工（齐边加工或尺寸精加工）以及边部铣型等加工。常采用精密开料锯或电子开料锯等进行精裁加工。边部铣型或铣边通常是按照型边要求的线型，采用相应的成型铣刀或者借助于夹具、模具等在立式下轴铣床、立式上轴铣床（即镂铣机）、双端铣等各种铣床上加工。

（5）开榫或打眼（或钻孔）

为了便于零部件间接合，有些竹集成材零部件，需要按照设计要求，对其进一步加工出各种接合用的榫头、榫眼、圆榫孔、连接件接合孔、榫槽和榫簧（企口）等，使之成为符合结构设计要求的零部件。各种榫头可以利用开榫机或铣床加工；各种榫眼和圆孔可以采用各种钻床及上轴铣床（镂铣机）加工，对于符合"32mm"系列规定的圆孔，常用单排钻、三排钻和多排钻等进行钻孔加工；榫槽和榫簧（企口）一般可以用刨床、铣床、锯机和专用机床加工。

(6) 型面加工（表面镂铣与雕刻铣型）

零部件表面上镂铣图案或雕刻线型是竹集成材家具的重要装饰方法之一。各种型面或曲面或线型一般可在上轴铣床、多轴仿形铣床、镂铣机和数控加工中心（CNC）等设备上采用各种端铣刀头对零部件表面进行浮雕或线雕加工。

(7) 表面修整加工（精细砂光）

为了提高竹集成材家具零部件表面装饰效果和改善表面加工质量，一般还需要对其进行表面修整与砂光处理，表面修整加工通常采用各种类型的砂光机进行砂光处理，以消除生产过程中产生的加工缺陷，除去零部件表面上各种不平度，减少尺寸偏差，降低粗糙度，使零部件形状尺寸正确、表面光洁，达到油漆涂饰与装饰表面的要求（细光或精光程度）。

(8) 表面涂饰

对于竹集成材家具成品，与木质家具一样，一般都需要对竹制白坯或加工后的零部件，进行表面涂饰处理，使其表面覆盖一层具有一定硬度、耐水、耐候等性能的膜料保护层，并避免或减弱阳光、水分、大气、外力等的影响和化学物质、虫菌等的侵蚀，防止制品翘曲、变形、开裂、磨损等，以便延长其使用寿命；同时，赋予其一定的色泽、质感、纹理、图案纹样等明朗悦目的外观装饰效果，给人以美好舒适的感受。

根据竹集成材家具零部件的规格尺寸和形状的不同，其表面涂饰方法可以选择喷涂、辊涂或淋涂。其漆膜常为透明涂饰，有亮光涂饰、半亚光涂饰和亚光涂饰之分，按不同颜色还可分为竹本色、炭化色，以及栗壳色、柚木色、胡桃木色和红木色等仿木色。

(9) 装配

任何一件竹集成材家具都是由若干个零件或部件接合而成的。按照设计图样和技术条件的规定，使用手工工具或机械设备，将零件接合成为部件或将零件、部件接合成完整产品的过程，称为装配。前者称为部件装配，后者称为总装配。根据竹集成材家具的不同结构，其总装配过程的复杂程度和顺序也不相同。涂饰与装配的先后顺序有以下两种：固定式（非拆装式）家具一般先装配后涂饰；拆装式家具一般先涂饰后装配。

(10) 包装

对于非拆装式竹集成材家具成品，一般采用整体包装；而对于拆装式竹集成材家具，常对零部件以拆装形式包装后发送至销售地点。后者适合于标准化和部件化的生产、储存、包装、运输、销售，占地面积小、搬运方便，是现代家具中广泛采用的加工方式。

5.4 竹集成材家具质量的主要影响因素

竹集成材家具的生产与木质家具生产相比，除了材料不同之外，其工艺基本类似。竹集成材家具生产中，竹集成材的生产是关键，竹片集成胶合工艺是影响家具产品质量的主要内容之一。其竹片胶合过程是一个复杂的过程，它是在一定压力下使胶合面紧密接触，并排除其中空气的机械作用和在添加固化剂或加热条件下，使胶层中水分蒸发或分子间发生反应，使胶液固化和方材胶合起来。因此，影响竹集成材胶合质量（即胶合强度）的因素很多，主要包括被胶合材料特性、胶黏剂特性和胶合工艺条件等方面。

5.4.1 被胶合材料特性

(1) 竹种与密度

竹材的材种、密度、材质、性能以及是否炭化处理的不同，其胶合强度也不一样。在集成胶合时，应尽量采用同一竹种或材质相近的竹片为佳，避免采用堆密度和收缩率差别很大的不同竹材。

(2) 竹片含水率

竹片含水率过高，会使胶液变稀，降低黏度，过多渗透，形成缺胶，从而降低胶合强度；同时会延长胶层固化时间；并在胶合过程中还容易产生鼓泡，胶合后容易使木材产生收缩、翘曲和开裂等现象。反之，木材含水率过低，表面极性物质减少，妨碍胶液湿润，影响胶层的胶合强度。通常竹片的含水率应为 8%～12%。在实际生产中，含水率的具体选择应根据胶黏剂种类、胶合条件、竹种而定，并与使用地区的平衡含水率要求相符合（略低于平衡含水率），竹片之间的含水率差应控制在 1.5%～3% 以内。对于进行炭化处理时，也要控制竹片含水率和消除其内应力，一般先将送至浸煮池里进行防霉、防蛀处理后的竹片，有序地堆放在托架上，送入干燥窑进行炭化处理。使竹片的含水率达到质量要求后再进行选片、配色、涂胶、组坯。

(3) 胶合面纹理(纤维方向)

竹材与木材一样，也是各向异性的材料，在竹片胶合中，如果改变胶合表面纤维方向的配置，胶合强度就会变化。平面胶合(纤维方向与胶层平行)比端面胶合(纤维方向与胶层成角度)时的胶合强度好。在平面胶合时，两块竹片纤维方向平行时胶合强度最大，两块竹片纤维方向垂直时胶合强度最低。在端面胶合时，竹片纤维方向与胶层平行时胶合强度最大，竹片纤维方向与胶层垂直时胶合强度最低。

(4) 胶合面粗糙度

胶合表面的粗糙度直接影响胶层形成和胶合强度，它与胶合强度的关系比较复杂，涉及木材性能、加工方法、胶黏剂性能以及胶合工艺条件等。为了获得较好的胶合强度，胶合表面需经刨削、铣削或砂光加工后才可进行胶合。被胶合面越光滑，涂胶量就越少，在低压时也易得到良好的胶接强度；被胶合面粗糙时，涂胶量就会增大，胶层也会增厚，胶层固化时体积会收缩而产生内应力，从而破坏了胶黏剂的内聚力，使胶合强度降低。因此，竹片条应表面光洁，粗糙度小，以免造成用胶量增加和竹片间在压合时贴合不紧，从而降低胶合强度。除此之外，层积时相邻两块竹片接头需错开配置。

5.4.2 胶黏剂特性

胶黏剂性能包括固体含量、黏度、聚合度、极性和pH值等，其中胶黏剂的固体含量、黏度和pH值对胶合强度影响较大。

(1) 固体含量与黏度

胶黏剂的固体含量(浓度)和黏度，不仅影响涂胶量和涂胶的均匀性，而且还影响胶合的工艺和产品的胶合质量。固体含量过高，黏度也大，涂胶时胶层容易过厚而使其内聚力降低，最终导致胶合强度降低；固体含量过低，黏度也小，在胶压时胶液容易被挤出，造成缺胶，也会使胶合强度降低。一般来说，用于冷压或要求生产周期短时，应选用固体含量和黏度大些的胶液；对强度要求不高的产品或材质致密的竹片，则可选固体含量和黏度较低的胶液。在胶黏剂中加入适量填料，既可增加黏度，也可降低成本。

(2) 活性期

胶液的活性期是指从胶液调制好到开始变质失去胶合作用的这段时间。活性期的长短决定了胶液使用时间的长短，也影响到涂胶、组坯及胶压等工艺操作。一般来说，生产周期短的可选用活性期较短的胶；生产周期长的则应选用活性期长的胶液。

(3) 固化速度与pH值

胶液的固化速度是指在一定的固化条件(压力与温度)下，液态胶变成固态所需的时间。胶液的固化速度会影响压机的生产率、设备的周转率、车间面积的利用率以及生产成本等。因而，在涂胶后的胶合过程中，要求胶液的固化速度快，除了增加一定温度外，常可在合成树脂胶液中添加固化剂(硬化剂)来使胶液的pH值降低而达到加速固化的目的。固化剂的加入量应根据不同的用途要求和气候条件而增减，在冷压或冬季低温使用时，固化剂的加入量应适当增多；在热压或夏季使用时，固化剂的加入量需稍少些；在阴雨天则需酌量增加固化剂加入量。

5.4.3 胶合工艺条件

(1) 涂胶量

它是以胶合表面单位面积的涂胶量表示(即g/m²)。它与胶黏剂种类、固体含量、黏度、胶合表面粗糙度及胶合方法等有关。涂胶量过大，胶层厚度大，胶层内聚力会减小并产生龟裂，胶合强度低；反之，涂胶量过少，则不能形成连续均匀的胶层，也会出现缺胶现象而降低胶合强度，使胶合不牢。因此，应该在保证胶合强度的前提下尽量减少涂胶量；并尽量使胶黏剂在胶合表面间形成一层薄而连续的胶层。冷压胶合涂胶量应大于热压时的涂胶量。涂胶应该均匀，没有气泡和缺胶现象。

(2) 陈放时间

它是指涂胶以后到胶压之前需将涂好胶的木材所放置的一段时间。其目的主要是使胶液中的水分或溶剂能够挥发或渗入竹片中去，使其在自由状态下浓缩到胶压时所需的黏度；并使胶液充分润湿胶接表面，有利于胶液的扩散与渗透。陈放期过短，胶液未渗入竹片，在压力作用下容易向外溢出，产生缺胶或透胶；陈放期过长，胶液过稠，流动性不好，会造成胶层厚薄不均或脱胶，如超过了胶液的活性期，胶液就会失去流动性，不能产生胶合作用。因此，陈放时间与胶合室温、胶液黏度、胶液活性期、竹片含水率等有关。室温高可缩短陈化时间,合成树脂胶在常温下陈化时间一般不超过30min(一般为5~15min)。

(3)胶层固化条件

胶黏剂在浸润了被胶合表面后,由液态变成固态的过程称为固化。胶黏剂的固化可以通过溶剂挥发、乳液凝聚、熔融冷却等物理方法进行,或通过高分子聚合反应来进行。胶层固化的主要条件参数为胶合压力、胶合温度和胶合时间。

①胶合压力:胶合过程中施加一定的压力能使胶合表面紧密接触,以便胶黏剂充分浸润,形成薄而均匀的胶层。压力的大小与胶黏剂的种类、性能、固体含量、黏度,以及竹片的竹种、含水率、胶合方向和加压温度等有关。

②胶合(或加压)时间:胶合时间是指胶合板坯在加压状态下使胶层持续到固化所需的时间。冷压(常温胶合)时胶层固化慢,胶合时间长,但冷压时间过长则会因胶液渗透过多而产生缺胶,影响胶合强度。热压时胶层固化快,时间短,在一定范围内胶合强度随着加压时间的延长而提高,但热压时间过长,胶合强度反而会降低。胶合时间应视具体胶种、固化剂添加量、胶合温度、加热与否以及加热方式等因素而定。

③胶合温度:提高胶层的温度,可以促进胶液中水分或溶剂的挥发以及树脂的聚合反应,加速胶层固化,缩短胶合时间。热压胶合比冷压胶合时的胶合强度高,加热温度的升高会使胶合强度提高。胶合温度低,则需延长胶合时间;胶合温度高,则可缩短加压时间;加热温度越高,达到一定胶合强度的加压时间就越短。但温度过高,有可能使胶发生分解,胶层变脆;如温度太低,会因胶液未充分固化而使胶合强度极低或不能胶合。一般在常温(20~30℃)和中温(40~60℃)条件下胶合,温度不宜低于10℃。竹片胶合后,应将胶合件在室内(温度15℃以上)堆放2~3天以上,以使胶层进一步固化和消除内应力,然后才可以进行再加工。

总之,竹片经涂胶组坯后送入热压机热压胶合成为板坯,板坯在经达96h的恒温定性处理,充分消除其内应力后再进行竹产品的加工。一般竹集成材的技术指标为:含水率7%~9%;气干密度:$0.76g/cm^3$;厚度≤15mm时,抗弯强度:≥98MPa,厚度>15mm时,抗弯强度:≥90MPa;硬度:≥$58N/mm^2$;胶合强度:≥9MPa。

复习思考题

1. 竹集成材家具基材的结构有哪些形式和种类?它们的生产工艺过程包括哪些主要内容?
2. 刨切薄竹与旋切薄竹生产工艺有什么不同?
3. 竹集成材家具的制作过程包括哪些主要内容?
4. 竹集成材家具质量的主要影响因素有哪些?

第6章 竹重组材家具的生产工艺

【本章重点】
1. 竹重组材家具基材生产工艺。
2. 竹重组材家具的制作工艺。
3. 竹重组材家具质量的主要影响因素。

6.1 竹重组材家具基材生产工艺

竹重组材（又称重组竹或重竹，也称竹丝板）是竹重组材家具（也称重竹家具）的基材，它是一种将竹材重新组织并加以强化成型的一种竹质新材料，也就是根据重组木制造工艺原理，先将竹材加工成条状竹篾、竹丝或疏解成通长的、相互交联并保持纤维原有排列方向的疏松网状纤维束（竹丝束），再经干燥、施胶、组坯，并通过具有一定断面形状和尺寸的模具经成型胶压和高温高压热固化而成的一种新型的竹质型材。由于竹重组材（重组竹）的最小组成单元为条状竹篾、竹丝或竹丝束，因此，它能充分合理地利用竹材纤维材料的固有特性，既保证了材料的高利用率，又保留了竹材原有的物理力学性能。其生产工艺有其特殊性，材性及应用也有其特点。

6.1.1 竹重组材的基本生产工艺流程

竹重组材（重组竹）的基本生产工艺流程主要为：原竹选择 → 竹材截断 → 竹筒剖分 → 竹条分片（开片）→ 竹片疏解（压丝）→ 蒸煮（三防、漂白）或炭化 → 干燥 → 浸胶 → 二次干燥（预干燥）→ 选料组坯 → 模压成型 → 固化保质 → 锯边或开料 → 重组竹型材 → 检验分等、修补包装。

生产竹重组材（重组竹）的工艺流程简图如图6-1所示。

6.1.2 竹重组材的生产工艺技术

根据竹重组材（重组竹）的基本生产工艺流程，其生产工艺技术主要包括：

（1）原竹选择

重组竹的原料来源广泛，可以利用各种竹子作为重组竹的原料。如毛竹，应选用4年以上的竹子，也可用不宜制造竹集成材的毛竹，也可用竹集成材生产中余下的竹梢、竹片等下脚料；竹席、竹帘生产中产生的废竹丝。又如淡竹、雷竹、麻竹、孝顺竹、青皮竹、刚竹、巨竹、箭竹等小径竹或杂竹，这些都是生产重组竹的好材料。但在选料时，应选取适当竹龄且无明显虫蛀、腐霉的竹材作为原料。

（2）竹材截断

采用圆盘锯竹机（竹材锯断机）并按照板材长度的要求将竹材锯断。为了便于后续工序的加工，一般应留有10mm左右的加工余量。大头离竹节的间距不小于50mm，小头离竹节的间距不小于60mm，锯出的竹料锯口应平整、无毛边。竹材截

图 6-1　竹重组材加工工艺流程简图

(a)竹材原料　(b)竹材截断　(c)竹筒剖分　(d)竹条　(e)竹条分片　(f)小型开片机　(g)大型开片机　(h)小型疏解(压丝)机　(i)中型疏解(压丝)机　(j)蒸煮或炭化　(k)处理后的竹丝干燥　(l)浸胶　(m)二次干燥(胶预干)　(n)冷模压机　(o)(p)冷模压机及连续固化通道　(q)(r)竹重组材(重组竹方)

断后的竹段（竹筒）应按照竹头、竹中、竹梢分开堆放。

(3) 竹筒剖分

将已截断定长的竹筒通过具有循环撞头机械的剖竹机（撞机）剖分成若干等分的竹条。为了提高生产效率，根据上道工序锯料时分好的竹筒，以小头竹内径选择剖竹机的刀具，一般以小头能顺利套入刀具直径且晃动幅度不大于 5mm 为佳，大头位于剖竹机撞头中心部位。由于剖竹机的刀具是采用逐渐开片数的设计方案，所开出的竹条均在工艺要求范围内，保证了后续工序的产品质量要求，也提高了竹材利用率。剖分后的竹条应按照要求分开堆放。

(4) 竹条分片（开片）

在生产竹重组材（重组竹）时，因竹材表面含有蜡质层，为保证胶合强度，必须去除竹青以及竹黄。竹材去青的方法有多种，毛竹可用去青机（开片机或分层机）切削竹青，小径竹材可用旋转的钢丝轮去青。具体应根据原料特点和重组竹产品质量要求来确定加工工艺和选择去青设备。例如以毛竹做原料时，可采用开片机将经剖分后的竹条分片，去掉竹青、竹黄。如采用中大型开片机，也可同时使竹片去节、定宽、定厚等。因此，竹条分片就是去除影响胶合质量的竹青、竹黄，将竹条径向剖分成适当厚度范围的竹片。

(5) 竹片疏解（压丝）

竹片疏解是重组竹生产中最重要的工序之一，它是制造长条网状竹材小单元（竹丝、竹丝束）的过程。

生产重组竹的最小单元通常为竹篾、竹丝、竹丝束、竹纤维束等，它们可以用多种方法制得，具体要根据原料特点和重组竹产品质量要求来决定。例如以毛竹做原料时，可将毛竹竹条经开片或去青、去黄后的竹片，通过劈篾的方法将其劈成竹篾（竹篾的断面尺寸为宽 0.8~2cm，厚 0.8~1.2mm，长度据重组竹成品长度而定）或竹丝（竹丝粗细可为几毫米左右）。

但目前生产中常采用辊压的"疏解"方法进行竹片疏解（压丝），它是将剖分、开片、去青、去黄后的毛竹竹片（具有一定厚度与宽度），经过疏解（压丝）机上一组凹凸相配的辊轮式刀具进行挤压、碾压制成碎裂网状竹丝束，竹丝束纵向不断裂、横向松散而交错相连、不完全分开，且保持竹材纤维排列方向，并能自然铺展、不卷曲。实践证明，采用辊压方法，竹丝疏解效果好，而且材料利用率和生产效率高，易于实现连续化作业。对于小径竹、杂竹、薄壁竹等竹材，在经旋转钢丝轮去青后，通常也采用辊压方法进行小竹的压破疏解，制得竹丝或竹丝束。这就是所谓的"大竹开片疏解、小竹压破疏解"。

为了便于竹材疏解成竹丝束，有时需要先对竹材或竹条、竹片进行软化处理。软化处理可采用碱液蒸煮或浸泡的方式，即采用 pH 值为 9.2~9.4 的碱液，在 80~100℃下蒸煮 2~4h；或采用 pH 值为 8.5~9.0 的碱液，在 75~80℃下浸泡 12h。由于软化处理中采用的碱液对竹材有一定影响，因此疏解后应对竹丝束进行水洗，即在清水中浸渍后立即取出，去除部分水解产物和降低表面碱性。

(6) 蒸煮或炭化

蒸煮或炭化的目的是把竹材内的蛋白质、糖类、淀粉类、脂肪以及蜡质等物质除掉；蒸煮的同时可增加竹片的白度和亮度，蒸煮中加入双氧水等漂白剂可使竹片漂成白色；炭化是指将竹片在高温、高湿条件下变成深棕色。因此，竹重组材家具基材，如果没有进行染色处理，那么，经过蒸煮、漂白、炭化的竹重组材家具基材主要有两种颜色：竹材的天然本色和炭化后的深棕色。

蒸煮处理时，将竹篾或竹丝、竹丝束放入蒸煮池中，蒸煮时间为 1.5~2h，温度为 80~100℃，分常压和加压两种，其中加压蒸煮的压力为 0.6~0.8MPa。

炭化处理时，将竹篾或竹丝、竹丝束放入炭化炉中，用温度为 100~105℃，压力为 0.3~0.4MPa 的蒸汽处理 1~1.5h，使竹材中糖、淀粉、脂肪、蛋白质等分解，使蛀虫及霉菌失去营养来源，同时杀死虫卵及真菌，处理后竹材呈古铜色、咖啡色、棕褐色等深色。

此外，蒸煮时可加入防虫剂、防腐剂和防霉剂进行三防处理。

(7) 干燥

经过蒸煮或炭化处理后的竹丝、竹丝束等竹材小单元材料需要进行干燥处理。一般常采用太阳晒、人工窑干燥、烘房干燥。干燥后的竹丝、竹丝束等的含水率一般应控制在 12% 以下，常为 8%~10%。只有当竹丝、竹丝束等达到干燥工艺标准要求时，制成的重组竹成品才不易变形、开裂或脱胶。蒸煮处理后的竹丝、竹丝束含水率超过80%，达到饱和状态，必须进行干燥处理。竹材的密度较大，为0.8g/cm³左右，且密度分布不均，竹壁外侧密度较内侧大。竹节部分密度局部增大，竹竿的茎部向梢部密度逐渐减小，因此，竹材的干燥比较困难，易产生内应力，造成翘曲变形。因而，竹丝、竹丝束等的干燥温度不宜过高，一般控制在75℃左右，升温不能太快，要注意干燥窑内温度及空气循环速度。

(8) 施胶

竹丝、竹丝束等竹材小单元材料的施胶可采用喷胶和浸胶两种方式。采用浸胶法施胶的竹丝、竹丝束等，由于其含水率过高，有的高达50%~80%，因此，还需要进行二次干燥。而采用喷胶法施胶的竹丝、竹丝束等可不再进行二次干燥，从而简化了生产工艺、降低了制造成本。但由于浸胶比喷胶均匀，施工操作也比较方便，因此生产中大多采用浸胶方法。浸胶时，通常将竹丝、竹丝束等竹材小单元材料按一定重量（如100kg）系成捆并装入特制吊笼，然后用电动葫芦将吊笼吊放到浸胶池内浸渍至饱和，一定时间后再将其吊起放至浸胶池上方的滴胶台上，直到将多余的胶液滴完或淋干。

施胶所用的胶料，一般采用耐水性的胶种，如酚醛树脂胶、改性脲醛树脂胶、聚氨酯胶等。通常用酚醛树脂胶施胶，胶的固含量为40%~50%，按胶与竹丝、竹丝束等的比为1:5~1:6的比例投料浸胶。竹丝、竹丝束等浸胶的含胶量为8%~15%。

(9) 二次干燥（预干燥）

由于竹丝、竹丝束等在浸胶中完全饱和地吸收了树脂胶黏剂水溶液，其水分含量较高，因此，经浸胶和竖淋后的竹丝、竹丝束等，仍需要再次进行干燥处理至工艺要求的含水率。一般有自然晾干法和人工烘干法。自然晾干法比较简单、成本低，一般时间不超过5h，但在阳光下晾晒后不宜马上进行胶压，因为在晾晒过程中竹材小单元材料在受热过程中表面水分失去过快，容易断裂，需在阴凉处放置一定时间，使竹材小单元材料能够自然吸收空气中水分，从而使其具有一定的韧性和延展性。

由于自然晾干法受到气候和场地的限制，因此目前常用人工烘干法。人工烘干法一般采用连续式隧道烘房（或多层往复式连续烘干线），要求其有一定的温度，并保持循环通风，通过控制传送竹材小单元材料的移动速度来控制干燥程度。一般将浸胶后的竹材小单元材料在30~45℃温度的通道内烘干3~5h，使其含水率达12%左右，同时也可使胶黏剂实现预干燥。

在胶合压制之前，经预干燥的竹丝、竹丝束等竹材小单元材料还应在常温下放置一定时间再进行时效处理。

(10) 选料组坯

根据竹重组材产品性能要求，对烘干的浸胶竹材小单元（竹丝、竹丝束、竹篾等）进行自检筛选和人工组坯。选料是去除不合格的竹材小单元材料；组坯是将烘干后的浸胶竹材小单元顺纤维方向称重、装模。

组坯方式直接影响到重组竹产品的密度均匀性、色泽符合性和纹理仿真性，其中，称重是保证重组竹产品密度的重要环节，应根据产品的密度来决定组坯材料的重量；装模是保证重组竹产品色泽和纹理的重要环节，应根据产品的色泽和纹理要求将竹材小单元材料全顺纹整齐排列并均匀铺装，或将色泽差异较大的竹材小单元材料混合定向排列并搭配铺装（如需生产"斑马纹"产品时）。

在片状竹篾装模时，会出现厚度方向相叠层积、宽度方向平铺的现象，所获得的重组竹在不同表面呈现出不同的纹理，材料不同方向的力学性能和干缩湿胀性也有所差异；而竹丝或竹丝束制成的重组竹，因竹丝断面小，仅几毫米见方，因此可以随机排列，获得的重组竹整体结构较前者均匀。

造成重组竹产品密度不均匀的原因主要有：竹丝、竹丝束、竹篾等竹材小单元材料虽然长度相同或相近，但其宽度、厚度有一定差异，客观上造成板坯难于达到均匀一致的密度；竹材本身从根部到梢部、从竹青到竹黄其密度均不相同，也会造成产品密度的不均匀，需在装模或铺装中相互搭配，才能将差异减小。

(11) 模压成型

根据竹重组材（重组竹）产品规格尺寸的不同，其模压成型有不同的方法。对于幅面大、厚度小（如厚度25mm以下）的重组竹板材，一般可采用普通人造板热压机进行热压成型；对于长度大、宽度小、厚度大（如厚度100mm及以上）的重组竹方材，常采用专门的重组竹冷模压机（也称竹丝板冷模压机）进行冷模压成型，然后再进行热固化处理。

如采用普通热压机压制重组竹板材时，装模

的板坯在热压机上进行热压固化时，热压温度为110～160℃，压力为10～100MPa，压力不宜太小，最好在50MPa以上，热压时间依板坯厚度决定，通常每毫米板厚的热压时间为50～70s，热压曲线可采用两段降压工艺。加热使竹材软化，并在高压下使竹材小单元密实，同时使酚醛树脂胶充分固化。

如采用专门冷模压机压制重组竹方材时，一般先将一定重量的竹丝或竹丝束装入冷模压机组坯槽，由组坯机自动送入冷模压机的成型模具内，通过冷模压机压头将竹丝或竹丝束板坯压入钢模内进行压制，其压力一般也在50MPa以上，当压制到所需要的尺寸参数后，用横销进行穿销锁模处理，卸压后再取出连同模具的方坯，并送入加热通道内进行干燥定型处理，直至胶黏剂达到固化为止，从而完成冷模压成型的保质循环，最后再陈放冷却和脱模堆放。重组竹型材的外形轮廓依模具而定，通常压制成方材，也可直接压制成一定断面形状的柱状型材。

（12）锯边或开料

模压成型和固化保质后的重组竹型材（板方材），应根据产品零部件规格、形状采用截断锯进行横向锯截或开料锯进行纵向开料成要求的规格尺寸，以便后续加工利用。

（13）砂光

用宽带砂光机，对一定规格尺寸（长×宽）板材表面进行磨削加工，以保证板材表面光洁，厚度均匀。

（14）检验分等、修补与包装

砂光后的板材应进行检验、分等和修补，然后再按等级包装入库。

6.2 竹重组材家具的制作工艺

6.2.1 制作工艺流程

竹重组材（重组竹）家具是指将竹材纵向疏解成通长且保持原有纤维排列的疏松网状竹丝束，并经施胶、组坯、成型模压而成一定规格的竹重组材，然后再通过家具机械的加工而成的一类家具。由于竹重组材是根据重组木制造工艺原理制成的高强度、高性能的型材或方材，具有密度高、强度大、变形小、刚性好、握钉力高、耐磨损等特点，并可进行锯截、刨削、镂铣、开榫、打眼、钻孔、砂光和表面装饰等加工，因此，利用竹重组材也可以制成各种类型和各种结构（固装式、拆装式、折叠式等）的竹重组材家具。

竹重组材家具的结构和制造工艺以及加工设备，与木质家具、竹集成材家具基本相似，而且由于竹重组材一般多为型材或方材，因此，目前竹重组材家具的常见结构、制造工艺和加工设备，基本上与实木框式家具相同，可参考《木质家具生产工艺学》教材中有关章节的内容。竹重组材家具的制作工艺流程为：竹重组材 → 配料（开料）→ 刨光或精截 →（胶拼或贴面装饰）→ 边部精裁或铣异型（铣边）→ 开榫或打眼或钻孔 → 型面加工（表面镂铣与雕刻铣型）→ 表面修整加工（精细砂光）→ 部件装配 → 部件加工与修整 → 涂饰 → 成品零部件质量检验 → 总装配 → 竹重组材家具 → 包装。

6.2.2 主要工艺技术

（1）配料（开料）

竹重组材家具零部件的主要原材料是竹重组材的各种型材或板方材。零部件的制作通常从配料开始，经过配料将竹重组材的型材或板方材锯切成一定尺寸（通常留有一定的加工余量）的毛料。配料就是按照产品零部件的尺寸、规格和质量要求，将板方材锯制成各种规格和形状毛料的加工过程。配料主要是在满足工艺加工和产品质量要求的基础上，使原料达到最合理、最充分地利用。因此，配料是家具生产的重要前道工序，直接影响产品质量、材料利用率、劳动生产率、产品成本和经济效益等。

为了保证竹重组材家具的装饰质量和效果，对各种竹重组材基材（又称素板）都应进行严格的挑选，必须根据零部件的用途和尺寸来合理选择基材的种类、材质、厚度和幅面规格等。配料包括横截与纵解等锯制加工工序，由于目前竹重组材的主要形式是型材或方材，因此，配料时主要采用横截圆锯、纵解圆锯、细木工带锯、推台式开料锯（又称精密开料锯、导向锯）等配料设备。锯解开料后的板材应堆放在干燥处。

（2）刨光或精截

经过配料，将竹重组材型材或板方材按零件的规格尺寸和技术要求锯成毛料，但有时毛料可能出现翘曲、扭曲等各种变形，再加上配料加工时都是使用粗基准，毛料的形状和尺寸总会有误差，表面粗糙不平。为了保证后续工序的加工质量，以获得准确的尺寸、形状和光洁的表面，必须先在毛料上加工出正确的基准面，作为后续规格尺寸加工时的精基准。因此，毛料的加工通常是从基准面加工开始的。毛料加工是指将配料后的毛料经基准面加工和相对面加工而成为合乎规格尺寸要求的净料的加工过程。主要是对毛料的4个表面进行加工和截去端头，切除预留的加工余量，使其变成具有符合要求而且尺寸和几何形状精确的净料。主要包括基准面加工、相对面加工、精截等。

平面和侧面的基准面可以采用铣削方式加工，常在平刨或铣床上完成；端面的基准面一般用推台圆锯机、悬臂式万能圆锯机或双头截断锯（双端锯）等横截锯加工。基准相对面的加工，也称为规格尺寸加工，一般可以在压刨、三面刨、四面刨、铣床、多片锯等设备上完成。

(3) 胶拼或贴面装饰

在竹重组材家具生产中，方材零件一般可以直接从整块竹重组材型材中锯解出来，这对于尺寸不太大的零件是可以满足质量要求的，但对于尺寸较大、幅面较宽的零件一般需要采用窄料、短料或小料胶拼（即方材胶合）工艺而制成，这样不仅能扩大零件幅面与断面尺寸，提高材料利用率，同时也能使零件的尺寸和形状稳定、减少变形开裂和保证产品质量，还能改善产品的强度和刚度等力学性能。另外，为了美化制品外观，改善使用性能，保护表面，提高强度，有些竹重组材家具所使用的零件需要采用薄竹（竹薄木、竹皮、竹单板）等饰面材料进行表面饰面或贴面处理。

(4) 边部精截或铣异型（铣边）

竹重组材板式零件经过方材胶拼或表面装饰贴面胶压后，在长度和宽度方向上还需要进行板边切削加工（齐边加工或尺寸精加工）以及边部铣型等加工。常采用精密开料锯或电子开料锯等进行精截加工。边部铣型或铣边通常是按照型边要求的线型，采用相应的成型铣刀或者借助于夹具、模具等辅助设备，在立式下轴铣床、立式上轴铣床（即镂铣机）、双端铣等各种铣床上加工等。

(5) 开榫或打眼（或钻孔）

为了便于零件间接合，有些竹重组材零件的加工，需要按照设计要求，对其进一步加工出各种接合用的榫头、榫眼、圆榫孔、连接件接合孔、榫槽和榫簧（企口）等，使之成为符合结构设计要求的零件。各种榫头可以利用开榫机或铣床加工；各种榫眼和圆孔可以采用各种钻床及上轴铣床（镂铣机）加工，对于符合"32mm"系列规定的圆孔，常用单排钻、三排钻和多排钻等进行钻孔加工；榫槽和榫簧（企口）一般可以用刨床、铣床、锯机和专用机床加工。

(6) 型面加工（表面镂铣与雕刻铣型）

零件表面上镂铣图案或雕刻线型也是竹重组材家具的重要装饰方法之一。各种型面或曲面或线型一般可在上轴铣床、多轴仿形铣床、镂铣机和数控加工中心（CNC）等设备上采用各种端铣刀头对零件表面进行浮雕或线雕加工。

(7) 表面修整加工（精细砂光）

为了提高竹重组材家具零部件表面装饰效果和改善表面加工质量，一般还需要对其进行表面修整与砂光处理，表面修整加工通常采用各种类型的砂光机进行砂光处理，以消除生产过程中产生的加工缺陷，除去零部件表面上各种不平度，减少尺寸偏差，降低粗糙度，使零部件形状尺寸正确、表面光洁，达到油漆涂饰与装饰表面的要求（细光或精光程度）。

(8) 部件装配与加工

竹重组材家具的部件装配是按照设计图样和技术文件规定的结构和工艺，使用手工工具或机械设备，将零件组装成部件。竹重组材家具的部件装配主要包括木框装配和箱框装配。

在小型企业单件或少量生产时，部件加工基本上都是手工进行的，在批量生产的情况下，部件的修整加工都可以在机床上进行，无论从生产率和加工精度方面考虑，机械化修整加工都比手工加工要好些。竹重组材家具的部件常以木框、板件或箱框的形式出现，它们在机床上修整加工的原则也和零件机械加工一样，也是从做出精基准面开始的，先加工出一个光洁的表面作为基准面，然后再精确地进行部件修整加工。

(9) 表面涂饰

竹重组材家具的零部件，与竹集成材家具、木质家具一样，还必须再进行表面涂饰处理，使其表面覆盖一层具有一定硬度、耐水、耐候等性能的漆膜保护层，并避免或减弱阳光、水分、大气、外力等的影响和化学物质、虫菌等的侵蚀，防止制品翘曲、变形、开裂、磨损等，以便延长其使用寿命；同时，能加强和渲染竹集成材纹理的天然质感，形成各种色彩和不同的光泽度，提高竹重组材家具的外观质量和装饰效果。

竹重组材家具零部件涂饰一般采用喷涂方法，漆膜大多为透明涂饰，按漆膜厚度可分为厚膜涂饰、中膜涂饰和薄膜涂饰（油饰）等，按其光泽高低可分为亮光涂饰、半亚光涂饰和亚光涂饰；按颜色不同还可分为本色、栗壳色、柚木色、胡桃木色和红木色等。

(10) 总装配

经过修整加工和表面涂饰后的零部件，在配套之后就可以按产品设计图样和技术要求，采用一定的接合方式，将各种零部件及配件进行总装配，组装成具有一定结构形式的完整制品。结构不同的各种竹重组材家具，其总装配过程的复杂程度和顺序也不相同。

总装配与涂饰的顺序视具体情况而言，它们总装配的先后顺序取决于产品的结构形式。非拆装式家具一般是先装配后涂饰；而拆装式家具则是先涂饰后装配。

(11) 包装

对于非拆装式竹重组材家具成品，一般采用整体包装；而对于拆装式竹重组材家具，常对零部件以拆装形式包装后发送至销售地点。后者适合于标准化和部件化的生产、储存、包装、运输、销售，占地面积小、搬运方便，是现代家具中广泛采用的加工方式。

6.3 竹重组材家具质量的主要影响因素

竹重组材家具的生产与木质家具、竹集成材家具生产相比，除了材料不同之外，其工艺基本类似。竹重组材家具生产中，除了家具木工机械加工影响因素之外，竹重组材模压成型胶合工艺是影响家具产品质量的主要因素之一。影响竹重组材胶合质量（即胶合强度）的因素很多，包括被胶合材料特性、胶黏剂特性和胶压工艺条件等，其中主要有以下几方面：

(1) 竹种及其密度

竹重组材所使用的竹种与竹集成材相比，竹材原料比较广泛，可选竹种多。但竹材的材种、密度、材质、性能以及是否炭化处理的不同，其胶合强度也不一样。在模压成型胶合时，应尽量采用同一竹种或材质相近的竹片为佳，避免采用堆密度和收缩率差别很大的不同竹材。

(2) 竹材小单元的形态

在竹重组材生产中，其组成的最小单元通常为竹篾、竹丝、竹丝束、竹纤维束等，它们可以通过多种方法制得。因此，应根据原料的特点和重组竹产品的质量要求来选择竹材小单元材料的具体形态。在竹条分片（开片）时，必须去除影响胶合质量的竹青、竹黄，并保证竹片有合适的厚度。竹片疏解（压丝）是重组竹生产中的重要工序之一，它是制造长条网状竹材小单元（竹丝、竹丝束）的必要过程，因此，必须严格执行竹片疏解的工艺技术要求。

作为重组竹最小单元材料的竹篾（通过劈篾方法劈制而成），其断面尺寸应为宽 0.8~2cm，厚 0.8~1.2mm，长度根据重组竹成品长度而定；作为重组竹最小单元材料的竹丝或竹丝束（采用辊压方法疏解碾压制成），其粗细应为几毫米左右，而且应是网状竹丝束，纵向不断裂、横向碎裂、松散而交错相连、不完全分开，并且保持竹材纤维排列方向，能自然铺展、不卷曲。

(3) 蒸煮或炭化处理的程度

对竹材小单元材料（如竹篾、竹丝、竹丝束等）进行蒸煮或炭化的目的是把竹材内的糖、淀粉、脂肪、蛋白质等分解并除掉，使蛀虫及霉菌失去营养来源；同时，通过加入不同的化学药剂也可以达到对竹材进行软化、调色、三防处理的效果。例如，蒸煮时加入碱液可使竹材软化；加入双氧水等漂白剂可使竹材漂白；加入防虫剂、防腐剂和防霉剂进行三防处理。但这些化学药剂对竹材的胶合有一定影响，因此蒸煮处理后应对其进行水洗，即在清水中浸渍后立即取出，去除表面药液和部分水解产物。另外，蒸煮或炭化处理的工艺条件（温度、时间、蒸汽压力）参数选择会影响到处理的程度和色泽的效果。

(4) 竹材小单元的含水率

经过蒸煮或炭化处理后的竹丝、竹丝束等竹材小单元材料，其含水率比较高，尤其是蒸煮处理后的竹丝、竹丝束，含水率超过80%，达到饱和状态，因此，需要进行干燥处理，使其含水率一般应控制在12%以下。这是因为，当竹材小单元材料含水率过高，会影响施胶量，形成缺胶，从而降低胶合强度，同时会延长胶层固化时间；反之，竹材含水率过低，表面极性物质减少，妨碍胶液湿润，影响胶液均匀，也会降低胶合强度。因此，只有当竹丝、竹丝束等达到干燥后的含水率要求(常为8%~10%)时,制成的重组竹成品才不易变形、开裂或脱胶。

(5) 胶黏剂的特性

胶黏剂性能包括固体含量、黏度、聚合度、极性和pH值等,其中胶黏剂的固体含量、黏度和pH值对胶合强度影响较大。

胶黏剂的固体含量(浓度)和黏度,不仅影响施胶量和施胶的均匀性,而且还影响胶合的工艺和产品的胶合质量。一般来说,用于冷压或要求生产周期短时,应选用固体含量和黏度大些的胶液;对强度要求不高的产品或材质致密的竹片,则可选固体含量和黏度较低的胶液。在胶黏剂中加入适量填料,既可增加黏度,也可降低成本。

胶液的活性期是指从胶液调制好到开始变质失去胶合作用的这段时间。活性期的长短决定了胶液使用时间的长短,也影响到施胶、组坯及胶压等工艺操作。一般来说,生产周期短的可选用活性期较短的胶;生产周期长的则应选用活性期较长的胶液。

胶液的固化速度是指在一定的固化条件(压力与温度)下,液态胶变成固态所需要的时间。胶液的固化速度会影响压机的生产率、设备的周转率、车间面积的利用率以及生产成本等。因而,在涂胶后的胶合过程中,要求胶液的固化速度快,除了增加一定温度外,常可在合成树脂胶液中添加固化剂(硬化剂)来使胶液的pH值降低而达到加速固化的目的。固化剂的加入量应根据不同的用途要求和气候条件而增减,在冷压或冬季低温使用时,固化剂的加入量应适当增多;在热压或夏季使用时,固化剂的加入量需稍微少些;在阴雨天则需要酌量增加固化剂加入量。

(6) 施胶方法与施胶量

由于竹篾、竹丝、竹丝束等竹材小单元材料不能像竹片一样使用辊胶的施胶方式,而是采用喷胶或浸胶的施胶方式。由于浸胶比喷胶均匀,施工操作也比较方便,因此生产中大多采用浸胶方法。但在采用浸胶法施胶时,竹材小单元材料系成捆的紧松程度、材料装入吊笼内的堆积量、浸胶时间的长短、凉置滴胶(淋干)时间的控制等,对浸胶后材料的含胶量、胶液均匀性、含水率等都有直接影响。

施胶量过大,胶层厚度大,胶层内聚力会减小并产生龟裂,胶合强度低;反之,施胶量过少,则不能形成连续均匀的胶层,也会出现缺胶现象而降低胶合强度,使胶合不牢。因此,应该在保证胶合强度的前提下尽量减少涂胶量;并尽量使胶黏剂在竹材小单元材料结合面间形成均匀、薄而连续的胶层。冷压胶合涂胶量应大于热压时的涂胶量。

(7) 二次干燥后的含水率

竹篾、竹丝、竹丝束等竹材小单元材料经过浸胶后,由于吸收了树脂胶黏剂水溶液,其水分含量较高,因此,还需要进行二次干燥(预干燥)。一是使其含水率达12%左右的工艺要求;同时也可使胶黏剂实现预干燥。因而,二次干燥的方法、设备的选择以及干燥条件(温度、时间、风速等)的控制等对材料最终含水率的控制、胶黏剂的预干程度等都有重要影响。

在胶合压制之前,经预干燥的竹丝、竹丝束等竹材小单元材料还应在常温下放置一定时间进行时效处理,使其达到质量要求后再进行选料、配色、组坯、装模。

(8) 组坯装模的方式

由于竹重组材的最小组成单元是浸胶后的竹篾、竹丝、竹丝束等,它们不像竹片那样有规则,而是细条状或网状的纤维束,因此,在胶合压制前,其不易组坯和装模,而且组坯或装模的方式会直接影响到竹重组材产品的密度均匀性、色泽符合性和纹理仿真性。为了保证重组竹的产品质量,组坯装模时,应根据重组竹产品性能要求,对烘干的浸胶竹材小单元材料进行合理的选料、称重、组坯、装模或铺装,尤其是称重和装模。

称重时,应根据重组竹产品的密度要求决定组坯材料的重量,以保证重组竹产品密度;装模时,应根据重组竹产品的色泽和纹理要求将竹材小单元材料全顺纹整齐排列并均匀铺装、或色泽差异较大的竹材小单元材料混合定向排列并搭配铺装,以保证重组竹产品的亮丽色泽和清晰纹理。

(9) 模压成型的工艺

在竹重组材模压成型过程中,影响胶合压制质量的主要工艺参数为压力、温度和时间。胶压过程中施加一定的压力能使胶合表面紧密接触,以便胶黏剂充分浸润,形成薄而均匀的胶层;胶合时间是指胶合板坯在加压状态下使胶层持续到固化所需的时间;提高胶层的温度,可以促进胶液中水分或溶剂的挥发以及树脂的聚合反应,加速胶层固化,缩短胶合时间。

由于竹重组材产品规格尺寸不同,其模压成

型方法也不一样，因此各种模压成型方法的胶合压力、温度和时间等主要工艺参数及其控制方法也有所不同。对于幅面大、厚度小的重组竹板材，一般采用普通人造板热压机通过其热压进行一次性热压成型和胶层固化，其胶合压力、温度、时间可通过热压曲线进行一次性控制。对于长度大、宽度小、厚度大的重组竹方材，常采用专门的冷模压机先进行冷模压成型，然后再进行热固化处理，其冷压时主要考虑的工艺参数是压力，而在加热通道中进行胶层固化的工艺参数主要是温度、时间以及如何维持压制时的胶合压力(通过板坯连同模具一起加热方式)等。

在普通人造板热压机或专门冷模压机进行竹重组材模压成型时，胶合压力的大小与胶黏剂的种类、性能、固体含量、黏度以及竹种、竹材小单元的类型、含水率、产品密度、组坯方式、加压温度等有关；胶合时间应视具体胶种、固化剂添加量、胶合温度、加热方式等因素而定；胶层固化温度应根据压机类型及加热与否、胶种、固化剂添加量、固化装置、加热方式等进行综合考虑。

经模压成型和胶层固化保质后的重组竹型材，最后必须经过陈放冷却和脱模堆放，一般应在室温条件下堆放 3~4 天以上，进行恒温定性处理，以使胶层进一步固化和消除内应力，然后才可以进行后续再加工。

复习思考题

1. 竹重组材家具与竹集成材家具的基材有何不同？其结构形式有哪些特点？
2. 竹重组材家具基材的生产工艺过程包括哪些主要内容？
3. 竹重组材家具的制作过程包括哪些主要内容？
4. 竹重组材家具质量的主要影响因素有哪些？

第7章 竹材弯曲胶合家具的生产工艺

【本章重点】
1. 竹材弯曲胶合家具的制作原理。
2. 竹材弯曲胶合家具的生产工艺及其特点。
3. 竹材弯曲胶合家具的生产设备。
4. 竹材弯曲胶合家具质量的主要影响因素。

7.1 竹材弯曲胶合工艺的特点

竹材弯曲胶合是在木质薄板弯曲胶合工艺技术(参见《木质家具制造工艺学》，吴智慧主编，第7章)的基础上发展起来的。它是将一叠涂过胶的竹片(竹单板)按要求配成一定厚度的板坯，然后放在特定的模具中加压弯曲、胶合成型而制成各种曲线形零部件的一系列加工过程，所以也称为竹片弯曲胶合。

竹片弯曲胶合工艺具有以下特点：

① 用竹片弯曲胶合的方法可以制成曲率半径小、形状复杂的零部件，并能节约竹材和提高竹材利用率。

② 竹片弯曲胶合件的形状可根据其使用功能和人体工效尺寸以及外观造型的需要，设计成多种多样弯曲件，使弯曲件造型美观多样、线条优美流畅，具有独特的艺术美。

③ 竹片弯曲胶合工艺过程比较简单，工时消耗少。

④ 竹片弯曲胶合成型部件，具有足够的强度，形状、尺寸稳定性好。

⑤ 用竹片弯曲胶合件可制成拆装式产品，便于生产、贮存、包装、运输和销售。

⑥ 竹片弯曲胶合工艺需要消耗大量的胶黏剂，竹片越薄、弯曲越方便、用胶量也越大。

竹片弯曲胶合零部件主要可用作椅凳、沙发的座面、靠背、腿、扶手，桌子的支架、腿、档，柜类的弯曲门板、旁板、曲形顶板等家具构件，以及建筑构件、文体用品等。

7.2 竹片弯曲胶合件生产工艺

竹材弯曲胶合家具的生产工艺与木质薄板弯曲胶合家具的生产工艺相似，其工艺过程主要包括：竹片准备、弯曲胶压成型、弯曲胶合件陈放、弯曲胶合件机加工等。

7.2.1 竹片准备

弯曲胶合前，先要根据制品设计要求的形状和尺寸来挑选和配制竹片。竹片应要求具有可弯曲性和可胶合性，能进行弯曲胶合，制成弯曲胶合件。

(1) 竹片选择与搭配

竹片选择应根据制品的使用场合、尺寸、形状等来确定。弯曲胶合件的表层与芯层，其可同为竹片，也可以不同。一般来说，芯层应选择竹片或竹单板以保证弯曲件强度和弹性的要求；而表层应选用装饰性好、竹纹美观的刨切或旋切薄竹(竹皮或竹单板)或其他装饰贴面材料。

(2) 竹片制作

可分为旋切、刨切和锯制三种加工方法。在采用前两种切削方法之前，材料需要进行蒸煮软化处理。加工成的竹片厚度应均匀一致、表面光洁。竹片的厚度根据零部件的形状、尺寸和弯曲半径与弯曲方向来确定；弯曲半径越小，则要求竹片厚度越薄，但竹片过薄，则层数增加、用胶量增大、成本提高。用于弯曲胶合的竹片厚度一般不大于5mm；通常制造弯曲胶合家具零部件时，刨切薄竹的厚度为0.3~1mm，旋切薄竹的厚度为1~2mm。弯曲胶合件的最小弯曲半径与竹片的竹种、材性、强度、形变、厚度、含水率等因素有关。一般来说，影响弯曲胶合件质量最主要的因素是弯曲凸面的拉伸爆裂和弯曲凹面的压缩爆裂。竹片尺寸加工，是在弯曲前将竹片加工成要求的长度、宽度和厚度。锯制竹片两面要用刨削锯加工或者在锯割后刨光，以保证胶合强度；旋切竹单板、刨切薄竹等可以直接使用，厚度上不需另行加工。竹片的宽度和长度都是根据弯曲部件尺寸来确定，并可采用拼接而成。为了提高生产率，通常板坯宽度可按倍数毛料先进行弯曲胶合成型，弯曲胶合后，再锯成几个部件，这样不仅便于弯曲，同时也可以提高压机生产率。

(3) 竹片干燥

竹片含水率与胶液黏度、胶压时间和胶合质量等有密切关系。其含水率一般控制在7%~9%，最大不能超过14%。竹片含水率高，塑性好，弯曲性能良好；但含水率过高，会降低胶黏剂黏度，在热压时胶液会被挤出造成欠胶接合，而且也会延长胶合时间，并由于板坯内的蒸汽压力过高而出现脱胶、鼓泡、变形或"放炮"现象；如果含水率过低，竹片会吸收更多的胶黏剂，也导致欠胶接合，而且塑性差、材质脆、易破损，加压弯曲时容易拉断或开裂。总之，竹片含水率关系到胶黏剂的湿润性以及与此相关的胶层的形成状态，含水率过高或过低都会影响弯曲胶合质量。为了提高塑性和便于弯曲，含水率过低的竹片在弯曲前可用热水拭擦其弯曲部位的拉伸面。采用预弯曲的方法可以改善弯曲性能，制造曲率半径小而厚度大的零件时，在弯曲前把竹片浸入热水中，预弯成要求的形状，干燥定型后，再涂胶和加压弯曲。

7.2.2 竹片弯曲胶合工艺

7.2.2.1 竹片弯曲胶合工艺

竹片弯曲胶合后制作弯曲件的工艺如图7-1所示。

(1) 竖拼弯曲胶合构件

竖拼弯曲胶合构件的制作工艺如下：选竹 → 锯截 → 开条 → 粗刨 → 蒸煮、软化、三防或炭化 → 捆扎 → 放入模具 → 弯曲 → 干燥定型 → 弯曲竹片涂胶 → 弦面胶合 → 弯曲竖拼板条 → 刨削 → 砂光 → 涂胶 → 径面胶合 → 刨光 → 锯边或开料 → 砂光 → 检验分等、修补包装。

竖拼弯曲胶合构件的制作工艺与竹质立芯板材的制作工艺大体相同，其主要不同点的工艺如下：

①蒸煮、软化：竹材组织致密，材质坚韧，其抗拉强度和抗弯强度很高，软化处理后的竹片易于弯曲定型。可采用高温(160℃)快速加热法、化学试剂润胀法以及叠捆微波加热法等几种软化方法，这些方法均能有效地软化竹片，使竹片易于实现弯曲成型。

②捆扎：将软化后的竹片弦面叠加而后用细铁丝捆扎成捆。

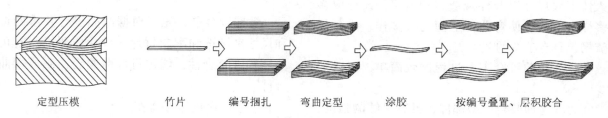

图7-1 竹片弯曲胶合构件的制作示意

③放入模具：将已成捆的竹片，在高湿热状态下放入模具中。

④弯曲：均匀缓慢加压，使已成捆的竹片与模具紧密贴合，之后将其与模具一起夹紧固定。模具的精度对弯曲成型质量的影响很大，加压时应保证各层竹片厚度一致，受力均匀平衡，避免整叠竹片捆坯扭曲或倾斜。竹片弯曲成型所需的压力通过控制竹片捆坯的压缩量的办法来确定，在不压溃竹片捆坯的同时保证竹片捆坯压缩量在12%~15%的前提下，压力范围为2.2~3.5MPa。

⑤干燥定型：由于弯曲的竹片存在弹性应力，需在保持压力的条件下进行干燥定型，将紧固的模具一起放入干燥箱内干燥，在达到预定干燥程度之前保持压紧状态。一般将已成捆的竹片同模具一起放入干燥箱内高温干燥（130~150℃）。在干燥过程中随着竹片干缩量的增加而及时地紧固模具以保证它们的紧密贴合，从而使竹片弯曲定型良好。干燥完毕，将竹片捆坯连同模具取出，待竹片捆坯完全冷却后松开模具。此外，也可采用急剧冷却方式定型，但后续干燥易产生一定量的回弹，定型后的形状不十分准确，可用于对弯曲形状要求不高的场合。考虑到弯曲的竹片捆坯（或竹集成材）的弹性恢复，在模具设计制造时可预先将曲率半径适量减小，待竹片弹性恢复后即达到设计要求的曲率半径。

⑥弯曲竹片涂胶：定型后取出弯曲的竹片捆，按层叠的顺序编号，以便层积胶合时按原序组坯，避免产生胶合缝隙。竹片涂胶时，单面施胶量为200g/m²左右。

⑦弦面胶合：将涂胶后的竹片要按弯曲时的叠加顺序弦面胶合组坯，再放入压机模具中加压，压力约为1.8MPa，热压温度为100~110℃，时间10~12min，以达到胶合固化，制成弯曲竖拼板条坯。

⑧径面胶合：弯曲竖拼板条坯经刨削、砂光后，在其胶合面上涂胶，进行胶合面上的径面胶合，达到所要求的宽度，而后采用加压胶合，制成一定规格尺寸的弯曲竹集成材家具构件的板坯。

(2) 横拼弯曲构件

横拼弯曲构件制作工艺与竖拼弯曲构件的制作工艺类似，其不同点主要如下：

①径面胶合：定型后取出弯曲的竹片捆坯，按层叠的顺序编号（如1层、2层、3层……），编号后竹片双面涂胶，属同一层的竹片径面胶合，达到所要求的宽度，然后热压胶合，制成横拼弯曲板坯。

②弦面胶合：横拼弯曲板坯经刨削、砂光后，在其弦面上涂胶，按竹片弯曲时的叠加顺序弦面胶合组坯，且避免层间的同缝结构，把组好的板坯再放入模具中加压，压力约为2.0MPa，可以采用热压或冷压胶合后，制成横拼弯曲板坯。

7.2.2.2 竹片弯曲胶合工艺

旋切竹单板（或刨切薄竹）弯曲胶合构件的制作工艺为：原竹→蒸煮→旋切竹单板（或刨切薄竹）→竹单板（或薄竹）干燥→竹单板（或薄竹）剪拼→涂胶→组坯陈化→加压弯曲胶合成型→陈化冷却→部件加工→装饰→装配→产品。

(1) 涂胶

采用脲醛树脂胶黏剂，其固含量60%~65%，黏度35~50s，施胶量控制在200g/m²左右。也可对脲醛胶进行改性或使用其他胶种，以增加或提高某些性能。

(2) 配坯

配坯就是根据弯曲胶合零部件形状与尺寸，合理配置竹单板（或薄竹）层数和方向。竹单板（或薄竹）层数一般根据其厚度、弯曲件厚度以及弯曲胶合时的压缩率来确定。用竹单板（或薄竹）时，各层单板纤维的配置方向与弯曲胶合零部件使用时的受力方向有关，一般有平行配置、交叉配置、混合配置等三种方法。配坯时，单板背面最好处于凸面方向，正面处于凹面位置，这样弯曲性能好。

(3) 陈化

陈化是指单板涂胶后到开始胶压时所放置的过程。陈化有利于板坯内含水率均匀、防止表层透胶。陈化有开放和闭合两种，通常采用组坯闭合陈化，竹片在涂胶后应陈化，陈化时间15~20min，其时间应比木质材料的陈化时间长一些，这是因为竹材的弦向或径向吸水速率较低。

(4) 弯曲胶合成型

弯曲胶合时需用压机和模具，以对板坯加压弯曲。随着现代胶黏剂的发展和加热方法的应用，多层竹单板（或薄竹）弯曲胶合工艺技术有了相当大的变化，加压方式由原来的简单模具发展到了多种成型压机，胶层固化由原来的冷压固化方法发展到了热压固化方法。弯曲胶合件形状不同，所用弯曲胶合设备也不同。制造时必须根据产品要求采用相应的模具、加压装置和加热方式，这是保证弯曲胶合零部件质量，提高劳动生产率和经济效益的关键。常用的加压弯曲胶合方式是用一对硬模加压，根据部件形状不同又有整体模具加压和分段模具加压之分，对于弯曲度大的和多面弯曲的部件，最好采用分段加压弯曲方法。采用金属模具时，内通蒸汽或热油加热；采用木（或竹）质模具时，一般用低压电或高频加热（图7-2）。木（或竹）质模具常采用厚胶合板、多层板或集成材、细木工板、竹集成材，竹材胶合板或竹材等制成，先加工成所需形状、钻孔，用螺栓组装紧固在一起，再校正加工弯曲成型表面，使凹凸模之间的间距均匀一致、表面平整光滑，最后在弯曲成型表面上包贴一层光滑的铝板或不锈钢板。

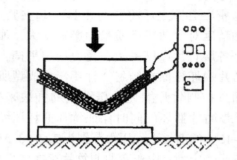

图7-2 高频加热弯曲胶合形式

硬模加压时，板坯表面上的单位压力为1～8MPa。压力大小与竹单板（或薄竹）厚度、部件形状和部件厚度等有关。弯曲部件凹入形状深度大，压力也要大一些，否则就会胶合不牢固。板坯端面厚度有变化时，所需压力要高于对厚度一致的弯曲部件施加的压力。形状较简单的弯曲胶合件所用的单位压力为1～2MPa；厚度有变化的弯曲胶合件所用的单位压力为2～4MPa；形状复杂、端面尺寸不等的弯曲胶合件需要较大的单位压力，为4～6MPa。

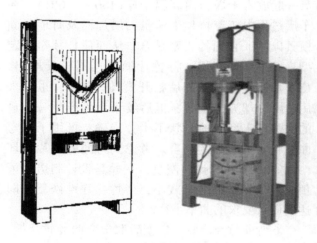

图7-3 单向单层成型压机

弯曲胶合所使用的压机有单向和多向两类，即加压方式有单向加压和多向加压两种。单向压机可以压制形状简单的弯曲胶合件（1～2个弯曲段），常分为单层压机（图7-3）和多层压机（图7-4）；多向压机有多个油缸，可以从上下、左右两侧加压或从更多方向加压，它配用分段组合模具，可以制造形状复杂的弯曲胶合件（2个以上弯曲段），一般有立式多向压机（图7-5）和卧式多向压机（图7-6、图7-7）两种。其他手工加压方式主要如图7-8、图7-9所示的螺旋夹紧器和图7-10所示的螺旋拉杆等加压弯曲胶合方式，涂胶单板组成板坯后，放置在模具之间，利用分散设置的螺旋夹紧器或螺旋拉杆对板坯施加压力而进行弯曲胶合，这些手工加压装置比较简单，待胶液充分固化后即可卸出所弯曲胶合的毛坯，但螺旋夹紧器或螺旋拉杆的拧紧程度必须一致，否则会造成各点的压力不均匀，厚度不一致。

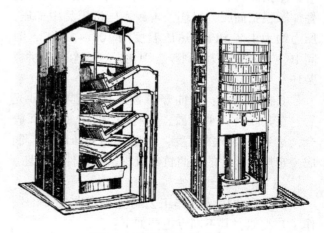

图7-4 单向多层成型压机

7.2 竹片弯曲胶合件生产工艺

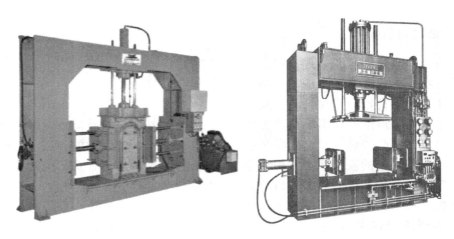

图 7-5　立式多向成型压机

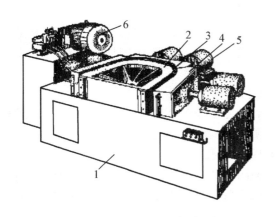

图 7-6　卧式多向 U 形成型压机
1. 机架　2. 内模　3. 弯曲件　4. 外模　5. 油缸　6. 液压站

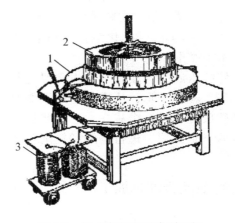

图 7-7　卧式多向环形成型压机
1. 外模　2. 内模　3. 降压变压器

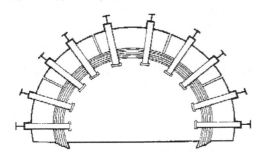

图 7-8　螺旋夹紧器加压弯曲胶合

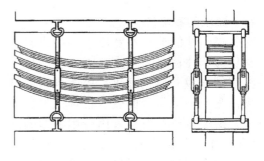

图 7-9　螺旋拉杆加压弯曲胶合

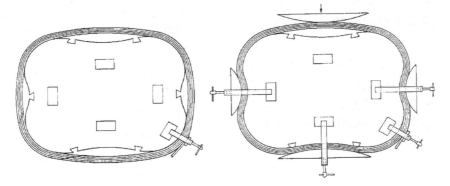

图 7-10　螺旋加紧器加压封闭型弯曲胶合

7.2.3 竹片弯曲胶合件陈放

由于竹片的弯曲和胶层的固化收缩,弯曲胶合件胶压成型后,在其内部存在各种应力,当弯曲胶合件从压机中卸出,开始会产生伸直,使弯曲角度和形状发生变化,但随着成型板坯水分的蒸发,含水率的降低,弯曲胶合件厚度会发生收缩,而使其形状恢复到原来的胶压状态,甚至会出现比要求的弯曲角度小的状况。例如冷压的带填块的扶手椅侧框,从模具上卸下来之后脚先向外侧张开,然后再逐渐向内收缩,经过4天后,形状才趋向稳定,但尺寸仍比原设计的稍大些;又如高频加热的弯曲胶合椅背,热压结束开启压模时,弯曲件即向凹面收缩,在脱模后最初5h内收缩变形量最大,3~4天后变化缓慢,到10天后,这种变形基本停止。

因此,为使胶压后的弯曲胶合件内部温度与应力进一步均匀,减少变形,从模具上卸下的弯曲胶合件,必须放置4~10个昼夜,使形状充分稳定后才能投入下道工序,进行锯解和铣削等加工。

7.2.4 竹片弯曲胶合件机加工

弯曲胶合件的后续机加工主要包括对成型坯件进行锯剖、截头、齐边、倒角、铣型、钻孔、砂磨、涂饰等,加工成尺寸、精度及表面粗糙度、装饰效果符合要求的零部件。

竹片弯曲胶合件的毛坯在宽度上一般都是倍数毛料,而且边部往往参差不齐,需要在胶压后按照规格将其剖分成一定的宽度,因受到弯曲件形状的约束,宽度加工是弯曲胶合件加工的重要工序。对于大批量生产,通常采用专用的弯曲坯件剖分锯(立式多锯片圆锯机),用气动系统将弯曲成型坯件吸附在锯架上,通过转动着的锯架把弯曲坯件锯剖成要求的规格宽度。在小批量的情况下,可以采用普通圆锯机或单轴铣床进行剖分加工。

弯曲胶合件长度加工可参照实木方材加工中弯曲件端部精截的方法。弯曲胶合件厚度加工主要采用相应的砂光机进行砂磨修整。弯曲胶合件的其他加工要求与实木方材弯曲件的机械加工相同。

7.3 竹片弯曲胶合质量的影响因素

弯曲胶合件的质量涉及多个方面,竹片的种类与含水率、胶黏剂的种类与特性、模具的式样与制作精度、加压方式、加热方法与工艺条件等都对其质量有重要的影响。

(1) 竹片含水率

竹片含水率是影响弯曲胶合坯件变形和质量的重要因素之一,含水率过低,胶合不牢、弯曲应力大、板坯发脆,易出废品;含水率过高,弯曲胶合后因水分蒸发会产生较大的内应力而引起变形。因此,竹片的含水率一般应控制在6%~12%为宜,同时,要选用固体含量高、水分少的胶液。

(2) 竹片厚度公差

竹片厚度公差会影响弯曲部件总的尺寸偏差。竹片厚度在1.5mm以上时,要求偏差不超过±0.1mm;厚度在1.5mm以下时,偏差应控制在±0.05mm以内。同时,竹片表面粗糙度要小,以免造成用胶量增加和胶压不紧,影响胶合强度和质量。

(3) 模具精度

压模精度式样和精度是影响弯曲胶合件形状和尺寸的重要因素,一对压模必须精密啮合,才能压制出胶合牢固、形状正确的弯曲胶合件。设计和制作的模具需满足以下要求:有准确的形状、尺寸和精度,模具啮合精度为±0.15mm。制作压模的材料要尺寸稳定,具有足够的刚性,能承受压机最大的工作压力,不易变形,使板坯各部分受力均匀、成品厚度均匀、表面光滑平整、分段组合模具的接缝处不产生凹凸压痕;加热均匀,能达到要求的温度;板坯装卸方便,加压时,板坯在模具中不产生位移或错动。竹模或木模最好采用层积材或厚胶合板制作。压模表面必须平整光洁,稍有缺损或操作中夹入杂物,都会在坯件表面留下压痕。

(4) 加压方式

对于形状简单的弯曲胶合件,一般采用单向加压;而对于形状复杂的弯曲件,则采用多向加压。加压弯曲必须有足够的压力,使板坯紧贴样模表面,并且竹片层间紧密接触,尤其是弯曲角度大、曲率半径小的坯件，压力稍有松弛，板坯就有伸直趋势，不能紧贴样模或各层竹片间接触不紧密，就会胶合不牢，造成废品。

（5）热压工艺

热压方法和工艺条件是影响竹片弯曲胶合质量的重要因素。在热压三要素（压力、温度、时间）中，压力必须足够，以保持板坯弯曲到指定的形状和厚度，保证各层单板的紧密结合；温度和时间直接影响到胶液的固化，太高的温度或过长的加热时间会炭化或降解竹材，使其力学性能下降，同时也会造成胶层变脆，同样，温度太低则会使胶液固化较慢，从而降低生产效率，同时容易造成胶液固化不充分、胶合强度不高、容易开胶等缺陷。

（6）弯曲胶合件陈放

竹片弯曲胶合成型以后，如果陈放时间不足，坯件的内部应力未达到均衡，会引起变形，甚至改变预期的弯曲角度，降低产品质量。陈放时间与弯曲胶合件厚度和陈放条件有关。

除了上述因素之外，在生产过程中，应经常检查竹片含水率、胶液黏度、涂胶量及胶压条件等，定期检测坯件的尺寸、形状及外观质量，并按标准测试各项强度指标，形成完备的质量保证体系。

复习思考题

1. 竹材弯曲胶合家具的制作原理是什么？
2. 竹材弯曲胶合家具与木质弯曲家具的生产工艺有何异同？
3. 竹材弯曲胶合家具的生产工艺包括哪些不足？其生产工艺有何特点？
4. 竹材弯曲胶合家具的弯曲成型设备有哪些种类？
5. 竹材弯曲胶合家具质量的主要影响因素有哪些？

第 8 章
竹家具的三防处理与表面装饰工艺

【本章重点】
1. 竹家具三防处理的目的。
2. 竹家具三防处理的方法与措施。
3. 竹家具表面装饰的目的。
4. 竹家具表面装饰的方法与工艺要求。

8.1 竹家具的三防处理

8.1.1 竹家具三防处理的必要性

发展竹家具或要进行"以竹代木"项目的实施，必须首先解决竹材"霉、腐、蛀"等问题，即防霉、防腐、防蛀的三防处理。竹材的组成和木材相似，组成竹材的主要成分有纤维素、半纤维素和木质素，含有蛋白质类、脂肪类和各种糖类以及少量灰分元素。竹材比一般木材含有较多的营养物质，其中蛋白质为1.5%～6.0%，糖类为2%左右，淀粉为2%～6.0%，脂肪和蜡质为2.0%～4.0%，这些有机物质是一些昆虫和微生物（真菌）的营养物质，如木腐菌的生长需要纤维素、半纤维素和木质素，淀粉、蛋白质和糖是霉菌和竹器囊虫赖以生长繁殖的营养成分。

因而在适当的温度、湿度条件下使用和保存，容易引起虫蛀和病腐。蛀食竹材的害虫有竹蠹虫、白蚁、竹蜂等，其中以竹蠹虫最为严重。竹材的腐烂与霉变主要由腐朽寄生所引起，在通气不良的湿热条件下，极易发生霉腐、虫蛀等现象，导致竹材劣化亏损，大量试验表明，未经处理的竹材耐老化性能(耐久性)也较差。

竹材的发霉程度和竹材中的还原糖含量多少有关，即还原糖含量低的竹材较少发霉，还原糖含量较高的竹材就容易发霉。因此，尽可能地破坏竹材中含有的这些养料，使霉菌和虫卵无法生存繁殖，就从根本上解决了竹材、竹家具生囊虫和发霉的难题。另外，根据霉菌仅生存于竹表的竹黄面，只要破坏了竹黄面的还原糖，就可防止霉菌的生长，所以，防霉要比防蛀容易解决。

由于竹材中含有大量的酸性糖类、蛋白质、脂肪类物质，即使使用防霉效果比较好的酚类化合物(如五氯酚)，其杀虫防霉能力也大为降低，而且容易导致竹材的发黑和变质。因此，在进行竹材的防霉处理时适当地使用一些药物，对竹材内表面容易长霉的物质进行变性处理，阻止这些成分的水解，使霉菌不易生长。同时，为了增强防霉作用，可添加一些杀真菌剂，"杀菌"与"阻止"双管齐下，达到理想的效果。

制作精美的竹制工艺品、日用品和竹制家具，若产生霉污、虫蛀就会妨碍使用，影响美观和销售。历年来竹制品的霉腐蛀常常给生产部门和销售部门造成严重的经济损失，影响了竹制品行业的发展。经研究、试验，对竹材霉腐类型有了以下初步认识：

①竹材霉、腐类型大致可分为四大类零星分布类、均匀分布类、菌丝覆盖类和生长子实体类，在上述分类的基础上，又可细分为分泌色素型与不分泌色素型、分泌浅色型、色深型等。

②导致竹材霉腐的菌类主要有曲霉属、腐霉属、木霉属、绿木霉属等菌类。

③竹材易发生霉腐的环境条件：当环境中相对湿度95%，温度在20~30℃之间时，霉菌非常活跃，繁殖力极强，极易造成竹材霉变、腐蚀的迅速发展。尤其在仓库中，通风条件差时，由于水汽不断从竹材中扩散与挥发，竹材表面相对温度会很高，尤其在紧密堆放的半加工竹材中，相对湿度接近饱和，这就为孢子萌发菌丝生长提供了有利条件，这种情况下及易产生均匀分布类霉变和菌丝覆盖类霉变。

8.1.2 竹材防蛀和防腐处理

(1) 竹材防蛀和防腐的方法

竹材防蛀和防腐主要有物理方法和化学方法。

1) 物理方法

主要有高温法、浸水法、烟熏法、气调法、远红外线法、微波法和射线法，这些方法的优点是无公害、无残毒。缺点是处理后的竹材或竹制品，若保管不当，有可能再度感染蛀虫和霉菌。另外，在春天砍伐的竹材易遭虫蛀、冬天砍伐的竹材难遭虫蛀，因此竹材砍伐应尽可能安排在冬季进行。而且砍伐后的竹材，应尽快运到生产现场投入使用，或采用防虫防蛀处理，减少虫蛀和霉变。

2) 化学方法

主要有涂布法、浸渍法、蒸煮法、熏蒸法和加压注入法。这些方法的优点是防蛀和防腐效果好，时间长，缺点是有些药剂有毒性，容易对制品和环境造成污染。而随着人们环保意识的增强，对竹材的防虫剂、防腐剂、防霉剂的环保要求和标准也越来越高，如欧洲已禁止使用CCA、PCP等防腐剂，而主要使用CCB、CCF和ACQ等防腐剂。

将来，生物防腐等高效、无毒或低毒的竹材防护技术将被推广。下面介绍几种无毒或低毒的竹材防虫防蛀的处理配方。

①硼砂+苯甲酸+亚硫酸氢钠(或硫代硫酸钠)配比依次为2:0.7:1，冷浸或沸煮竹材均可。

②硼酸+明矾+亚硫酸钠+苯甲酸，配比依次为2:2:2:0.5，沸煮竹材10min取出后可自行干燥。

③硼砂+硼酸+水，配比依次为2.4:3.6:100。常温下将硼酸和硼砂溶解于水，竹材或竹器半成品放置于溶液中浸泡24~48h，取出自然晾干即可。或者将溶液煮沸，再将竹材或竹器半成品放置于溶液中煮沸1~2h，取出自然晾干即可。

④明矾+水，配比依次为1.5:100。用此配成的溶液，将竹隔打通的竹子放置其中煮沸1~2h。此种方法实用于竹块装饰件的竹家具中。

⑤将竹编产品或半成品置于明矾饱和溶液中，浸渍1min，取出晾干，可防腐。

以上介绍的用于竹木家具防虫防蛀只是一部分，应根据具体情况而定。

(2) 竹材防虫防蛀处理应注意的问题

竹材和竹器的防腐处理各地的处理方法可能都不一样。所以，用于竹家具的防腐处理究竟用哪一种方法要根据其产品的具体情况而定，但一般要考虑以下几个方面：

①药效：进行竹家具的防虫防霉处理时，首先要考虑药效迅速，很快杀灭蛀虫和霉菌，但又要残留药效长，而使家具在处理后的较长时间内不受虫蛀霉伤。同时处理后是否影响产品质量也是需要十分注意的。酸、碱性的药液可能使产品色泽褪化，反复使用的药液颜色不断加深，则可能使产品染色。蒸煮和浸泡的时间是否对产品有影响等。这些都是防虫防蛀处理过程中要高度重视的，也是值得研究和推敲的。

②成本：药物价格的高低、药源充足与否、操作的简繁程度、附加设备的多少等，都对成本有影响。在保证防霉防蛀的前提下，应尽量降低成本。

③安全：现代人的消费观念有了很大变化，人们讲究环保，对人、对环境无害。因此，考虑防虫防蛀处理方法时要非常慎重，尽量选择无毒害的药液或是减少有毒性药液的使用，保证家具产品在生产、销售、使用和回收过程的安全健康。

(3) 竹材的三防综合措施

①保持环境的清洁：加工和贮藏环境及附近场地应避免竹材霉变垃圾存在，新产生的竹材垃

垃圾应及时掩埋、烧毁或作其他处理，以减少霉菌靠气流传播污染的机会。

②改善贮藏条件：半加工竹材和加工好的竹制品都应当贮放在通风干燥、空间较大的仓库中，最好装备有通风及去湿设备，使室内相对湿度低于75%。天气干燥时使用通风设施，天气潮湿时使用去湿机。同时半加工竹材和竹制品均应架空离地50cm左右堆放，防止堆积过密，以利通风干燥。新伐竹竿可竖立架于室外，尽量减少与地面的接触，改善通风效果。

③煮浴：对于体积较小的竹材及竹制品，可进行70℃以上温度煮浴处理。煮浴可以有效地减少竹材内有利于霉菌滋生的可溶性养分，并且能杀死潜在的霉菌和虫卵。

④漂白：煮浴会影响竹材颜色。对精细工艺品来说，漂白是必需的。漂白处理也有杀死潜伏霉菌的作用。可用10%的双氧水进行漂白处理，效果良好。

⑤干燥：竹材含水量对竹材本身抗霉性具有重要意义，故竹制品在经过煮浴、漂白或热浸等工序之后应立即烘干并进行炭化处理，以防空气中的霉菌孢子在湿润的竹材表面迅速定殖。

⑥防腐剂及油漆的使用：目前生产上比较有效的竹材防霉防腐剂大多具有一定的毒性或刺激性气味，应根据竹制品的种类及用途决定使用。竹制工艺品和一些耐用竹制家具在经过烘干等干燥处理后应及时油漆，以防竹材吸湿转潮，提高油漆附着效果和抗霉变性能。合格的油漆不仅使工艺品更加精美，而且有阻止霉变和虫蛀的保护作用。油漆还能隔离人的皮肤与经过防腐剂处理的竹材直接接触。油漆前竹材的干燥是必须的，漆层均匀，避免产生气孔，特别要注意断切面和孔洞（应事先腻平）的油漆质量。

8.1.3 竹材的防开裂与材性改良

(1) 竹材防开裂的方法

①加压法：竹材受到均匀压力，能消除内应力，从而克服开裂缺陷。将竹材放入高压容器中，在2~3个大气压下，温度为80~90℃处理4~6h，然后缓慢减压，取出晾干，高压容器中也可同时加入药剂进行防蛀防霉处理。

②高频电场法：将新伐的青竹（其细胞正处在可变化的时期）安放在平行板电极之间，外加高频电场，这时竹材受到高频电场作用而发热。由于感应加热产生的热量，使竹材的细胞质和液胞受热破坏，同时细胞膜收紧而压缩了细胞间隙，使它变得非常致密。又由于它组成内容物的变化，所以竹体内所有的纤维都成了密集体。在此基础上，将竹材再涂上聚氨酯系列的树脂漆，有一定的防开裂效果。

(2) 竹材的材性增强和改良

①蜡处理法：将呈自然干燥还留有一定水分的竹材，浸渍到温度为105~130℃之间的熔融的植物蜡或动物蜡的蜡槽中，时间为0.5~1h（视不同的原料而定），然后测试蜡槽的温度，到70℃左右将竹材从蜡液中取出，用布擦去粘附在生材表面的蜡液即可。此法特点是：处理温度不致使竹材组织受到损伤，仍能维持原有的强度；处理时间短，一般的竹材处理0.5h即可；由于渗透到竹材内部的蜡起了粘结维管束的作用，所以处理后的竹材强度增大；渗透到竹材内的蜡液变为固态，可防止外界的水分和湿气侵入而改善了竹材的尺寸稳定性；必要时，在熔融的蜡液中还可添加防虫和防霉制剂，或者染色剂，使竹材更为耐用，并赋予所需的特定色泽。

②硫黄及紫外线处理法：将竹材在温度150~160℃的熔融硫黄中完全浸没3h，然后从硫黄槽中取出，冷却后用紫外线照射5h，再擦去析出在竹材表面的硫黄，即得改性的竹材。因有约5%的硫黄完全渗入到竹材的纵向维管束中，竹材的机械强度和防腐性能都有提高（效果见表8-1），而且外观呈米黄色（类似"熏竹"），并具有良好的光泽。

表8-1 硫黄及紫外线处理竹材效果

测定项目	未处理过的干燥竹材（含水率15%）		改性后竹材	
	初期	4周后	初期	4周后
抗弯强度/（kg/cm²）	1390	265	2450	2380
防霉性能	—	发霉	—	没有发霉
颜色	—	发黑	—	没有变化

③树脂处理法：将打通竹隔的竹材置于处理罐中，通入60℃热空气，加热2h，以降低含水率，再在常温下进行减压脱气，将压力减到10mmHg，保持30min，进而在25℃温度下在处理罐可注入树脂或单体，放置60min，而后排出多余的树脂或单体，最后向处理罐注入80℃的热空气，并保持2h，使其聚合或固化。经树脂增强的竹材在自然条件下不会开裂，耐用性显著提高，抗弯强度也增强，不会被土壤中的生物、特别是海水的虫类所侵蚀。

8.2 竹家具的表面装饰工艺

8.2.1 竹家具表面装饰的作用

装饰是为了美化，竹家具装饰的目的是在于保护和美化，家具的风格有时也是通过家具装饰而获得，竹家具的开发可朝着工艺式家具的方向发展，因此装饰对于竹家具来是非常关键的，通过特定的装饰，体现家具某种艺术风格和艺术特色。装饰的另一个主要功能是为了保护，为了避免或减少竹家具受阳光、水分、外力、化学物质和虫菌的侵害，防止翘曲、变形、开裂、磨损等，在竹家具表面覆盖一层具有一定硬度、耐水、耐候等性能的材料，也赋予竹家具一定的色质、光泽和图案纹样等，从而使其形、色、质更加完美，给人以美的感受和精神愉悦。

8.2.2 竹家具表面装饰技法

竹家具表面装饰可多种多样，基本上可分清漆涂饰、染色和着色、烤花、雕刻等。同其他制品一样，竹家具可以在装配成制品后进行，也可以在装配制品前先对零部件进行装饰，而后再进行装配。

(1) 清漆涂饰

涂料装饰是将涂料涂布于家具表面形成一层坚韧的保护膜的装饰方法，有透明涂饰和不透明涂饰。透明涂饰是用透明涂料涂饰于竹材表面，透明涂饰不仅可以保留竹材天然的纹理与色彩，而且通过透明涂饰的特殊工艺处理，使纹理更清晰、竹质感更强、颜色更加鲜艳悦目，透明涂饰多用于名贵竹材和竹材纹理优美的家具。竹家具多为清漆涂饰。其涂饰方法和木质家具没有多大区别，这里就不赘述。

(2) 雕刻装饰

雕刻装饰应用在仿古家具的装饰上，竹家具可通过不同雕刻方法（线雕、平雕、浮雕、圆雕、透雕等）而创造不同艺术效果的家具装饰，多用于床屏、椅子靠背、扶手端部和柜子的顶饰等家具部件上。一般的雕刻装饰多为手工进行，但随着现代高新技术的发展，雕刻也可在 CNC 机床或雕刻中心完成。而竹家具中的装饰品玻璃也可通过线雕、平雕等雕刻方法获得很好图案装饰，充满山野趣味的树根、树桩家具，也常常通过雕刻的方法而形成更具有艺术魅力的乡村家具。总之，雕刻装饰是竹家具一种常见的装饰方法。雕刻工艺手法可分面雕刻和立体雕刻两大类。面雕刻是竹刻的主要形式，又分为阴刻和阳刻两个类别。而阴刻有线刻和深刻之分，阳刻有浮雕、透雕、留青和圆雕之分，如图8-1～图8-4所示。

图 8-1　竹刻山水图

图 8-2　竹浮雕民居

图8-3 镂空竹雕

图8-4 圆雕

①线雕：直接用雕刻刀在竹面或竹材表面上留下的刻痕线而组成的图案。这种手法能表现出书画的笔墨情趣，以刀代笔，以竹面为纸，表现出多种多样的画面：山水花卉、古今人物、书画图案等。线刻是一种纯以刻划为主的竹刻艺术，它讲究运刀，流畅之线条，运刀匀而挺，给人以轻松感；凝重之线条，运刀则钝而深。这种雕刻方法适用于表现书画艺术品。线刻有深有浅，固有深刻法和浅刻法之分。

②浮雕：比线雕更进一步，在竹面上刻出半立体的形象。线刻属刻，而浮雕既有刻又有雕，它用刀凿刻成多种层次，以显示其形象。根据刻划的深浅程度，可分为浅浮雕和高浮雕两种。浅浮雕层次少而高浮雕层次多，所雕的形象也趋于圆浑。

③透雕：是一种结合浮雕对竹材进行镂空的雕刻形式。它给人以别致玲珑感，显得空灵而精巧。

④留青：是竹刻难度最大的一种。它是利用竹子表面的竹青雕刻出的艺术形象将所需要的竹青部分留住，把不需要的竹青凿去，以露出的竹黄基层作为画面的底色。因雕出的竹青留住，故称留青也叫皮雕。留青的竹料经过特殊的工艺处理，竹青已变成淡米黄色，洁净光滑，近似象牙，其下层的竹肌又变成淡褐色，使两者形成暖调之间的和谐，并有深浅对比。

⑤圆雕：为立体造型雕刻，一般为雕出整个物体的立体形象。竹材圆雕，通常只适用于壁厚节密的竹根。在雕刻时要根据竹根的形状而施展雕刻技艺，它只表现个体，难于表现场景，以精致见长，能充分表现出物象的精神面貌，也能体现竹根的特性。

(3) 镶嵌装饰

镶嵌是先将不同的竹块、竹条、兽骨、金属、象牙、玉、石、螺钿等，组成平滑的花草、山水、树木、人物及各种自然界题材的图案花纹。而后再镶嵌到已铣好的花纹槽(沟)的家具部件的表面上去。传统家具上通常用嵌竹装饰，嵌竹方法有雕入嵌竹、锯入嵌竹和贴附嵌竹。由于铣床、钻床、数控铣床等在家具木工机械的普遍使用，嵌木装饰现在进一步发展为铣入嵌竹装饰。这种装饰方法可广泛地运用到现代中式家具装饰中，如床屏、椅子靠背、柜子的顶饰、坐面，几面和屏面等部位。这种装饰方法是链接不同装饰文化的有效途径，可把中国家具文化和中国陶瓷文化及中国的绘画文化等有机地结合在一起，从而塑造出具有典型的富有中国文化的家具。竹家具中，是把经过处理后的竹片、竹块、竹条等作为装饰构件再镶嵌到已铣好的花纹槽(沟)的家具部件表面而形成的装饰家具。

(4) 烙花装饰

当竹材被加热到150℃以上时，在炭化以前，随着加热温度的不同，在竹材表面可以产生不同深浅的棕色，烙花就是根据这一原理和方法获得的装饰效果。根据使用工具的不同，烙花可分为笔烙、模烙、漏烙、焰烙、酸蚀等，不同的烙花方法形成不同的装饰效果，纹样或淡雅古朴、或古色古香、或清新自由，多运用在柜类家具的门、抽屉面、桌面等的装饰。而竹材家具也通常采用这种方法获得很好的装饰，竹家具归属于民族家具的范畴，竹家具、竹藤家具也是现代中式家具的一部分。用烙花、酸蚀、烤花等工艺可使竹家具价值倍增。烤花，将原来无斑竹的竹竿表面烤出浓淡、大小、疏密不同的斑纹。首先是洒泥浆，将要烤花的竹竿在平地上排列整齐，用洒泥帚从泥盆中蘸取适量的泥浆疏密有致而又均匀地洒在排列好的竹竿表面，待竹竿一面洒好后，再翻转180°接着洒好另一面。然后是烤花，点燃汽油喷灯，调整好火焰，对准竹竿一道道烘烤，做到不漏火不滞火，并注意掌握好火候。由于竹表面被厚泥覆盖的地方受热有限，基本保持竹竿原色，而有覆盖的薄泥处因受到较强的烘烤，被烤出较淡的斑纹，至于无泥浆处，则被烤出较浓的斑纹，最后将竹竿表面的泥浆擦洗干净，就烙制出花竹。

(5) 染色装饰

竹材染色的基本原理主要是利用扩散和吸附作用让染料进入竹制品材料之细胞壁，使其主要组织成分纤维素变色。竹制品染成各种不同的颜色以后，可以使竹制品变得更加绚丽多彩，使生产出来的竹产品更具有艺术价值和欣赏价值。竹材的染色工艺可大致分为两种类型：一种是颜料染色法，颜料是一种不溶于水或油的白色或其他有色的粉状物质，但可扩散在溶液中，成为浑浊液呈不透明状，对竹纤维无亲和力，但使竹表面实现机械附着在染色的过程中不发生化学反应，所以又称物理染色法；另一种是染料染色法，染料的颜色鲜艳，可溶于水、乙醇、丙酮及其他有机溶剂等介质，能使被染物品全部着色。这种方法的基本原理是利用化学药品扩散或吸附到竹材的细胞壁中，使竹材的主要组成成分的纤维发生颜色的改变。这个过程伴随着化学反应，所以又称化学染色法。

竹材染色的目的通过竹材染色增加产品的品种、花样，提高产品的附加值；同时也可起到防虫防蛀和防潮的作用。传统的染色方法在竹家具中仍可以用。但竹材纤维致密，用普通染料难以实现均匀而牢固的染色，采用氧化颜料和亲水性有机溶剂，或者采用表面活性剂进行染色就可使染色均匀、牢固，并避免使用化学试剂，安全可靠。竹家具染色工艺根据家具造型不同而不同，可以是产品染色，也可以是部件染色，还可以是构件染色；竹质材料部分的染色如要制作有民族品味的产品，在制篾条时就该染色。竹家具染色可以是人工染色或者是机械染色。

(6) 着色装饰

竹家具由于竹材的特殊性，竹材着色处理会使产品更有艺术魅力和艺术气质。竹材着色有热油着色、不燃气体加压加温着色、炭化着色和酸处理着色法等。

① 热油着色：将干燥的竹材放到200℃的热油中，取出后的竹材呈带光泽的紫红色泽。而且加工性能良好，可用做工艺品材料，或者是竹制品的设计坯料。

② 不燃气体加压加温着色：先将竹材放入压力容器中，抽出容器内的空气，注入氩、氦等惰性气体，或者是二氧化硫、氮和二氧化碳等不燃性的气体中的任何一种气体，也可以是混合的两种以上的不燃气体，使压力容器内这些气体占90%以上。然后，将压力容器加热到100~150℃。与此同时，对容器施加一定的压力，保持30min以上，便可制成内外均为紫红色且表面有光泽的竹材。

③ 炭化着色：指将要处理的竹材浸渍在聚乙二醇（分子量为1500）液体中，再加热使竹材呈现褐红色的一种方法。这种方法操作简单，可使竹材的氧化或劣化等不利因素降到最少程度，而且使竹材从表面到芯部均匀着色，保持良好的加工性能，为制作价值更高的艺术品提供方便。加热温度和时间直接影响到炭化着色程度。加热温度取60~200℃范围内，这个温度范围不会引起竹纤维因受热而分解；加热时间应视所需要的炭化着色程度和使用目的，以及竹材在处理槽中入浸等情况而作适当的增减。这种处理不影响竹材的机械加工性能，保存容易，也无毒性，也能保持长时间的处理效果。

④ 酸处理着色：使用强酸对竹制品进行化学处理，可以使竹制品呈现古铜色。这种处理方法属于化学染色的范畴。经过这种着色处理的竹篾、竹粒制成的产品，古色古香，特有民族风味。取清水100kg，硫酸（H_2SO_4）或硝酸（HNO_3）1kg，在耐酸容器中配成溶液，将竹篾或竹粒等竹制品浸没于酸液中10~15min捞出，然后置入饱和石灰水溶液中进行中和处理30~40min，取出后用清水冲洗，晾干后即可使用。制品颜色深浅的控制，可以通过调整酸液的浓度和制品在酸液中浸泡的时间来实现。

(7) 竹材保青装饰

通过不同处理方法使竹材表面的绿色保持，即为竹材保青。

① 硫酸铜、合成树脂保青法：砍伐后的竹材一旦叶绿素被破坏，竹秆表面的绿色就很快消褪。叶绿素破坏的原因是由于其分子中的镁离子氧化，从而失去了与其他原子结合的能力。如果用铜离

子那样的金属离子(如铜叶绿素)来代替这种镁离子,使其不受氧化的影响,竹材表面的绿色就会保持。据此原理,可将用经表面活性剂处理的竹材在0.5%的硫酸铜溶液中减压浸渍2~3h,再常压浸渍12h,干燥后再将竹材在加有少量引发剂的合成树脂单体(分子量500~1000)中减压浸渍1h,再常压浸渍4h,取出后在40~50℃下放置12h,使单体完全聚合。该法处理的竹材不仅保持了新伐竹的绿色表面,而且在风吹雨打的不良环境中也经久耐用,不会褪色。

②药剂、微波保青法:用保力定K-133、环烷酸铜、硫酸铜等药剂结合强微波(时间3min)对竹材进行保青处理,竹材的绿色坚牢度及耐久性、耐候性均有较大提高。用保青的竹材开发的不管是竹家具还是用此竹块装饰的家具都会受到人们的欢迎,给人耳目一新的视觉感受。

复习思考题

1. 为何要进行竹家具的三防处理?
2. 如何做好竹家具的三防处理?竹家具的三防处理有哪些方法与措施?
3. 竹家具表面装饰的目的是什么?常有哪些装饰方法?
4. 简述竹家具表面装饰的工艺要求及其异同之处。

第2篇 藤家具

第 9 章
藤家具概述

【本章重点】
1. 藤家具的含义及分类。
2. 藤家具的发展概况。

9.1 藤家具的含义及分类

9.1.1 藤家具的含义

藤家具是指以藤材为主要基材加工而成的家具。棕榈藤是制作藤家具的主要原料，为了提升藤材的造型艺术感染力，保证加工工艺可行性，满足结构合理性的要求，在制作过程中还可以辅之柳条、芦苇、灯心草、稻草等其他攀缘植物的秆茎，以及竹、木质材料、金属、玻璃、塑料、皮革、棉麻等。藤家具的艺术风格简称藤艺风格，具有藤艺风格并用藤艺加工的家具，与藤家具一起统称为藤艺家具。为了保证藤资源的可持续利用，常利用塑料、树脂等合成具有藤材外观特征的复合材料（如 PVC、PE 塑料）代替天然的藤原料来加工和生产藤艺家具，简称"塑料藤家具"或"仿藤家具"。

9.1.2 藤家具的分类

据有关史书记载，藤家具很早就有应用，经过长期的发展和演变，目前藤家具可以说是五彩缤纷，琳琅满目，尤其是近年来的发展，更是神速，从过去单一的产品结构发展为品类齐全，从过去单一的材料类型发展为各种综合的材料组合，更有许多神似藤材（如塑料仿藤材料）的藤艺风格家具，形成了种类繁多的藤家具，藤家具的内涵和外延已发生很大变化，藤家具在国际上的产品贸易量迅猛提高。藤家具可以按其功能、品种、结构、特点、使用场所、造型风格、藤材种类、藤材材料结构等分类，其种类繁多，如图 9-1～图 9-23 所示。

藤家具按藤材材料结构可以分为以下几类：

(1) 藤皮家具

藤皮家具是指外表以藤皮为主要原料加工而成的家具，家具的骨架是藤条。这类家具，表面质地光滑，或虚面、或实面，图案感强，如图 9-24 所示。

(2) 藤芯家具

藤芯家具是指外表以藤芯为主要原料加工而成的家具。这类家具，是现代精工细做的典范。家具肌理粗糙，整体感觉厚重，形象饱满充实，富有视觉张力，如图 9-25 所示。

(3) 原藤条家具

原藤条家具是指藤材外表不需特殊处理，用原藤条直接加工而成的家具。这类家具田园气息浓厚，朴实无华，随着岁月的流失，家具色泽会经历从浅到深的变化，如图9-26所示。

（4）磨皮藤条家具

磨皮藤条家具是指用磨去了藤条表层的蜡质层后的磨皮藤条加工而成的家具。这类家具便于涂饰，色彩丰富，家具显得更加美观，如图9-27所示。

（5）多种综合材料结构家具

一般意义上，藤家具就是以藤材为主要原料加工而成的家具。竹、木、金属、玻璃、塑料等材料与藤材相结合，一方面可以保证藤资源的可持续利用；另一方面利用藤材柔韧的特点，制作曲率较大的装饰性构件，营造刚柔相济的艺术效果，同时比起全藤家具质量也有所提高，因而，多种综合结构家具为藤家具的发展提供了广阔的空间，市场前景十分看好。

藤—竹家具，以藤条或竹竿为骨架，藤篾或竹篾为编织材料，藤皮为包扎材料加工而成的家具，如图9-28所示。由于竹材资源丰富，来源较广，是值得提倡发展的一类家具。

藤—木家具，以木质材料为家具的主体，利用藤材的韧性加工装饰性部件及弯曲性构件。这类家具不但具有实木家具的艺术性，又具有藤家具的亲切感，如图9-29所示。

藤—钢家具，以金属材料，如钢筋、钢管作为骨架材料，藤芯或藤皮作为编织材料加工而成的藤家具。这类家具极其轻巧，有很强的艺术感染力，产量较大，如图9-30所示。

藤—玻璃家具，藤材形成家具的主体，玻璃作为家具的功能装饰构件，简称藤玻家具，如图9-31所示。

（6）塑料藤家具

以金属、木质、塑料等材料为框架，采用PE、PVC等塑料仿藤条作为编织材料加工而成的仿藤家具。其外观和风格形似天然藤家具，故简称为"塑料藤家具"或"仿藤家具"，多应用于户外和半室外场所（图9-32）。

我国藤家具是以棕榈藤家具为主，青藤家具是重要的补充，都是具有环保性能的绿色家具。藤家具产品的主要类型是椅凳类、沙发类、茶几类及装饰类的几架类，还有其他类的，但相对生产数量很少。用于家庭客厅、茶室、咖啡厅及宾馆这些场所的家具居多。主要的家具产品是以藤芯类居多，家具饱满充实，富有视觉张力，坐感软硬适宜，家具融光滑与粗糙为一体，触感亲切，色彩以本色、白色、樱桃红及咖啡色为多，或典雅、或朴实、或深沉，营造出浓浓的浪漫情怀；藤条类的家具也占有一定分量，以它们特有的婉转悠扬和洒脱，实用和功能的完美结合，体现出"以人为本"的个性特征。在藤家具以现代简洁明快风格为主的情况下，吸收古典实木家具（国外、国内）之神韵的传统风格藤家具以其华贵和典雅特点显示出极大的市场竞争力，价位较高。在家具结构上，不可拆装式的藤家具占绝大多数，个别是折叠式或套叠式的藤家具。藤材与木材、竹材、玻璃、钢材等材料相结合的家具给人以耳目一新的感觉，具有鲜活的感染力，市场前景看好。适用于户外的塑料藤艺家具价格较低，实用美观，也有一定的生存空间。总之，藤家具显示出多元化、个性化的特点。

蛋壳椅

圈椅

矮座椅

双人藤床

图9-1　支撑类家具

茶几

写字桌

抽屉柜

电视柜

图 9-2　凭倚类家具　　　　　图 9-3　贮存类家具　　图 9-4　能量类家具

花几

屏风

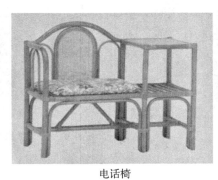
电话椅

电话椅

图 9-5　装饰类家具　　　　　　　图 9-6　多功能家具

靠背椅

扶手椅

圈椅

躺椅

摇椅

凳

墩

沙发

图 9-7　椅凳墩类家具

餐桌　　　　　傣式餐桌　　　　　茶几　　　　　矮几

图 9-8　桌案台类家具

花几　　　衣架　　　装饰架　　　　鞋架　　　　书刊架　　　杂物架

图 9-9　几架类家具

衣柜（抽屉）　　　床头柜　　　　抽屉柜　　　　小橱柜

图 9-10　柜橱类家具

全藤床　　　　　　全藤床　　　　　　藤木床

图 9-11　床榻类家具

摇篮椅　　　灯具　　　镜框　　　小餐车　　　小提篮　　　工艺品(花篮)

图 9-12　其他类家具

图 9-13　折叠式家具(折叠椅)　　　图 9-14　套叠式家具(套叠茶几)　　　图 9-15　民用家具(客厅家具)

茶室家具　　　吧凳

图 9-16　休闲娱乐场所家具

图 9-17　宾馆家具(酒店餐桌椅)　　　图 9-18　庭院园林家具(休闲桌椅)

图 9-19　传统式家具（沙发椅）

图 9-20　现代式家具（休闲桌椅）

图 9-21　田园式家具（傣式藤桌）

图 9-22　别致典雅式家具（藤沙发及茶几）

图 9-23　花藤家具（几架柜家具）

图 9-24　藤皮家具

图 9-25　藤芯家具

图 9-26　原藤条家具

图 9-27　磨皮藤条家具

图 9-28　藤竹家具（藤凳）

图 9-29　藤木家具（文椅）

图 9-30　藤钢家具

图 9-31　藤玻家具

图 9-32　户外塑料藤家具

9.2 藤家具的发展概况

9.2.1 藤材利用概述

9.2.1.1 世界藤材利用历史

人类将藤材包括与藤相关的芦苇、稻草、灯心草、棕榈类植物用于生存和生活器具如篮子、凳子、拐杖有几千年的历史了。一个用灯心草编织的苏美人的凳子出现在公元前2600年。尽管藤材主要产于东南亚，但藤材通过各种途径很早就传到了世界其他国家，较早传到了印度。在印度，藤条具有神圣的意义，在文艺复兴时期传到了欧洲部分国家，在路易十三和路易十四统治时期传到了法国。

罗马人用柳树枝生产篮子和椅子，中国人用藤生产家具。在近代，从18世纪早期，藤家具在美国和欧洲已相当兴盛。然而，到了19世纪50年代，高度创新性的设计才引入到藤家具中，考虑藤材独特的加工特性采用新形式、新结构。图9-33～图9-40为早期的藤家具。

9.2.1.2 中国藤材利用历史

我国对藤的开发与利用有悠久的历史。据前人报道，汉代以前，高足家具还没有出现，人们坐卧用家具多为席、榻，其中就有藤编织而成的席，藤席和竹席总称簟，是当时较高级的一种席。《杨妃外传》《鸡林志》《事物纪原补》等古籍中，都有对藤席的记载。藤席是比较简单的一种藤家具。自汉代以后，由于生产力的发展，制藤工艺水平的提高，我国的藤家具品种日益增多，藤椅、藤床、藤箱、藤屏风、藤器皿和藤工艺品相继出现。中国古籍《隋书》出现以藤为供物，明朝正德年间编撰的《正德琼台志》及随后的《崖州志》记述了棕榈藤的分布和利用。福建泉州博物馆明朝郑和下西洋的沉船上保存着藤家具，这些都证实当时中国的藤家具发展水平。在现存精美的明清家具中，也有座椅是藤编座面。

据前人研究，中国古代家具发展到明代，竹家具和藤家具在近现代的中西文化交流中，这两类家具曾起非常重要的作用，欧美许多著名博物馆至今仍完好如初地收藏着中国竹藤家具的许多优秀实例，这两种家具的发展历史并不比漆家具和硬木家具短，它们在设计制作工艺方面取得的成就更是不容忽视，尤其是在设计方面，藤家具的许多原则被成功运用到木制家具中，而且在西方现代家具发展中，竹藤家具给现代设计师、建筑师们带来的启发不胜枚举，许多优秀的现代家具设计作品更是直接仿制中国竹家具和藤家具的某些实例。图9-41所示为一明代画（"猫狗游戏图"）中的藤桌，这种家具在今天的傣族地区仍广泛利用。图9-42所示为中国南方的"沙漏椅"，据介绍，这种式样的藤椅在1850—1930年间大量出口至美国，启发了美国藤编家具工业的发展。图9-43所示为中国南方及东南亚一带广为流行的一种藤编椅，这种藤椅引起西方设计师的极大兴趣并广为效仿创新。图9-43所示为近代中国领袖人物所使用的藤椅。

据清光绪年间出版的《永昌府志》和《腾越厅志》记载，滇西腾冲等地对棕榈藤的利用可追溯至唐代，迄今已有1500年的历史；在滇南，据清《元江府志》和民国《续新编云南通志》记载，棕榈藤的利用开始于清朝初期，迄今也已有400多年的历史。20世纪40年代，云南的藤器远销东南亚和欧洲德国等国家。在云南藤器中，腾冲藤器的声誉是最高的。藤编被誉为腾冲三佳。腾冲的藤器曾被人民大会堂收藏。

如今，在主要的产藤地点，藤家具已成为家家户户常用的生活用品，藤家具业的发展也很兴盛。在海南地区，可以看到各家各户的摆设品都离不开藤器，人们习惯于藤条、竹片、竹篾、树皮等做成的橱、柜、几、案、架、椅、凳、桌和床。藤家具朴实无华令人钟情于自然之美。在云南西双版纳或腾冲、瑞丽等地，无论是傣族、哈尼族还是布朗族，在他们的住所里有一两件古旧藤家具已也是非常平常，藤家具以其自然之美融入到竹楼或蘑菇房营造的悠悠田园生活之中。在青藤的主要产地陕西汉中地区，居民住宅的藤家具应用也很普遍。实际上，在全国各地，无论农村或城市，随时会碰上这样或那样、或古旧或时新的藤家具。由此看出，无论过去或现在，藤家具在中国应用之普遍，藤家具生产之兴旺。

尽管藤家具在我国是一种古老的家具，由于原料来源及工艺技术等方面原因的限制，藤家具业的发展相对缓慢，近30年来，藤家具业的发

图 9-33　灯心草凳子，公元前 2600 年　　图 9-34　在罗马波斯教信仰中的藤类家具　　图 9-35　追溯至 1870 年的中国藤椅

图 9-36　18 世纪中期的藤摇椅　　图 9-37　维多利亚时期的藤椅

图 9-38　19 世纪早期的藤家具

图 9-39　19 世纪早期澳大利亚藤家具

G.Gervasonl 设计　　　　　　　　　　　　　　E.Dieckman 设计

A.Zinelli 设计

图 9-40　19 世纪二三十年代的藤家具

图 9-41　明代画家商喜　　　图 9-42　中国南方典型的　　　图 9-43　西方设计师效仿中国南方
　　　　"猫狗游戏图"　　　　　　　　　"沙漏椅"　　　　　　　　　藤编椅设计的椅子

展很快，不论是在企业的规模、数量、产值还是在产品的类型、结构、造型、工艺技术及产品贸易等方面都得到了极大的发展，藤家具成为集艺术造型与功能、技术与材料、价值与实用的高度统一，在当今家具市场上充满吸引力和竞争力的家具产品，我国的藤家具远销海内外，藤家具业焕发出无限的生机和活力。

9.2.1.3 世界藤业概况

(1) 世界藤产业概况

棕榈藤产业包括很多内容，如棕榈藤的苗木培育、藤林营造、人工藤林和野生棕榈藤的采收、原藤采后处理、藤家具制造和藤工艺品的加工等。这些活动可划分为藤种植业和藤工业，前者指培育棕榈藤资源的活动，而后者指原藤加工到最后形成产品进入市场。藤种植业远远不能满足藤工业的需要。20世纪中后期，藤制品在国际市场上十分畅销，藤工业急剧扩大，对原藤需求量大增，然而与此同时天然棕榈藤资源急剧下降，供求关系的失衡导致原藤价格高涨，这时人工种植棕榈藤被认为不仅是保护天然棕榈藤资源的重要措施，而且也是一种经济效益回报高的投资，因此，从20世纪60年代开始许多国家开始了大规模商业种植棕榈藤试验，营造了一大批藤林。但大规模营造商业藤林大多数都失败了，只有小规模种植的比较成功。

对藤产业来说，藤产品是一种高附加值的产品，同时又是一个劳动密集型行业，它吸收了100多万人就业，其中50万人在藤厂，另有70万人从事原藤采集和运输。藤产业的另一特点是分散，据1991年联合国经济和社会理事会报道，90%以上的藤厂人员规模小于50人，只有不到10%的藤厂人员规模在150~400人。东南亚有小型藤厂2万多个，其中有一半在菲律宾，每个藤厂人员规模为5~10人，投资不足5000美元，生产的产品基本上是供应当地市场。还有2000个小型藤厂，每个藤厂人员规模一般少于50人，投资少于5万美元，它们虽然也小，但产出比第一中藤厂要高。东南亚中大型藤厂大约有550个，这些藤厂人员规模平均400人左右，投资在300万~500万美元，它们的产品以出口为主，占了出口贸易的90%，其中印度尼西亚大约有210个，总投资3亿美元。

藤家具美观素雅，结实耐用，享有工艺美术家具的美誉，广为人们喜爱，长期走俏国际市场。20世纪70年代以来，藤家具工业产值和国际贸易额以每年10%的速度增长。1991年联合国经济和社会理事会亚洲及太平洋经济社会委员会报道，亚太地区藤家具工业产值达10亿美元，吸纳100多万人就业。

藤产业的迅速发展表现在国际贸易的发展，原藤和藤制品从19世纪中叶开始进入国际贸易，到现在国际贸易中原藤和藤制品的年贸易额占65亿美元。在这个过程中东南亚国家和地区是最大的受益者。从19世纪中叶发展至20世纪初，自身棕榈藤资源很少的新加坡几乎成为整个东南亚和西太平洋棕榈藤贸易的交易所。到20世纪70年代，世界原藤的90%是由印度尼西亚供应的，印度尼西亚生产的原藤主要出口到新加坡进行加工和转出口，仅此一项新加坡每年从中获取2100万美元收益。同样，1977年香港进口的2600多万美元的原藤和藤制品经过转化成为超过6800万美元的出口价值。最近20年，国际原藤和藤制品贸易急剧扩大，各主要生产国的出口明显增加，如印度尼西亚在17年间实际增长了250倍，菲律宾15年间增长了75倍，泰国9年间增长了23倍，马来西亚8年间增长了12倍。到20世纪80年代末，这4个国家出口总值达到每年4亿美元，其中印度尼西亚占50%。而台湾和香港两地区仅加工进口的原藤和半成品然后转出口就获得总计2亿美元的净收入。

藤工业所需原藤的90%依靠东南亚的野生藤资源，然而，长期过度采伐，导致资源匮乏，仅依靠天然资源，已无法维系藤家具工业日益增长对原藤的需求，而且，东南亚国家所分享的国际棕榈藤贸易市场份额仅占58%，42%的市场份额为工业发达国家所占有。基于藤工业的巨大利益，泰国、菲律宾、印度尼西亚和马来西亚20世纪70年代相继开始禁止原藤和半加工产品出口，这些禁令促进了这些国家藤工业的发展，保证了原料产品的增值，从理论上保护了野生资源。但同时也使原藤经销商和消耗量大的用户开始寻找新的原藤来源。东南亚已开始从加纳和尼日利亚进口一些原藤，尼日利亚出口藤制品到韩国的贸易也开始看好，非洲中西部国家的国内和国家间的贸易增长明显。历史上非洲原藤贸易就很重要。在殖民时代，喀麦隆和加蓬就供应原藤给法国及其殖民地，两次世界大战期间加纳供应的原藤占英

表 9-1 2000 年非洲向不同国家藤出口贸易量(额)统计

国　　家	贸易量(额)
印度尼西亚	家具：590.021t；11.47 亿美元
中国	0.1 亿美元
越南	3500 万美元/年
菲律宾	家具：11 289 万美元
尼日利亚	18 万 m³/月(首都)；110 万美元
马来西亚	家具：2400 万美元
泰国	12 000 万泰铢
斯里兰卡	8 万美元

国市场的比重就很大。非洲国家出口的不仅仅限于原藤，仅 1926 年一年，喀麦隆就出口价值 25 000 法国法郎的藤家具产品到塞内加尔的国外移民社区。因此，目前世界原藤和藤制品的贸易中非洲占有一席之地，见表 9-1。

(2) 前景展望

由于相关基础数据的缺乏，21 世纪的世界藤产业前景很难预测。已有资料表明，原藤资源和藤制品制造主要在亚洲，而消费藤制品的主要是欧洲、北美洲，以及日本和其他一些工业化国家。从目前情况来看，一方面欧洲、北美洲，以及日本和其他工业化国家对藤制品的需求稳步增长，但这些国家的未来藤产品市场还需要进一步调查研究；另一方面亚洲原藤短缺是不容质疑的事实，尽管原藤短缺，但东南亚国家种植棕榈藤的面积却正在下降，因此原藤资源的供应短缺将比以前任何时候都突出。

综上所述，藤产品消费市场仍呈现稳定增长的趋势，因此藤工业的前途目前看来良好。虽然影响藤种植业的因素较多，但原藤的短缺使棕榈藤种植成为一种必不可少的补充。对那些制藤工艺发达，但自身缺乏原藤资源的国家来说，原藤的短缺和国家之间的竞争等因素将给藤工业的发展增加不确定的因素。

9.2.2 藤家具使用的主要藤类及特性

(1) 棕榈藤

棕榈藤是制作藤家具的主要原料。我国棕榈藤被利用的有 3 属 20 种。主要的商品藤种产于海南和云南西双版纳地区。海南以黄藤、白藤、大白藤、厘藤及杖藤为主，年产量约 4000t，最高年产量 6500t。云南以小糯藤、大糯藤为主，年产量 1000～2000t，两产区产量占全国总产量的 90% 以上，其他产区产量较少。目前，一些质量较好的藤种，如小径藤、桂南省藤等，虽分布范围窄，资源数量少，尚未得到广泛的利用，但其茎粗细均匀、韧性好，具优良工艺特性，市场价值高，因此具有很大的发展潜力。长期以来，由于人们过度采收和原始热带森林的锐减，野生藤资源产量和品质下降，有些藤种濒临灭绝。我国从 20 世纪 70 年代开始大规模种植棕榈藤，在海南、广东、广西及云南都有人工种植藤林，但成功的比例小，现产量很低。国产原藤仅能满足藤加工业所需原料的 20%，其余 80% 目前都依赖进口，每年需要进口原藤 3 万～4 万 t，因而，我国藤家具业原料极其短缺。预计到 2010 年藤原料年产量为 6.6 万 t，基本实现自给自足，2020 年年产量为 10.6 万 t，在保证自给自足的情况下，可适当出口或加大藤业的发展规模。但对中国而言，由于原藤缺口很大，因此目前海南和云南正在大力发展棕榈藤种植业，将其作为增加贫困地区群众收入，保护森林的一个重要手段。

根据藤茎的特性和质地及贸易状况，我国的商品藤可分为五类：黄藤(红藤)类；小钩叶藤(含棉叶藤、海南钩叶藤)类；省藤属小径级藤类(藤径<10mm)，含小省藤、多穗白藤、上思省藤、小白藤、多刺鸡藤及短轴省藤；省藤属中径级藤类(10mm≤藤径≤15mm)，含单叶省藤、云南省藤、麻鸡藤及短叶省藤(厘藤)；省藤属大径级藤类(藤径>15mm)，含短叶省藤(厘藤)、盈江省藤、大白藤(苦藤)、长鞭省藤、勐棒省藤、勐腊鞭藤。在云南，人们根据生产实践中对藤条韧性及强度的理解，将商品藤归纳为两类：糯藤和饭藤。糯藤质地好，弹性大，韧性强、弯曲性能良好，含云南省藤、版纳省藤、小省藤及麻鸡藤，是良好的劈篾用材，也可用于制作骨架；饭藤刚度大、易劈裂、加工性能差，多用作骨架用材，包括长鞭省藤、勐棒省藤、勐腊鞭藤及钩叶藤等。

去鞘藤茎在藤家具业称藤条，似竹，为实心。藤条表皮一般为乳白色、乳黄色或淡红色，有的藤皮表面有斑点花纹，俗称斑藤，具有天然的装饰性。还有玛瑙省藤，俗称竹藤，是藤中之王，材质优良，表面色泽好，是较昂贵的藤材。

棕榈藤是优质的藤材，属木本藤材，是目前藤家具广泛利用的材料，棕榈藤家具也是人们普遍认可的藤家具。同时，有的藤材表皮有斑点花纹，用这样的藤材制成的家具又称花藤家具，这类家具自然装饰较好,如图9-23所示。可将花藤作为家具造型设计的一个设计要素,如何用人工的方法烤出美丽的花纹,也是值得研究的。

(2) 青藤

青藤是我国特有的野生植物资源,为防己科木质藤本植物,主要分布于我国陕西、湖北、四川、甘肃、湖南、贵州等地,也是我国藤家具的主要生产原料之一。青藤的茎为实心而富韧性,干后表皮为米黄色,光滑悦目,耐腐、耐磨。青藤的人工栽培容易、见效快、效益高。青藤在我国常被用来描述友谊、形容天长地久,因而有"长青藤"之称,赋予了青藤浓郁的文人气息。

(3) 其他藤类

如葛藤、紫藤、鸡血藤等,也有被用于生产藤家具,主要用来编织。葛藤是豆科多年生藤本植物,在我国的分布极广,除新疆、西藏未见报道外,几乎遍布全国各省区。有研究报道,在中国古代,葛藤、紫藤被文人墨客幻化成通往仙界的一种方法,与中国古典诗歌中的松、柏、兰、菊花、桃花等植物一样具有独特的个性特征。南北朝时期著名诗人庾信的《游仙诗》中最后两句"婉婉藤倒垂,亭亭松直竖"中可以凸显这一点,实际在此之前也有这样来赋予葛藤、紫藤品性的,在此之后更是不胜枚举。用这些藤材制成的藤家具,家具文化内涵深刻。

青藤、葛藤、紫藤等,在我国民间,也被人们就地取材,编织藤家具。这类家具其材料曲折盘旋的特性和弯曲性能及编织性能有与棕榈藤相近的地方,同时其家具的艺术品位也与藤家具相似。当然,这类藤家具,在品质和档次上,都劣于棕榈藤家具。但这类藤材,在我国,文人墨客赋予其极深的文化内涵。用这些藤材制成的藤家具,其文人气息及其所蕴涵的桃源气息不言而喻,家具深具文化内涵。

9.2.3 藤家具主要产地与生产能力

我国藤家具的传统产地主要是云南腾冲和西双版纳、海南、福建、广东、台湾和香港特别行政区等地,陕西汉中地区是青藤家具的主要产地。中华人民共和国成立后,在云南,藤器工业也受到党和政府的重视,昆明、腾冲、瑞丽、陇川、景洪、勐腊、江城、绿春等地曾先后办过藤篾加工厂(作坊),民间还有许多藤篾加工户,如景洪就有50多家、腾冲有10多家,如今在这些地区,生产藤家具的厂家依然很多,昆明较大规模的藤家具厂现有5家。总体上,藤家具的生产今天依然主要集中于云南、华南地区及陕西汉中地区,华南地区现有近百家的藤器加工厂,在广州附近有数家现代化的大型藤厂,在广东南海的南坡镇,做藤家具的作坊和店铺比比皆是,以它们为中心辐射到全国各地,如深圳、广州、北京、上海、南京、青岛、天津、郑州等,全国各大城市也都有藤家具的生产。

过去,藤家具的生产完全依赖手工工具,是家庭作坊式的加工模式。现在,藤家具企业规模有所扩大,设备改进很大,尤其是藤芯家具的加工,需要机械化的加工设备,现代化的设备主要有锯机(推台锯)、劈篾机、磨光机、蒸汽加热弯曲设备等,这样,家具的产量及质量都比以往有很大提高。不过,由于藤家具的原料依赖于进口,往往成为限制企业发展的因素之一。

9.2.4 原料及产品的贸易状况

棕榈藤的国际贸易始于19世纪中期,棕榈藤开始从发展中国家走向发达国家。但是,自20世纪70年代以来,印度尼西亚等棕榈藤资源拥有国相继禁止原藤出口,国际市场原藤平均价格从300美元/t,上升到800美元/t,优质原藤上涨到1200~1500美元/t,中断了我国原藤的主要进口渠道,从而制约甚至危及我国藤工业的生存和发展。1995—2007年,原藤出口从1995年的1.05亿美元降至2007年5200万美元,仅2000年全球原藤出口贸易下降19%。为了解决藤资源危机,一方面迫使我国从巴布亚新几内亚、缅甸、越南及西非国家开辟新的原料供应市场,研究和发展原藤的综合利用技术,提高全藤利用率;另一方面,促使我国加大保护现存天然资源的力度,以发挥资源生产潜力,使之得以持续而有效利用;同时,发展种植业,扩大原藤生产,以维继传统藤工业和外贸的拓展。20世纪90年代以来,东南亚国家藤原材料进出口贸易的一个突出特点是中国进口额不断上升,同时其他主要藤原料国的进口额下降。到1995年,中国进口额超过新加坡成为东南亚地区最大的藤进口国(1995年中国藤原料进口额1849.3万美元,新加坡藤原料进口额1430万美元)。2007年原藤进口达2702万美元,为世界原藤进口总额的42%。中国进口藤原料主要用来生产藤家具,可见中国藤家具业的发展极其迅速。

从 20 世纪 70 年代以来，我国藤器加工业产值和国际贸易额都在以 10% 的速度增长。在 1999 年的国际贸易中，我国藤器的进出口额达 1.2 亿美元，在国际市场上的份额中约占 20%，创汇 9600 万美元。

在世界家具贸易中，藤家具贸易占的比例很可能接近 4%，在亚洲，藤家具工业实际上占所有家具工业产值的 25% 以上，并且在不断增长。藤家具的消费市场是欧洲、北美洲、日本和其他一些工业化国家，这些国家的市场呈稳步增长趋势。20 世纪 70 年代和 80 年代，东南亚和中国每年藤工业的出口额均以 20%~50% 的速度增长，在 20 世纪 90 年代中期由于藤料短缺等原因，亚洲藤工业的发展速度有所减慢，中国是通过边贸藤材保持藤工业和出口量的。

藤制品是中国传统的出口创汇产品之一。目前，我国藤质家具出口至世界五大洲的 122 个国家和地区。据联合国商品贸易数据库分析，2012 年，中国藤质家具出口最多的区域为亚洲，占中国藤质家具出口总额的 38%，其次分别为美洲、欧洲、非洲、大洋洲，所占比例分别为 25%、23%、10%、4%。根据 2003—2012 年中国藤质家具出口额状况分析（表 9-2）看出，2003—2012 年中国藤质家具出口额呈增长趋势，2009 年中国藤质家具出口额首次突破 10 亿美元，2012 年中国藤质家具出口额达 23.6 亿美元，比 2011 年增长了 60.1%。同时，2007—2012 年中国藤质家具出口额占中国家具出口总额的比例呈现上升趋势。根据 2012 年世界藤质家具出口国家状况（表 9-3）的分析看出，2012 年世界藤质家具出口前十位国家中，中国的藤质家具出口额最大，占世界藤质家具出口总额的 72.3%，其次分别是印度尼西亚、美国、波兰、德国、法国、西班牙、加拿大、荷兰和英国。

表 9-3　2012 年世界藤质家具出口前十位国家的出口状况

排名	国家	出口额/美元	所占比例/%
1	中国	2 355 330 348	72.3
2	印度尼西亚	159 771 398	4.9
3	美国	124 364 778	3.8
4	波兰	112 198 061	3.4
5	德国	78 407 468	2.4
6	法国	41 660 604	1.3
7	西班牙	41 178 624	1.3
8	加拿大	26 697 084	0.8
9	荷兰	20 256 770	0.6
10	英国	19 425 239	0.6

数据来源：联合国商品贸易数据库。

在青藤的产地陕西汉中地区，民间编制的各种藤器系列产品及工艺品行销我国香港和澳门特别行政区，以及日本、东南亚、欧美等国家，在国际市场上也有很高的声誉，每年为国家换回数百万元外汇。同时国内市场也很广阔，远销西北及华北 10 多个省（自治区、直辖市）。山区农民利用农闲和闲余劳动力编制藤器是一项重要的副业，藤编业为山区农民脱贫致富发挥了极好的经济效益。

9.2.5　我国藤家具生产前瞻

目前，木质材料仍是家具生产的主要原料，但在全球森林资源日渐匮乏、绿色设计和环境保护被日趋重视的今天，藤家具作为一种非木材林产品在家具行业有很强的竞争优势，同时，根据世界藤家具的消费市场呈稳步增长的态势来看，藤家具业的前景十分看好。有关专家对藤家具的发展前景也普遍看好，专家们认为藤产业将保持或进入快速增长期。

结合我国人口众多、劳动力成本低廉、藤家具生产工业化程度低、藤家具加工为劳动密集型行业的特点，大力发展藤家具生产，比较适合我国的人口状况，能够解决部分人的劳动就业问题，

表 9-2　2003—2012 年中国藤质家具出口额占中国家具出口额状况

年份	中国藤质家具出口额 A /美元	中国家具出口额 B /美元	占比 D = (A/B) × 100/%
2003	242 453 739	12 895 125 226	188
2004	328 006 398	17 318 595 920	189
2005	373 931 657	22 361 426 231	167
2006	444 813 983	27 995 148 343	159
2007	574 778 047	35 977 021 090	160
2008	869 459 927	42 832 799 310	203
2009	1 089 003 623	3 893 695 7901	280
2010	1 122 193 299	50 584 032 232	221
2011	1 471 383 423	59 336 351 882	248
2012	2 355 330 348	77 886 189 789	302

数据来源：联合国商品贸易数据库。

帮助这些人脱贫致福，在我国有着巨大的发展空间。

新时期藤家具业面临的最大问题是原料的短缺问题，因而，加强藤（棕榈藤）培植方面的研究，大力发展藤种植业，是我们政府应着力解决的问题之一。青藤适应区域很广，同时易于栽培，进行有指导性的发展也是解决原料短缺的一个重要途径。

为了进一步增强我国藤家具业的实力，增强藤家具产品的竞争力，藤家具业或家具界应从以下几个方面做出努力：

第一，企业要重视藤家具的设计与创新，要有品牌意识。企业要有属于自己的知识产权，要对藤家具的原辅材料、造型、功能、结构、表面装饰、工艺等进行系统设计，紧跟时代发展的潮流，体现社会发展的主流思想，使之能满足消费者对家具的实用、审美、环保等方面性能的要求。同时，在设计上，要对自身产品进行定位，有自己的设计理念，形成风格，深入人心，做大、做强、做成品牌。

第二，加强产品的结构设计研究，开发适合于藤家具的可拆装式连接件，从而为家具的标准化、系列化及规模化生产和设计打下基础。在涉及不同材料的结合应用上，结构问题如何解决，也是值得研究和探讨的问题。

第三，加强藤家具生产工艺的研究，改进藤家具的生产工艺，如藤材的改性和家具涂饰工艺等。一方面保证原料的自然特点，满足造型需要；另一方面保证产品的安全性，使用寿命以及功能和美观的需要。

第四，加强藤家具设计文化的研究和开发，增强产品的文化底蕴。比如，藤家具可依托、借鉴中国明清家具的文化进行创新开发。

第五，改变藤家具加工企业小而全的现状。进行专门化、规模化生产，引进先进的加工设备、技术以及管理经验。

第六，注重市场调查和产品营销。以设计促销售，以销售改善设计，带动生产。

第七，加快产品的质量检测体系或标准的研究制定，为藤家具顺利进入国际市场提供强有力的技术保障。

复习思考题

1. 藤家具的含义是什么？藤家具有哪些分类方法？
2. 我国藤家具的发展概况如何？
3. 根据我国的情况，藤家具的发展应从哪些方面考虑？

第10章
藤材与塑料仿藤材

【本章重点】
1. 棕榈藤植物的主要分布区域。
2. 世界棕榈藤资源概况。
3. 藤茎、藤材的形态与特征。
4. 藤材构造及其性质。
5. 塑料仿藤材的分类与特点。

10.1 棕榈藤植物及其特征

10.1.1 棕榈藤植物分类与分布

棕榈藤是棕榈科中具刺和鳞状果皮的攀缘植物，是亚洲热带地区宝贵的植物资源。目前，棕榈藤产品贸易已发展成为价值可观的产业，藤原材料国际贸易相当可观，中国藤产品的年产值超过1亿美元，在这当中，藤家具作为主要的藤产品，也占有相当的比重。

10.1.1.1 棕榈藤的世界分布概况

(1) 世界棕榈藤的地理分布

棕榈藤是木质藤本植物，属棕榈科省藤亚科省藤族植物。现已确认，全世界共有棕榈藤13属600余种，它们天然分布于世界热带地区，即亚洲、非洲和大洋洲的热带地区，如亚洲的印度尼西亚、马来西亚、斯里兰卡、菲律宾、印度、缅甸、尼泊尔、越南、老挝、泰国、中国，大洋洲的一些小岛国、澳大利亚，非洲的中西部热带赤道地区的喀麦隆、加纳和尼日利亚等国家，美洲热带地区没有棕榈藤的天然分布，但古巴近年来开始引种棕榈藤。东南亚是棕榈藤天然分布的中心，天然分布有省藤属 *Calamus*、美苞藤属 *Calospatha*、角裂藤属 *Ceratolobus*、黄藤属 *Daemonorops*、戈塞藤属 *Korthalsia*、多鳞藤属 *Myrialepis*、钩叶藤属 *Plectocomia*、类钩叶藤属 *Pleotocomiopsis*、鬃毛藤属 *Pogonotium*、网苞藤属 *Retispatha* 10个属，该地区的印度尼西亚是世界棕榈藤资源和藤种数最多的国家，马来西亚沙捞越是亚太地区棕榈藤藤种最丰富的地方。非洲棕榈藤天然分布的有省藤属、单苞藤属 *Eremospatha*、脂种藤属 *Laccosperms* 和肿胀藤属 *Oncocalamus* 等4属，其中单苞藤属、脂种藤属和肿胀藤属是非洲特有属，非洲喀麦隆是非洲棕榈藤藤种丰富度最大的地方。

省藤属是棕榈藤中藤种最多的一个属，大约有370~400种，主要分布在亚洲，它从印度大陆开始向东延伸至中国南部，向南穿过马来西亚地区分布至斐济、瓦努阿图和澳大利亚东部的热带和亚热带地区，省藤属在非洲也有分布，但只有1种。除省藤属外，角裂藤属、黄藤属、戈塞藤属、钩叶藤属、类钩叶藤属、多鳞藤属、美苞藤属、鬃毛藤属和网胞藤属9个属的分布以东南亚为中心，并向东向北延伸，棕榈藤的具体藤种分布见表10-1。在这些藤种中，有经济利用价值藤种的比例不到10%，即600多个藤种中只有20~30种有经济利用价值，它们主要集中在省藤属，较集中分布在印度尼西亚、马来西亚等东南亚国家，具体情况见表10-2。

(2) 我国棕榈藤的地理分布

中国疆域辽阔，北纬24°以南的热带和南亚热带区域，处于中心分布区的北缘，天然分布3属42种26变种，约占全世界总属数的23.1%，已知种数的6.7%。由于中国东南部和西南部自然地理和气候条件的明显差别，形成了分别以海南岛和云南西双版纳为中心的东南部和西南部两大分布区。东南分布区包括华南地区及台湾，有3属25种6变种，西南地区包括云南、贵州、西藏及广西西南部局部区域，有2属19种16变种。见表10-3。

表10-1 世界棕榈藤的地理分布

属 名	中国	印支半岛	泰国	缅甸	印度	菲律宾	马来西亚	爪哇	婆罗洲	苏门答腊	苏拉威西	新几内亚	斯里兰卡	斐济所罗门	大洋洲	西非	估计种数
省藤属 Calamus	+	+	+	+	+	+	+	+	+	+	+	+	+	+	+	+	400
美苞藤属 Calospatha	−	−	−	−	−	−	+	−	−	−	−	−	−	−	−	−	1
角裂藤属 Ceratolobus	−	−	+	+	+	−	+	+	+	+	−	−	−	−	−	−	6
黄藤属 Daemonorops	+	+	+	+	+	+	+	+	+	+	+	+	−	−	−	−	115
单苞藤属 Eremospatha	−	−	−	−	−	−	−	−	−	−	−	−	−	−	−	+	7
戈塞藤属 Korthalsia	−	+	+	+	+	+	+	+	+	+	+	+	−	−	−	−	26
脂种藤属 Laccosperms	−	−	−	−	−	−	−	−	−	−	−	−	−	−	−	+	7
多鳞藤属 Myrialepis	−	−	+	−	−	−	+	−	−	+	−	−	−	−	−	−	1
肿胀藤属 Oncocalamus	−	−	−	−	−	−	−	−	−	−	−	−	−	−	−	+	5
钩叶藤属 Plectocomia	+	+	+	+	+	+	+	+	+	+	−	−	−	−	−	−	16
类钩叶藤属 Pleotocomiopsis	−	+	+	−	−	−	+	−	+	+	−	−	−	−	−	−	5
鬃毛藤属 Pogonotium	−	−	−	−	−	−	+	−	+	−	−	−	−	−	−	−	3
网苞藤属 Retispatha	−	−	−	−	−	−	−	−	+	−	−	−	−	−	−	−	1
分布属数	3	4	7	5	4	4	9	5	8	5	3	3	1	1	1	4	13
估计种数	42	33	50	30	46	54	104	25	105	755	28	50	10	3	8	24	600
(变种)	26																

注：印支半岛，即中南半岛，此处包括越南、老挝和柬埔寨3国；+表示有，−表示没有。

表10-2 主要经济利用藤种在世界上的分布

藤 种	分 布
西加省藤 Calamus caesius	马来半岛、苏门答腊、婆罗洲、菲律宾和泰国，中国和南太平洋有引种
短叶省藤 Calamus egregious	中国海南特有种，中国华南地区其他省份有引种
细茎省藤 Calamus exilis	马来半岛和苏门答腊
丝状省藤 Calamus javensis	东南亚
玛瑙省藤 Calamus manna	马来半岛和苏门答腊
梅氏省藤 Calamus merrillii	菲律宾
民都洛藤 Calamus mindorensis	菲律宾
佳宜省藤 Calamus optimus	婆罗洲和苏门答腊，加里曼丹有栽培
美丽省藤 Calamus ornatus	泰国、苏门答腊、爪哇、婆罗洲、苏拉威西至菲律宾
卵果省藤 Calamus ovoideus	斯里兰卡西部
泽生藤 Calamus plaustris	缅甸、中国南部至马来西亚和安达曼
毛刺省藤 Calamus pogonacanthus	婆罗洲

(续)

藤 种	分 布
长节省藤 Calamus scipionum	缅甸、泰国、马来半岛、苏门答腊、婆罗洲至巴拉望
单叶省藤 Calamus simplicifolius	中国海南特有种，中国南部其他地区有引种
疏刺省藤 Calamus subinermis	沙巴、沙捞越、加里曼丹东部和巴拉望
白藤 Calamus tetradactylus	中国南部，马来西亚有引种
粗鞘省藤 Calamus trachycoleus	加里曼丹中部和南部，马来西亚有引种
肿鞘省藤 Calamus tumidus	马来半岛和苏门答腊
大藤 Calamus wailing	中国南部
珠林葛藤 Calamus zollingeri	苏拉威西和摩鹿加群岛
黄藤 Daemonorops margaritae	中国南部
粗壮黄藤 Daemonorops robusta	印度尼西亚、苏拉威西和摩鹿加群岛
同羽黄藤 Daemonorops sabut	马来半岛和婆罗洲
Eremospatha macrocarpa	热带非洲的塞拉利昂至安哥拉
Eremospatha haullevilleanad	刚果盆地到东非
Laccosperma secundiflorum	热带非洲的塞拉利昂到安哥拉

注：Daemonorops margaritae 同 Daemonorops jenkinsiana。

表 10-3 中国棕榈藤的分布

属 名	海南	广东	广西	福建	江西	浙江	湖南	台湾	贵州	云南	西藏
钩叶藤属 Plectocomia	1s	—	1s	—	—	—	—	—	—	3s	—
省藤属 Calamus	11s 1v	11s 3v	9s 2v	3s	2s	1s	1s	3s	4s 1v	15s 21v	1s 1v
黄藤属 Daemonorops	1s	1s	—	—	—	—	—	—	—	—	—
合　计	13s 1v	12s 3v	11s 2v	3s	2s	1s	1s	3s	4s 1v	18s 21v	1s 1v

注：s 为种；v 为变种。

表 10-4 1991 年世界棕榈藤资源分布统计

国　家	天然林			人工林			总产量/t	年可采收量/t
	面积/(×10⁴hm²)	现产量/t	年可采收量/t	面积/hm²	现产量/t	年可采收量/t		
中国	50	10 000	6000	2000	—	4000	10 000	10 000
印度尼西亚	950	90 000	140 000	22 000	20 000	40 000	110 000	180 000
菲律宾	200	40 000	32 500	3300	—	10 000	40 000	42 500
泰国	20	6000	4000	1200	—	2500	6000	6500
马来西亚	900	80 000	100 000	24 000	5000	—	85 000	100 000
缅甸	500	85 000	115 000	—	—	—	85 000	115 000
越南	50	12 000	10 000	—	—	—	12 000	10 000
老挝	150	3000	15 000	—	—	—	3000	15 000
巴布亚新几内亚	100	2000	20 000	—	—	—	2000	20 000
总　计	2920	328 000	442 500	52 500	25 000	56 500	353 000	499 000

表 10-5　2000 年棕榈藤资源分布统计

国家	森林面积/ ($\times 10^4 hm^2$)	含藤天然林/ ($\times 10^4 hm^2$)	藤人工林/ ($\times 10^4 hm^2$)	棕榈藤产量/ ($\times 10^4 t/a$)	天然棕榈藤储量
印度尼西亚	10 360	3300~4150	3.7	57.0	—
马来西亚	1530	—	3.1	—	327.02 万丛以上
菲律宾	540~650	170~300	0.6~1.1	10 800 万 m	56.07 亿 m
老挝	1240~950	220	—	0.01	—
越南	760~830	—	8.5	2.5	—
柬埔寨	980	178	—	—	—
孟加拉国	70	—	—	0.106 68 万 m	—
斯里兰卡	160	—	0.0394	—	—
中国	9950	—	2.0	0.4~0.6	—
泰国	1110	—	0.05	—	—
古巴	—	—	0.2	—	—

10.1.1.2 棕榈藤资源分布概况

世界原藤 90% 来自天然棕榈藤，只有 10% 来自棕榈藤人工林。因此，世界棕榈藤资源主要还是天然棕榈藤资源。而天然棕榈藤资源总量究竟有多少，目前还没有非常精确的数字。1991 年联合国经济和社会理事会亚洲及太平洋经济社会委员会（ESCAP）报道，亚太地区现有棕榈藤分布的天然林估计面积为 2900 万 hm^2，1995 年估计全球 3500 万 hm^2 以上的天然林有棕榈藤分布，其中东南亚地区约 2920 万 hm^2，最近有研究认为亚太地区和非洲地区共有 75 439.2 万 hm^2 的森林里可能有棕榈藤的分布。作为一种非木材林产品植物，棕榈藤在许多国家的各类森林资源调查中被忽视，在 20 世纪 80 年代以前主要是通过原藤产量和栽培面积等其他指标来间接反映棕榈藤资源，见表 10-4。80 年代以后，部分国家在国内或国际的资助下对天然棕榈藤资源进行调查，从而有了用藤丛数和长度来具体表示棕榈藤资源总量，见表 10-5。

10.1.2 棕榈藤植物形态与特征

棕榈藤的主要器官有根、茎、叶和叶鞘、攀缘器官、花序和花、果实。图 10-1 所示为棕榈藤中长节省藤的主要植物器官示意图。

(1) 根

棕榈藤没有粗大的垂直生长的主根，只有须根。种植于沼泽林的西加省藤 Calamus caesius，18 个月的幼苗水平生长有 3mm 粗的根，其上分布有许多向地性的根，而背地性的根往往在地表 5cm 以上生长；玛瑙省藤 Calamus manan 的根系从植株基部向外辐射可达 8m。

(2) 茎

藤的多功能变革素质为有茎植物中之冠。棕榈藤的茎是藤家具的加工原料。

棕榈藤的茎，商业上俗称藤条，往往由叶鞘及其残留物所包被，在森林中仅仅在下部或成熟藤条老的部位才能看到，随着藤茎的成熟，一般下部的叶片连同叶鞘逐渐枯死、腐烂而脱落，茎

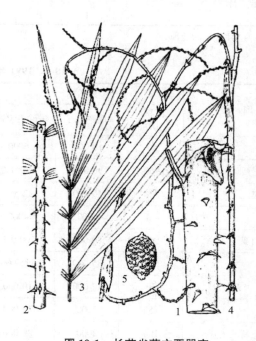

图 10-1　长节省藤主要器官
1. 带叶鞘的茎　2. 叶柄上部　3. 叶的顶部
4. 雌花序的一部分　5. 果实

即裸露出来。刚露出的茎呈淡黄色或黄白色,以后由于见光而变成深绿色,采收干燥后往往变成深褐色。多数属种叶鞘脱落后留下光滑的茎表面,而部分藤的叶鞘残留物仍然紧贴在茎表面。图 10-2 所示为生长中的美丽省藤 Calamus ornatus,图 10-3 所示为玛瑙省藤。

藤茎直径从 3mm 到 20cm 大小不一。藤茎往往不随年龄的增加而增粗,而藤茎长度随环境及种类的不同差异极大,有的可长达数百米。藤茎基部通常较粗,而向上则变细,藤茎成熟时,通常直径达到最大值。花序着生和未着生茎节之间的直径也有变化,前者通常较细,藤茎粗细的变化影响藤条的质量。

多数藤茎的横切面是圆形的,但省藤属一些具纤鞭的种类,在茎上着生纤鞭的部位留下隆起的纵脊,该处的茎横切面不呈圆形,而有些属(如类钩叶藤)的种类茎的横切面呈三角形,往往限制了藤茎的利用。藤茎表面的变化产生较大的商业价值变化,如有些藤茎表面由于昆虫危害留下斑痕,往往降低了藤茎的等级;而戈塞藤属种类的藤茎由于其色泽为红色,加之叶鞘与藤茎难于剥离而价值较低;西加省藤由于其藤茎坚硬、耐腐,表面乳黄色而显现光泽,因而商业价值较高。有些藤种(如钩叶藤属,类钩叶藤属和多鳞藤属的种类)由于藤茎表面坚硬,但藤心柔软而商业价值较小。

(3)叶和叶鞘

棕榈藤的叶由叶鞘、叶柄、叶轴和羽片组成。

叶鞘具有非常重要的分类学意义。叶鞘是叶柄的基部下面扩大形成一个完全包围着整个节间和上面节的一部分管状物。叶鞘通常有刺,少数种类少刺或无刺。刺的种类、排列形式多样,是种类鉴定的重要依据。羽片在种类鉴定上也具有重要意义。

(4)攀缘器官

攀缘器官通常在地上茎发育中产生,支持棕榈藤的攀缘。由于攀缘习性的差异,棕榈藤中存在两种功能和结构完全不同的攀缘器官。一种是叶轴顶端延伸成的具刺纤鞭;另一种是着生在囊状凸起附近相对于叶柄的叶鞘上纤鞭。两种攀缘器官都是鞭状的,并着生成簇的反折的短刺或爪状刺,通常它们是彼此独有的。

(5)花序和花

棕榈藤开花可分为两种类型,即单次开花和多重开花。花序显现高度复杂的结构,花序的形态对属种分类是非常重要的。

(6)果实

基生或侧生果实和种子的形状、大小、颜色也是鉴定属种的重要依据。

多种藤果和藤梢富含营养,为优质热带水果和森林蔬菜;黄藤属的果实可萃取"麒麟血竭"药品。

藤类品种较多,其中棕榈藤是加工藤家具的主要藤类。去鞘的藤茎外观很像竹子,再加上两者在家具的造型方法和工艺上非常近似,有时,甚至在一件家具上同时应用到竹和藤,因此,常有人把竹家具和藤家具混为一谈,或者把它们合称竹藤家具。藤茎的断面一般为圆形或椭圆形,竿茎通直有节,内为实心(与竹材的主要差别之一),图 10-4 为去鞘的藤茎形态。藤茎的直径大小不一,小到几毫米,大到几十毫米,但总体直径偏小,是藤家具制作的制约因素之一,同时也是藤家具展现艺术魅力的有利因素之一。

图 10-2 美丽省藤

图 10-3 玛瑙省藤

图 10-4 成捆藤茎

10.2 藤材构造及其性质

10.2.1 藤茎的外观特征

藤种间直径变化很大，节内直径也有变化。细的如中国的短轴省藤 Calamus compsostachys、印度的 Calamus travancoricus，直径约 3mm；粗如东南亚的玛瑙省藤，直径 80~100mm，钩叶藤属的个别单株直径可达 200mm。商用藤的直径范围 3~80mm。藤茎有节，节间长度受环境影响，株内变化很大，一般基部的较短。据对 10 余种商用藤的测定资料，平均节间长度 10.1~25.6cm，总平均约 20cm。直径为商用藤的分级基础，印度尼西亚一般以 18mm 为大径藤及小径藤的分界，认为小径藤容易弯曲，弯曲时不折断，大径藤难以弯曲，弯曲时会损坏。中国藤器厂有认为 6~12mm 最适宜加工。藤茎色泽不一，表皮颜色有奶黄、乳白、灰褐、黄褐等，有或无光泽。中国一些优良藤种如小省藤、多穗白藤、白藤、麻鸡藤及云南省藤等均为奶黄色及乳白色，有光泽；国际著名编织用藤，产于东南亚的西加省藤及粗鞘省藤 Calamus trachycoleus，均为奶黄色，有光泽。由于优良藤种表皮颜色常为奶黄或乳白，有光泽，故给人一种印象，似乎藤材的质量与其表面色泽有关。

棕榈藤有 600 余种，但主要商品藤种仅 20 余种，多数藤种由于藤材的品质较差，如节间短、节部隆起、直径不匀或颜色深、缺乏光泽等外观缺点，以及茎外围特别坚硬，内部却十分脆弱，缺乏弹性，弯曲时易折等结构上的缺陷，导致商业价值低，而未得到广泛利用，如中国的广西省藤和钩叶藤等，东南亚几个一次性开发的属，除戈塞藤属外，钩叶藤属、类钩叶藤属及多鳞藤属外，一般均有此问题。

多数藤茎的表皮硅质化，弯曲时可弹出硅沙，采收后需作"除沙"处理。有的藤种表皮蜡质丰富，触之有油脂感，如中国的白藤及东南亚的玛瑙省藤，蜡质多，会使加工、编织时的摩擦力增大。利用前需去除蜡质，如采用柴油浸泡（即所谓油浴）。根据藤表面这两种不同特性，印度尼西亚把藤材分成硅质藤及油质藤。

10.2.2 藤茎的解剖构造

世界上对藤材解剖特性的研究尚有很大空白，目前还没有形成用解剖特性进行种属鉴定的系统资料，已有的种属鉴定方法是基于植物分类学进行的。

10.2.2.1 藤茎的基本解剖构造

藤茎外围为表皮及皮层，其内为中柱，主要由基本组织及维管束组成，如图 10-5 所示。

（1）表皮

表皮为一层未木质化细胞，有三种形状：横卧（长边在径向）、直立（长边在轴向）和等径。横卧形最常见。对几种省藤和钩叶藤的研究表明，表皮细胞的形状和大小的轴向变化小。一些藤种的表皮覆盖硅质层，表皮细胞高度硅质化；另一些藤种则覆盖角质层，表皮细胞角质化。

（2）皮层

皮层是表皮及维管束组织之间的区域，由几层至 10 余层薄壁细胞及分布其中的纤维束、不完全维管束构成；非洲特有 3 属，有一轮皮下纤维。皮层薄壁细胞圆形、椭圆形、矩形，木质化，部分硬化。有些藤种在皮层与表皮之间有下皮层。

（3）维管束组织

维管束由木质部、韧皮部及纤维组成。木质部含后生木质部、原生木质部及其周围的薄壁组织。后生木质部在多鳞藤属、肿胀藤属，具有 2 个导管，另 10 属具有 1 个导管。原生木质部管状分子一般 3~5 个；次生壁环纹或螺纹加厚；通常属于长而无穿孔的管胞。韧皮部由筛管及伴胞构成，在非洲特有 3 属及钩叶藤属、类钩叶藤属、多鳞藤属为单韧皮部，位于后生木质部导管上方，与原生木质部相对应，另 7 属为双韧皮部，位于后生木质部导管两侧，前者筛管数 10~16 个，后者一侧筛管 3~7 个。

木质部为两种不同形态的薄壁细胞所围绕，

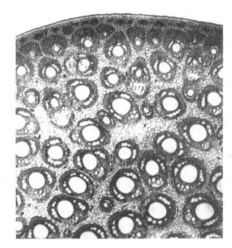

图 10-5 小省藤茎横切面，显示一般显微构造

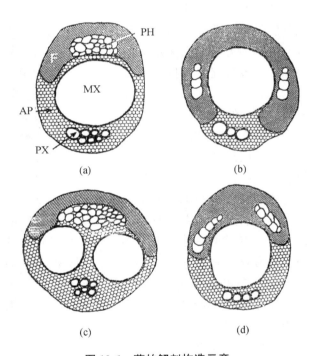

图 10-6 藤的解剖构造示意

(a) 单韧皮部，木质部导管1个，如钩叶藤属　(b) 双韧皮部，木质部导管1个，如省藤属　(c) 单韧皮部，木质部导管2个，如类钩叶藤属　(d) 双韧皮部，单列或两列筛管，木质部导管1个，如角裂藤属

紧靠后生木质部导管的一层薄壁细胞，具矩形大纹孔，其余薄壁细胞具圆形小纹孔。

纤维围绕韧皮部及部分木质部，形成鞘状，在中柱外围，此种机械组织十分发达，输导组织少。向内，纤维减少，疏导组织增多。自基部向上，二者也呈相同的变化趋势。纤维高度木质化，次生壁为多层聚合结构，宽层与窄层相间，微纤丝方向相反，微纤丝角度一般约 40°，纤维长 1～3mm，壁厚 1.9～4.0μm，自茎的外围向内及基部向上，纤维壁厚减小，宽度及胞腔增大。在株内，纤维长度与节间长度的变化一致。

在戈塞藤属、多鳞藤属、钩叶藤属及类钩叶藤属，第一层维管束纤维鞘外缘的硬化纤维形成"黄帽"。

在横切面，外围的维管束小而密集，内部的则大而稀疏；在轴向，维管束的大小及密度均变化小。G. Weiner、Walter Liese 等通过研究，指出有几种典型的维管束（图 10-6）。

作为维管束组成部分的纤维素，在茎的径向和轴向均具有与维管束不同的分布规律。纤维比量自外围向内的下降率和下降梯度反映藤材质量。下降率小、梯度平缓，为材质良好的构造特征。

（4）基本组织

基本组织由具单纹孔、约为等径的薄壁细胞构成，胞壁为多层聚合结构。在纵切面，可分为两种形态：横卧形，由主轴在横向的椭圆形或矩形细胞叠成纵行；异形，长、短良种细胞间隔地叠成纵行。有的研究者将基本薄壁组织横切面区分为 A、B、C 型，并作为属的鉴别特征。但另一些研究者对省藤属的多个藤种研究表明，在省藤属一属内甚至均存在这些类型。

（5）黏液道或针晶体

薄壁未木质化的异形细胞，横切面圆形，直径显著大于周围的基本组织细胞；单独或几个连接；胞腔内常见针晶体，有时可见沉积的暗色胶状物。

（6）硅石细胞

硅石细胞形成于纤维与薄壁细胞之间，硅体呈晶簇状，圆形，被膜包围，藤茎中普遍存在。

（7）具鉴别意义的解剖特征

具鉴别意义的解剖特征有：①皮层外缘是否有纤维轮。②中柱外缘维管束是否有"黄帽"。③韧皮部单或双及筛管排列。④后生木质部导管数1或2。⑤基本薄壁组织横切面及纵切面的形态。⑥黏液道或针晶体有或无。根据上述解剖特征，已做出属的检索表。

10.2.2.2 商用藤种的解剖构造

G. Weiner、Walter Liese 等的研究表明，商用藤种有下列解剖特性：

① 横切面维管束的分布中，有20%～25%的纤维素，45%的疏导组织，30%～55%的基本薄壁组织。

② 相同尺寸的皮层纤维，中柱内部的细胞具有多层聚合结构的纤维壁，同时细胞长度大约相同。

③ 有厚壁的、多层聚合结构的基本薄壁细胞。

10.2.3 物理性质

10.2.3.1 密度

藤皮、藤芯分别取样者，采用最大含水率法；整段藤茎为试样则以排水法测定生材体积，取全干重量。所得结果均为基本密度，简称密度。已研究的藤种主要为省藤属10余种；黄藤属、戈塞藤属及钩叶藤属各1种或2种。平均密度0.32～0.65。在横切面，径向1～2mm的外围藤皮，密度不小于0.40，藤芯一般不小于0.30，密度0.25以下的藤心会明显脆弱（如黄藤）。径向长度取1mm为单元，则外围2层之间的密度相差大，内部诸层次缓慢递减。在轴向，自基部向上，各层次的密度均减小。密度在株内的变异趋势与纤维比量一致；纤维壁厚可占拟定变因的72%～78%。棕榈科植物的纤维为长寿细胞，胞壁物质的沉积随年龄增加，因此年龄是密度变异的原因之一。

10.2.3.2 含水率

生材含水率自基部向上增大，基部为60%～116%，顶部可达144%～154%。在20℃、相对湿度65%条件下的平衡含水率也表现自基部向上增大。由于比重自基部向上减小，说明比重越大，藤茎中保存水分越少。纤维壁厚、纤维比量及后生木质部导管直径占初含水率变因的80%～91%。中国广州地区藤材的气干含水率为12.7%～16.0%。

10.2.3.3 干缩率

原藤横切面的面积干缩率、纵向干缩率及二者相加的体积干缩率，均以生材体积为基数。面积干缩率，生材至气干为3.46%～7.56%，平均为5.14%；生材至全干为8.37%～13.73%，平均为9.91%。纵向干缩率，生材至气干为0.25%～0.64%，平均为0.43%；生材至全干为0.86%～1.47%，平均为1.30%。生材至全干的体积干缩率为9.6%～15.2%，平均为11.2%。同木材相比，藤材的纵向干缩率大，原因除了与纤维壁的为微纤丝角度大（40°～60°）有关，尚需做进一步的研究。自茎基部向上，面积与体积的干缩率均表现为减小趋势，同纤维比量、纤维壁厚及比重一致，说明干缩主要由于纤维中水分逸出；纵向干缩率则呈增大趋势，原因有待研究。

10.2.4 化学性质

藤材主要含有纤维素、半纤维素、木质素，同时内含物含量较高，藤材的化学性质有待进一步研究总结。

10.2.5 力学性质

藤材的力学性质主要包括轴向抗拉强度及抗压强度。由于藤茎中机械组织分布很不均匀，在没有统一的方法而又采取藤皮、藤心分别取样的情况下，各研究者对抗拉强度的测定缺乏互相比较的基础。但各项试验本身能说明某些问题。藤材抗拉强度约比抗压强度大10倍。一些含节部的拉力试样在节部被破坏，表明节部可能是藤材的最弱点。用硫黄烟雾或漂白粉漂白藤材，可使抗拉强度减小，尤其藤心。其中漂白粉的影响更大。野生藤强度有大于栽培藤的趋势。

抗拉强度试样为整段藤茎，其长度取直径的2～3倍。试验藤种除戈塞藤属及钩叶藤属各1种外，皆为省藤属，轴向抗压强度的种平均值为16.6～39.2GPa。气干材强度大于生材强度。

藤材达到破坏时的（总）变形量大，而比例极限变形量的比值小，即具有较大的塑性变形，因此藤材柔韧，这种优良的工艺特性同藤茎的薄壁细胞含量高有关。

藤材的抗压强度、抗压弹性模量、抗拉强度、抗拉弹性模量与比重及纤维相对密度均呈显著正相关，与薄壁组织比量均呈显著负相关。

藤材内应力发源于纤维。纵向压应力存在于外围，纵向拉应力存在于心部。自基部向上及外围向内，应力减小，与纤维比量在株内的变化一致。纤维比量与应力及弹性模量均呈显著正相关。马来西亚研究人员曾试图将藤材用于建筑构件，但试验表明，藤材和混凝土之间的黏着力低。藤钢筋混凝土梁常因斜向拉力被破坏。

补充阅读资料——
LYT 2139—2013
棕榈藤材物理性能测定方法

10.3 主要商品藤种材性及利用

（1）西加省藤 *Calamus caesius*

别名 印度尼西亚：rottan sego, rotan taman；菲律宾：sika；泰国：wai ta kha thong。

西加省藤是国际上最知名的优质商品藤种之一，其藤茎柔韧，节间长度大，藤节无明显突起，均匀光滑，表皮黄白色。为中小径级藤种，丛生，攀缘性强。去鞘直径7.0～12.0mm，带鞘直径约20.0mm；节间长度50.0cm或更长。长期以来，农民应用西加省藤作篮子、席子、地毯、手工艺品、绳子和建筑材料。现代人用其制作高级名贵家具和工艺品。

（2）短叶省藤 *Calamus egregius*

别名 中国海南：犁藤、厘藤。

短叶省藤为中小径级藤种，攀缘藤本，品质优良。带鞘直径1.0～1.3cm。短叶省藤是家具业极佳的绑扎和编织材料，并广泛应用于索具和建筑材料。

（3）细茎省藤 *Calamus exilis*

别名 印度尼西亚：uwi pahe（palembang），rotan gunung；马来西亚：rotan paku, rotan lilin。

细茎省藤为中径级藤种，单生或丛生，其品质优良。去鞘直径4.0～8.0mm，带鞘直径8.0～20.0mm，节间长度15.0cm或更长。细茎省藤主要用于制作家具，以及劈制成藤篾制作篮子、灯具和花瓶等手工艺品。

（4）长鞭藤 *Calamus flagellum*

长鞭藤为中径级藤种，攀缘藤本，丛生或单生。去鞘直径22.0～28.0mm，平均24.0mm，带鞘直径40.0～50.0mm；节间长度22.0～35.0cm。原藤黄白色，直径较均匀，藤材具优良的工艺学特性，性能与单叶省藤相似。长鞭藤在产地用于作绳索、编制农用器具和日常用品；工业上直接利用原藤做家具的骨架，经加工劈制的藤篾、藤丝用于编织精美的工艺制品和器具。

（5）丝状省藤 *Calamus javensis*

别名 印度尼西亚：rotan opot, howe cacing, rotanlilin；马来西亚：coonk stook, lempinit ular-ular；菲律宾：arorog, arurug, rotan cacing；泰国：rote batu, wai tek, wai kuna。

丝状省藤藤条长，为丛生藤，藤茎纤细，韧性好，品质优良。去鞘直径2.0～6.0mm，带鞘直径10mm；节间长度30cm或更短。在马来西亚半岛，当地人用原藤制作索具、篮子、索梯和乐器；西迈人用多刺的叶鞘做粗齿木锉；在沙巴和沙捞越地区，一般用于制作篮子和绑扎材料。藤茎可做吹箭筒外套。

（6）玛瑙省藤 *Calamus manan*

别名 东南亚地区：Rotan manau；马来西亚半岛：Rotan manau telur。

玛瑙省藤为大径藤种，攀缘藤本，单生。原藤直径5.0～8.0cm，节间长度30.0～50.0cm，节无明显突起，整藤均匀平顺，表皮黄白色，藤材品质优良，抗弯强度高，易于造型。玛瑙省藤是高级藤家具的优选材料，为国际市场最著名的优质商品藤种之一。

（7）梅氏省藤 *Calamus merrillii*

别名 *Calamus maximus* Merrill。

梅氏省藤原产于菲律宾，是品质优良的商品藤种。为攀缘藤本，丛生。去鞘直径25.0～45.0mm，带鞘直径60.0～70.0mm。原藤条可做支撑架或曲成各种形状的框架。多藤条可拧成缆绳。藤篾是优质的编织材料，用来做席子、帽子、篮子、椅子及各种捕鱼器，常用来做"镶嵌"家具。

（8）民都洛藤 *Calamus mindorensis*

别名 菲律宾：tumalim, tumaram。

民都洛藤是菲律宾备受欢迎的大径级藤种，其品质优良，为攀缘藤本，单生。菲律宾政府对民都洛藤的原藤做了系统分类和分级，并以tumalim的商业名进行注册。藤茎直径为15.0～25.0mm，总体颜色浅淡黄至淡黄。商用民都洛藤通常要求：含水量12%～20%，最小长度4.0m，小头直径15.0～30.0mm，藤茎浅淡黄色至淡黄色。民都洛藤是菲律宾最重要的商品藤种之一。在地方和国际市场上通常是以原藤条的形式进行交易，工业上直接用原藤条制作家具。

（9）版纳省藤 *Calamus nambariensis*

版纳省藤为优良藤种，攀缘藤本，丛生。带

鞘直径3.0~4.0cm，去鞘直径2.0~3.0cm。藤皮及藤芯的抗拉强度均较大，易于加工，工艺性能良好。版纳省藤是藤编家具及工艺品的优良材料。

(10) 佳宜省藤 *Calamus optimus*

别名　印度尼西亚：rotan kesup, rotan buku dalam, rotan lambang；马来西亚：rotan dok, sek batang, we maliang；菲律宾：limuran, rimoran, borongan；泰国：waai chaang。

佳宜省藤除了直径比西加省藤略粗外，其他品质与西加省藤相同。为中径级藤种，丛生。去鞘直径15mm，带鞘直径30.0mm，节间长度15.0mm。藤茎富有弹性，经久耐用，表面光滑，金黄色，质地均匀，特别适合劈成细篾。在沙捞越，佳宜省藤用于制作席子、索具、绑扎家具和编织；在加里曼丹中心和南部，劈开的藤条以同样用途在商业上占有重要的地位。

(11) 美丽省藤 *Calamus ornatus*

别名　印度尼西亚：rotan kesup, rotan buku dalam, rotan lambang；马来西亚：rotan dok (Selangor), sek batang；菲律宾：limuran, rimoran, borongan；泰国：waai chaang。

美丽省藤为攀缘藤本，丛生。去鞘直径40.0mm，带鞘直径70.0mm；节明显，节间距30.0cm。其材质优良，是国际上著名商品藤种之一。藤茎主要用来做家具。

(12) 卵果省藤 *Calamus ovoideus*

别名　斯里兰卡：thuda rena, sudu wewel, ma wewel。

卵果省藤为攀缘藤本，丛生。去鞘直径30.0~50.0mm，带鞘直径40.0~80.0mm；节间长度为30cm或更长。茎光滑、浅褐色，藤芯白色，极少软髓，藤条重，品质优良。藤茎主要用来做家具骨架和劈成藤篾制作篮子等工艺品。藤材在斯里兰卡以外的国家没有交易。斯里兰卡极少量卵果省藤的产品流通到外国游客中和出口国际市场。

(13) 泽生藤 *Calamus plaustris*

别名　马来西亚：rotan buku hitam, rotan teling, rotan sega beruang, rotan pasir；泰国：waai khring。

泽生藤为中径级藤种，高大攀缘藤本。带鞘直径4cm，去鞘直径2.0~3.0cm；节间长度变化在15.0~30.0cm。藤茎黄色，具光泽，其形态、藤材材性和强度与玛瑙省藤几乎相似，是最优良的商品藤种之一。泽生藤用于制作优质藤家具。

(14) 毛刺省藤 *Calamus pogonacanthus*

别名　马来西亚：wi tut, wi pale。

毛刺省藤为攀缘藤本，丛生，中等大小。去鞘直径25.0mm，带鞘直径35.0mm；节间长度30.0cm。为耐用藤种，藤条质地均一，易于劈开。毛刺省藤用于绑扎、系节和制作藤席及藤织工艺品。

(15) 长节省藤 *Calamus scipionum*

别名　马来西亚：rotan semambu；泰国：waai maithao。

长节省藤为攀缘藤本，密丛生。去鞘直径25.0~35.0mm，带鞘直径50.0mm；节明显，横切面略不对称，藤茎不是圆柱形；节间长度大多数长于30cm，有时28cm或更短，但有时超过1m。藤茎表面浅褐色或浅褐色至深褐色，有时具有褐色斑点。长节省藤可用于制作质量适中的家具，还可做手杖、伞柄等。

(16) 单叶省藤 *Calamus simplicifolius*

别名　中国海南：厘藤。

单叶省藤为丛生大型攀缘藤本。去鞘直径0.8~2.0cm，茎粗变化小，上下均一；节间长度15.0~30.0cm。藤茎加工工艺性能良好，藤皮及藤芯抗拉强度均较大，易于加工，具有很高的经济价值和开发利用前景。单叶省藤是藤编家具及工艺品的优良材料。

(17) 疏刺省藤 *Calamus subinermis*

别名　马来西亚：rotan batu, rotan tunggal, mangkawayan。

疏刺省藤为大径级藤种，单生或丛生。去鞘直径18.0~30.0mm，很少达到40.0mm，带鞘直径50mm或更大；节间长度15.0~30.0cm。藤茎黄色、光滑、均匀、坚硬而富有弹性和韧性。藤条除直径稍细之外，其藤材性质与玛瑙省藤等优质商品藤种相似。疏刺省藤多用于制作家具骨架，而较少用于制作工艺品。

(18) 白藤 *Calamus tetradactylus*

别名　中国：鸡藤，小白藤。

白藤为小型攀缘藤本，丛生。带鞘直径0.9~1.2cm，去鞘直径0.5~0.8cm，藤茎终生变化小；节长15.0~25.0cm。藤茎工艺性能良好，具有较高的经济价值和开发应用前景。白藤是编织家具及藤席、工艺品的优良材料。

(19) 粗鞘省藤 *Calamus trachycoleus*

别名　印度尼西亚：rotan irit。

粗鞘省藤为中小径级藤种，丛生。去鞘直径8.0~10.0mm，带鞘直径20.0mm以上；节间长度15.0~30.0cm或更长。品质优良，是国际上最重要的商品藤种之一。传统上，原藤用于制作篮子、捕鱼工具、绳索等；商业上，其原藤条或藤皮、藤芯用于编织各种器具、工艺品或家具材料。

（20）肿鞘省藤 *Calamus tumidus*

别名　马来半岛和苏门答腊：Rotan manau tikus；马来西亚：rotan manau buku hitam。

肿鞘省藤为攀缘藤本，单生。去鞘藤茎基部直径12.0mm，成熟藤茎上部去鞘直径约25mm，带鞘直径45.0mm；基部节间长30.0cm。肿鞘省藤品质优良，虽然藤茎没有玛瑙省藤规则，节间长度也比较短，但仍是一个优良的商品藤种。肿鞘省藤是家具的优质材料。

（21）大藤 *Calamus wailing*

别名　中国：wailing rotan, da-teng。

大藤为攀缘藤本，丛生。带鞘直径4cm或更粗，去鞘直径约2cm。茎粗壮，藤条经久耐用，与其他藤种相比，更易劈成细篾。大藤广泛用于编织和家具制作；藤篾可用于编织椅子、小桌、饭盒、手提篮和席子；原藤用于作家具骨架和建筑材料。

（22）云南省藤 *Calamus yunnanensis*

别名　中国云南：leileiniu（哈尼语），lui（佤语）。

云南省藤为中径级藤种，攀缘藤本，单生。带鞘直径2.0~2.5cm，去鞘直径1.0~1.3cm。原藤材质优良。云南省藤是优质家具、工艺品和日用器具的编织材料。

（23）珠林葛藤 *Calamus zollingeri*

别名　印度尼西亚：rotan batang, pondos batang, rotan air。

珠林葛藤为丛生藤，茎粗壮。去鞘直径25.0~40.0mm，带鞘直径60.0mm；节间长40.0cm。珠林葛藤是制作家具骨架的优良藤材。在印度尼西亚的苏拉威西得到广泛的应用；在爪哇以原料的形式销售或出口到中国香港等地。

（24）黄藤 *Daemonorops margaritae*

别名　中国：红藤。

黄藤为大型攀缘藤本，丛生。带鞘直径3.0~5.0cm，去鞘直径0.8~1.2cm，茎粗终生变化小；节间长度15.0~40.0cm。藤茎具良好的工艺特性。黄藤是具有较高经济价值和开发前景的多用途珍贵森林植物，也是华南地区推广人工栽培的主要商品藤种之一。藤茎主要用于家具制作、藤工艺品和编织材料。

（25）粗壮黄藤 *Daemonorops robusta*

别名　印度尼西亚：rotan susu, batang merah, rotan bulu rusa。

粗壮黄藤为丛生藤，茎粗壮。去鞘直径23.0mm，带鞘直径40.0mm；节间长度23.0cm。质量略次于珠林葛藤。粗壮黄藤主要用于制作家具骨架，原藤在当地进行交易。

（26）同羽黄藤 *Daemonorops sabut*

别名　印度尼西亚：jungan；马来西亚：rotan sabut, toan pekat, wi lepoh；泰国：waai phon khon non。

同羽黄藤丛生。去鞘直径15.0mm，带鞘直径30.0mm；节间长度10.0cm。同羽黄藤经久耐用。在当地，是编织篮子的优良材料；在沙捞越地区，用藤篾编织席子、篮子及绑扎房屋。

（27）戈塞藤属 *Korthalsia*

戈塞藤属为攀缘藤本，密丛生。

主要种的别名和学名：

• 学名 *Korthalsia cheb*

别名　马来西亚：keb. wee jematang tengan

• 学名 *Korthalsia echinometra*

别名　印度尼西亚：uwi hurang, rotan meiya；马来西亚：rotan dahan, rotan semut, rotan udang

• 学名 *Korthalsia flagellaris*

别名　马来西亚：rotan daham

• 学名 *Korthalsia laciniosa*

别名　马来西亚：rotan daham

• 学名 *Korthalsia rigida*

别名　马来西亚：rotan daham

• 学名 *Korthalsia robusta*

别名　马来西亚：rotan asas, lasas

• 学名 *Korthalsia rostrata*

别名　马来西亚：rotan semut, rotan udang

材料性质和利用：

Korthalsia cheb：去鞘直径20.0mm，带鞘直径30.0mm。

Korthalsia echinometra：去鞘直径20.0mm，带鞘直径30.0mm。

Korthalsia flagellaris：去鞘直径25.0mm，带鞘直径40.0mm或更粗。

Korthalsia laciniosa：去鞘直径 35.0mm，带鞘直径 40.0mm 或更粗。

Korthalsia rigida：去鞘直径 6.0~20.0mm，带鞘直径 30.0mm。

Korthalsia robusta：去鞘直径 25.0mm，带鞘直径 35.0mm。

Korthalsia rostrata：去鞘直径 6.0~9.0mm，带鞘直径 8.0~15.0mm。

藤条直径很小（6.0mm）至中等粗壮（40.0mm 或更大）；节间长度 10.0~40.0cm。藤条表面暗淡至红褐色，质地非常均匀，经久耐用。但因叶鞘难于剥离，降低了原藤的综合市场竞争力。戈塞藤属最重要的用途是作为编织牢固篮子的耐用材料，有时因表面暗红色而混为西加省藤，原藤可用作便宜家具的耐用材料，也可广泛用作索具。

10.4 塑料仿藤材

10.4.1 塑料仿藤材的形成、分类及其特点

塑料仿藤家具的主要用材为工业人造藤条，是由聚乙烯（Polyethylene，PE）、聚氯乙烯（Polyvinyl chloride polymer，PVC）、聚丙烯（PP）等合成树脂原料颗粒与颜料等辅料以一定的比例混合，经加热融化后，借助藤条模具，通过塑料仿藤挤出机吹塑加工而成的条状材料。图 10-7 和图 10-8 所示为塑料仿藤条和仿藤管（仿藤茎）材料。图 10-9 所示为塑料仿藤挤出机，生产线包括挤出主机、模具、冷却水槽、牵引和收卷系统，该设备用于生产各种形状和色泽的塑胶仿藤。

根据主要组成成分，塑料仿藤材可分为 PE、PVC、PP 藤条等。其中，PE 藤条无毒、易着色，具有良好的化学稳定性、耐寒、耐辐射、电绝缘性好，在塑料藤家具中使用普遍；PVC 藤条化学稳定性好，耐酸、碱和一些化学药品的侵蚀，耐潮湿，耐老化，难燃。塑料仿藤条使用时温度不能超过 60℃，在低温条件下会变硬。

根据藤条断面形态及表面效果，塑料仿藤条可分为扁藤、圆藤、压纹藤、仿真藤、效果藤、梦幻藤、变色藤、弹丝、藤管（空心藤杆）等，广泛应用于室内和户外家具，如桌、椅、沙发以及各类编织工艺品，如图 10-10 所示。

塑料仿藤条呈现出的仿天然藤条形态视觉效果逼真，具有美观、卫生、强度高、防潮、防霉、易清洗、色彩丰富、色泽稳定和成本低等优点。由于其不会干裂变形，经久耐用，抗紫外线及恶劣天气环境，适合作为户外家具的材料。大量塑料仿藤材料品种的出现，缓解了天然藤资源短缺的难题，满足了全世界不同气候地区的藤家具及其他藤产品的市场需求。

图 10-7　塑料仿藤条和仿藤管

图 10-8 塑料仿藤条（彩色空心圆藤）

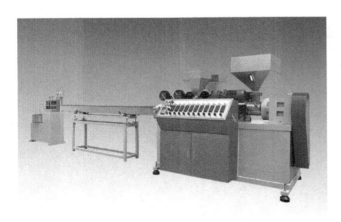

图 10-9 塑料仿藤挤出机

图 10-10 塑料仿藤桌椅

10.4.2 塑料仿藤材的环保性要求

塑料仿藤家具材料的环保性要求主要是对其中有害物质的限量规定，参照 GB 28481—2012《塑料家具中有害物质限量》执行。具体包括对邻苯二甲酸酯、重金属、多环芳香烃、多溴联苯和多溴二苯醚等有害成分的严格限定（表 10-6）。

目前，我国塑料仿藤家具大量远销海外。因此，根据相关检验检疫部门要求，塑料藤家具产品出口企业还需对其生产使用的塑料仿藤条材料

表 10-6　塑料藤家具有害物质限量要求

项　目		指　标
邻苯二甲酸酯/%	DBP	≤0.1
	BBP	≤0.1
	DEHP	≤0.1
	DNOP	≤0.1
	DINP	≤0.1
	DIDP	≤0.1
重金属/(mg/kg)	可溶性铅	≤90
	可溶性镉	≤75
	可溶性铬	≤60
	可溶性汞	≤60
多环芳香烃/(mg/kg)	苯并[α]芘	≤1.0
	16 种多环芳烃(PAH)总量	≤1000
多溴联苯[a](PBB)/(mg/kg)		≤1000
多溴二苯醚[a](PBDE)/(mg/kg)		≤1000

a 仅适用于公共场所和申明具有阻燃性能的塑料家具。

进行 SVHC 高关注物质含量测定，并出具 SGS、PONY 等专业机构的检测报告。SVHC(Substances of very high concern)，即高度关注物质，源自于根据欧盟第 1907/2006 号 REACH 法规。截至 2014 年 12 月 30 日，SVHC 候选清单物质已更新 12 次。目前正式公布的候选清单中包含 161 项 SVHC 物质，包括多种无机物和有机物，应用遍布各个行业。SVHC 可能有非常严重的、或在某些情况下、不可逆的对人和对环境的影响。

此外，近年来，法国、比利时、西班牙等国出台新规定，新增对进口塑料藤家具中的富马酸二甲酯含量检测，规定其含量不得超过 0.1mg/kg。富马酸二甲酯(Dimethyl fumarate，DMF)通常被用作防腐防霉剂产品，其对微生物有广泛、高效的抑菌、杀菌作用，曾广泛用于食品、饲料、烟草、皮革和衣物等防腐防霉及保鲜，但会导致健康损害。根据临床试验显示，DMF 可经食道吸入，对人体肠道、内脏产生腐蚀性损害，并且当该物质接触到皮肤后，会引发接触性皮炎痛楚，包括发痒、刺激、发红和灼伤，对人类的身体健康造成了极大的危害。因此，DMF 的存在成为一种严重威胁。

复习思考题

1. 棕榈藤主要分布于哪些区域？
2. 简述棕榈藤资源分布概况。
3. 简述藤茎、藤材的形态与特征。
4. 简述藤材藤茎的解剖构造。
5. 简要说明藤材的物理力学性质。
6. 简要说明国际上主要商品藤种的种类及利用特性。
7. 简述塑料仿藤材的概念、分类及其特征。

第 11 章
藤家具的造型与结构

【本章重点】
1. 藤家具的造型要素。
2. 藤家具的造型形式美特征。
3. 藤家具的常用造型形式。
4. 藤家具基本构件的类型与结构。
5. 藤家具的框架结构。
6. 藤家具的总体装配结构。

11.1 藤家具的造型

藤家具，素以造型简洁、古朴大方、轻便秀丽等优点著称，然而其容易变形，质量难于控制，单独制作大型家具比较困难，也是不争的事实。不过，经历了岁月的变迁和积淀，如今藤家具正稳步向前发展，藤家具的设计与制作得到了空前发展，一改往日良材粗作、忽略设计、缺少品位、产品寿命短、档次低的形象，"置于寒室不觉其奢，布于华堂不觉其陋"，受到社会各阶层人士的喜爱，藤家具的品种日益丰富，产量极大提高。

藤材柔韧性很强，易于弯曲。去鞘的藤茎颜色有淡黄色、褐色和淡红色，去掉藤皮的藤芯颜色多为乳白色及淡黄色，清新雅致。藤茎有节，与竹子有异曲同工之妙，两者的搭配天衣无缝。藤材可弯可扭、可劈可编，造型丰富而多变，正因为如此，赋予了藤家具造型上独特的韵味和特有的造型形象。藤材的色泽、质感与木材有相似性，但两者材料力学性能差异显著，它们的结合可说是相得益彰。

藤材绿色环保，迎合现代人返璞归真的生活情趣。同时，藤编面柔软舒适，弹性和触感好，透气性好，功能一流。与金属的结合显得轻巧而又现代。

综观人类家具设计的历史长廊，藤材总是若隐若现，不断地成为家具的点睛之笔，是历代设计大师乐于采用来诠释他们作品的重要载体之一，当需古朴时藤材以沧桑的姿态出现，当需现代时藤材又以洒脱的性格现身，藤材成为古朴与现代的化身。

图 11-1 为一些运用藤材的世界著名家具作品。

11.1.1 藤家具的造型要素

家具的造型要素，是家具造型形态构成的视觉语言符号，包括点、线、面、体、空间、色彩、肌理等，准确地把握造型要素是造型设计的基础。几何学中的这些要素是抽象的，没有实体存在的感觉，而在家具上，造型要素是物化了的，借助于一定的方法来体现。对于藤家具，比较关键的几个造型要素是点、线、面、色彩、肌理。

（1）点

在藤家具中，体现点的应用主要有家具的包角、家具的缠接及局部的金属饰件（目前很少）。在家具上，有时为了醒目这些点，甚至于采用变化了的色彩。根据家具的不同部位，点的形式也

第 11 章 藤家具的造型与结构

索耐特父子 14 号椅，生产后用更具功能性的藤代替皮革(1860 年)

阿道夫·路斯咖啡馆椅子(1898 年)

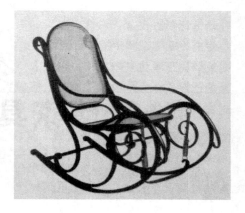

耐特公司弯曲木摇椅(1841 年)

贝伦斯设计的餐椅(1903 年)

雷曼施米特设计的椅子(1905 年)

费尔德设计的餐椅(1904 年)

威格纳设计的孔雀椅(1947年)

查理奥靠背椅(1927 年)

布劳耶悬臂椅(1929 年)

波奥超轻椅(1955 年)

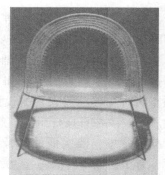

与环境协调发展的现代藤家具，法国F&H 公司设计(2000年)

图 11-1　运用藤材的世界著名家具作品

图 11-2　点的应用

呈现出变化，这样，藤家具点的形态也是多变的。通过点的应用，使原本手工味十足的家具更加强化，甚至于成为一种装饰，是人们返璞归真心理的一种体现。同时点的规律性利用也可形成韵律与节奏。如图11-2所示为应用了点的藤家具。

（2）线

藤家具主要由线状的藤材构成，根据家具的功能和线型要求进行组合变化，显得流畅自如。这类形式的藤家具存在历史悠久，使用广泛，如图11-3、图11-4所示。图11-5所示为意大利设计大师弗兰克·阿尔比尼1951年设计的Gala竹藤椅，图11-6为他在1950—1951年设计的Margherita藤椅，一直生产至今。

（3）面

藤家具的面是由线形成的面，有平面、曲面，并多为编织面，编织面的韵律是藤家具的一大特色，是其展现艺术魅力的重要手段。面的边形也是多种多样的，由线构成的形在藤家具中也应用很广泛，如图11-7、图11-8所示。图11-9所示为雷曼施米特设计的藤家具，主要为面构成。

（4）色彩

藤家具的色彩是以淡雅为主，多体现藤本色，乳白色或淡黄色。也有藤染色，可染成深色或鲜艳的红色、绿色等，藤材染色多不够均匀，有一种自然的质朴感。藤家具也进行涂饰，或透明涂饰或有色涂饰，增加色彩的光泽度，透明涂饰应用较多。如图11-10~图11-12所示。

（5）肌理

藤家具的肌理分茎用肌理、篾用肌理。藤材触感亲切，温暖宜人。保持原藤风貌的藤茎自然古朴，经过编织的面层形成凸凹感和厚重感甚至是通透感的肌理，具有雕塑一般的感觉。经过岁月雕蚀的藤皮表面形成裂纹，韵味十足。如今，也有人工在藤皮上加工这种裂纹感肌理的，如图

图11-3　藤沙发的线构成

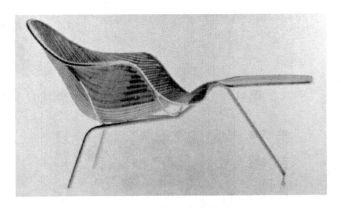

图11-4　藤椅的线构成

图11-5　Gala竹藤椅

图11-6　Margherita藤椅

图 11-7　藤沙发椅的曲面构成

图 11-8　藤沙发的曲面构成

图 11-9　雷曼施米特设计的扶手椅

图 11-10　藤本色圈椅

图 11-11　藤本色餐椅

图 11-12　深色圈椅

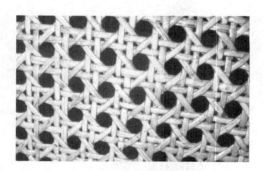
图 11-13　藤皮的人工裂纹肌理

11-13 所示。经过并料或扭卷等方式形成的凸凹相间的肌理构件，厚重而美观，富有韵律感。

11.1.2　藤家具造型的形式美特征

藤家具在造型时，同样符合统一与变化、比例与尺度、均衡与稳定、重点与一般、模拟与仿生等的构图法则。但是由于藤材特殊的材料性质，它形成了自己的一套造型形式美特征。

(1) 线型丰富和曲直相宜

藤家具用材直径从几厘米到几毫米，大小不等，柔韧易曲尽显造型之能事，形成了直线、几何曲线、自由曲线等各种线形，直线见刚，曲线见柔，曲直相宜，回环圆满，造型优美而生动。这些线型融会贯穿在家具造型中，刚柔相济，线条挺而不僵，柔而不弱，表现出简练、质朴、典雅之美。

(2) 面形多变和韵律优美

用藤篾、藤皮甚至是竹篾等围绕骨架编织而成的面，并依据骨架的方圆曲直与凹凸而呈现出不同的形态，平面严谨、规整大方，曲面活泼、婉转悠扬，呈现出自然的韵律美。这些面层构造形式，也是精工细作的典范，其图案的穿结与编制，经历了历代能工巧匠的吸收与提炼，逐渐形成了一套线条疏密有致，构图精巧大方的编织纹样图案。既给人以面的严谨，又富有线型的组合变化，高低疏密，左斜右挑，营造出浓郁的古典风情。

(3) 虚实结合和轻巧活泼

以线材为主的构成形式决定了藤家具以虚体为主，实体为辅，虚体灵巧、空灵剔透；再加上

图11-14 结构暴露的缠接餐桌

图11-15 原始豪放的桌椅

藤家具中往往曲线应用较多,另有些家具较大构件的断面均为圆形,家具整体便显得轻巧活泼,圆润流畅。

(4) 质感粗糙和肌理规整

①茎用肌理:藤家具的骨架所用藤茎如果不去皮保留原藤的某些风貌,稍加处理,便可表面光滑细腻,不需涂饰即可获得轻快柔和的视觉效果,给人以自然与纯朴之感,留有藤节的家具更是不乏竹家具的古朴和沧桑。

②篾用肌理:藤篾的不同加工形状也产生不同的质感效果。编织后形成质感粗糙、纹理精妙、具有凹凸感和厚重感甚至通透感的编织面层,具有粗笨的肌理,体现独特的雕塑感,使家具从轻巧中呈现一种厚重朴素之风,从古拙中透出空灵秀丽之气。

(5) 结构暴露和原始豪放

藤家具的结合结构往往裸露在外,或者缠接、或者编接,表面留有明显的手工造型痕迹,原始豪放,浑然天成,营造出浓郁的田园气息。如图11-14、图11-15所示。

(6) 清新雅致和色彩多变

①藤本色:藤材本身呈现出淡黄色,清新雅致,为了保持藤的本色,藤家具多进行透明涂饰。也有加以漂白后再进行透明涂饰的,使藤家具显得更加淡雅,营造出雅致的文化氛围。传统的藤家具多保持藤本色,随着年岁的久远,藤家具的色调经历着从明亮到深邃古雅的变迁。

②藤材染色:藤材染色有藤皮染色、藤篾染色和藤条染色之分。材料先经漂白处理再进行染色。现代藤家具的色彩具有诗情画意,银灰色的宁静、古铜色的浪漫、红棕色的沉着、墨绿色的神秘、黑色的庄重高贵,浅色与深色搭配的典雅活泼,都极大丰富了藤家具的色彩,再不是单一和朴素,而是多样和高贵,使家具活泼多变,更加美观,并可增加家具的艺术感,同时方便配以布艺类的软垫,增加舒适性,也易与其使用的空间环境相协调。

③藤家具涂饰:用于藤家具涂饰的涂料与光油都是油性的,光油具有防湿防霉的作用。近年来,也有专为藤家具配置的高级聚酯油。经过涂饰的藤家具光亮度较高,色彩宜人。尤其是藤芯类的家具,经过涂饰后,由于表面的凹凸肌理,形成深浅不一的色彩,具有一种浑然天成的朴实和沧桑,给人以无比亲切感,俗称做旧处理。

(7) 功能与形式的完美统一

在藤家具的造型中,纯粹虚设的构件几乎没有,每一构件,都是在回环曲折的变化中显示其功能,既给人其应有的形式美,又有其特殊的实用功能。

11.1.3 藤家具的造型形式

藤制家具是世界上最古老的家具品种之一,经过人们长期的实践和加工利用,藤材的柔韧与弯曲特性已被很好认识,形成了藤家具的一些常用造型形式(其中一些分析沿用明式家具的术语)。很早以来,在实际的设计和生产中,人们在自觉与不自觉地运用着。

11.1.3.1 腿足

藤家具的腿足形式除普通的直腿足、外撇直腿足、曲腿足外,还有圈式腿足、并料腿足、车轮式腿足及缠结腿足,如图11-16所示,这些形式的腿足,一方面是为了加强构件的强度;另一方面是为了增大家具与地面的接触面积,增强家

并料腿足　　　　圈式足　　　　缠结腿足　　　　轮式足

图 11-16　腿足形式

靠背、扶手、前腿一体式　　　靠背、扶手一体式　　　各自独立式　　　前腿、扶手一体式

图 11-17　框体形式

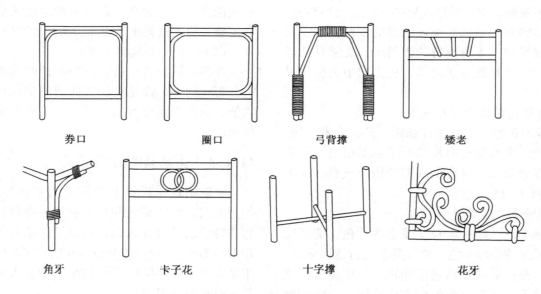

券口　　　　圈口　　　　弓背撑　　　　矮老

角牙　　　　卡子花　　　　十字撑　　　　花牙

图 11-18　主要框体支架形式

具的稳定性，使得看起来比较单薄的腿足有了一定的厚重感，给人以安全之感。其中，在床类、柜类家具中，应用并料腿足及缠结腿足较多。椅凳类、沙发类、桌类家具中，这几种形式的腿足都应用广泛。

11.1.3.2　框体

藤家具的框体形式多样，但在一些家具框体的局部有些常用形式。在椅类、沙发家具中，常见的是靠背、扶手、前两腿足一体式，还有靠背、扶手一体式，扶手、前腿足一体式及靠背、后两

11.1 藤家具的造型

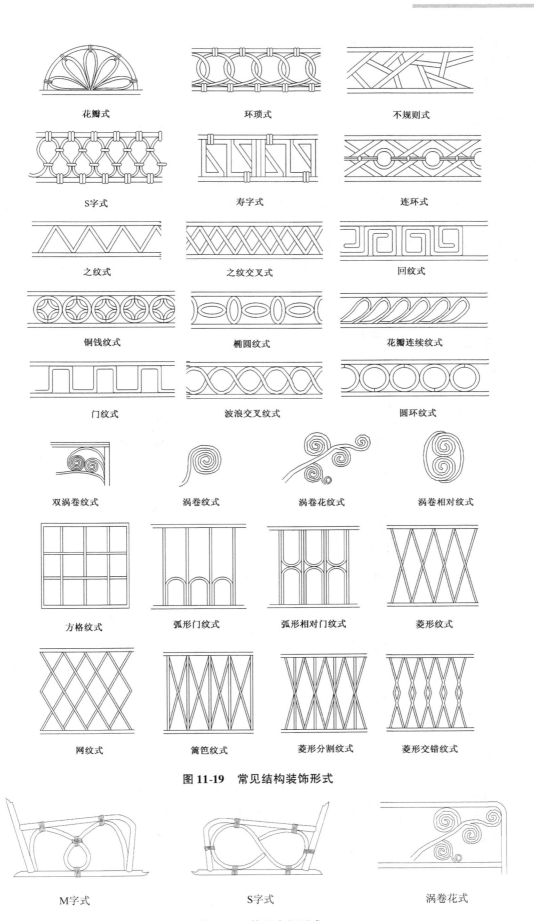

图 11-19 常见结构装饰形式

图 11-20 扶手支架形式

腿一体式，充分利用藤材的柔韧易曲性来展现藤家具的艺术魅力。藤家具的框体或饱满充实富有视觉张力，或线条流畅轻巧自如，如图 11-17 所示。

11.1.3.3 结构装饰

柔韧易曲和直径有限，这就决定了藤家具的承重较大部位必须用某些结构来提高稳定性和强度，在实际生产中多使用结构装饰部件来改善和提高藤家具的结构稳定性和强度性能，因此，既丰富了家具造型，又起到了装饰美化的作用。

图 11-18 所示为藤家具主要框体支架形式。藤家具常用的结构装饰形式有：牙子(分角牙和背牙、花牙)、券口、圈口、卡子花、托泥、矮老、撑子(包括十字撑、弓背撑)、扶手支架(包括 S 字式、M 字式、涡卷花式、网纹式等)、框体支架(包括寿字式、环锁式、花瓣式、S 字式、波浪纹式、波浪交叉纹式、树叶式、方格纹式、网纹式、回纹式、弧形门式、圆环式、椭圆纹式、之纹式、之纹交叉式、不规则式、门纹式、连环式、菱形纹式、涡卷相对纹式、铜钱纹式、双涡卷纹式、涡卷纹式、涡卷花纹式、弧形相对门纹式、篱笆纹式、菱形分割纹式、菱形交错纹式、花瓣连续纹式等)，如图 11-19 所示为一些常用结构装饰形式，图 11-20 所示为扶手支架形式。 这些结构装

图 11-21　结饰纹样

饰形式多用于桌椅的腿足、扶手部位及桌柜的面状支架。其中，涡卷纹、涡卷花纹及涡卷相对纹常与其他形式的纹样配合应用。

在藤家具中，弓背撑、券口的应用最为普遍，而且，常常是一腿两撑或两券口式。有时撑子直接达到足部，有时在腿的中部开始撑起，这样，撑子背的弧度也是多变化的；券口一般是直接达到足部，而无横撑出现。

制作结构装饰构件的材料一般是藤条或磨皮藤条，以满足强度需要。

11.1.3.4 装饰

藤家具的造型中，主要的装饰成分是结饰和图案纹样装饰。结饰和图案纹样的利用，使家具平添了一份高贵的气质，给家具以丰富的造型艺术空间。

（1）结饰

结，又名中国结，在中国历史极其久远，可以追溯到远古的"结绳记事"时期，在我国古代文明发展史上，文字的功能形成后，结成为一种艺术，一种女性文化的代表。

结与藤家具婉转悠扬的艺术特色可说是互为生辉的，从图案的角度来说，结是一种独幅式图案，与藤编面层的连续式图案形成对比和呼应。

结在藤家具中的作用主要在于藤篾、藤皮的接长，编织收尾及装饰，主要用于家具的边角部位，如果把提篮、提包及装饰工艺品都归为家具的话，结在这些家具中的应用更为普遍，主要是以装饰的功能出现。结饰的种类很多，如图11-21所示。

与中国结紧密相连的藤家具的结饰同样讲究：紧密细致，象征隽永、执着，寄托难解难分的情怀；首尾相连、周而复始，象征着气定神圆，寄托着圆满的祝福；疏密有致、虚实相间，内含文人思想。云南腾冲，藤家具的历史产地，比较讲究藤家具结的装饰，如图11-22所示，为一云南腾冲产的结饰藤沙发椅靠背。图11-23所示为昆明产的结饰花架。

编构结饰的材料可以是细藤条、藤皮、竹篾或藤芯，尤以细藤条、藤皮的应用较多，充分利用材料的柔韧性和弯曲性。

结饰，由于其特有的中国情怀，受到人们的喜爱。然而，由于其工艺复杂，技艺传承受到影响，现代式的藤家具几乎已很少利用结饰。

（2）面层图案纹样

家具的面状构成，编织面必不可少的就是图案纹样。面层图案纹样的种类极其丰富，可有如下类别：

① 从编结起首的形式来说，有圆形、方格形、人字形、多角形、边缘起首法等。

② 从编织材料来说，有圆材（细藤条、藤芯）编、扁材（藤皮、藤篾或竹篾）编及混合编。

③ 从编织的方法来说，有连续编、穿插编、编与结混合。

④ 从图案纹样的图形编织类别来说，样式繁多，如图11-24所示，同时，每种类型往往又可通过改变经纬线的数目或者改变经纬线的宽度变化出不同效果的图案纹样来。在这当中，立体方块纹是用较宽的篾片，采用不同方向的纹理组合或者是不同色彩的组合而得到的一种立体效果，其他类型的图案纹样可通过圆材、扁材或两者的混合编织得到。

一般来说，用扁材如藤皮形成具有通透感和

图11-22　结饰沙发椅靠背

图11-23　结饰花架

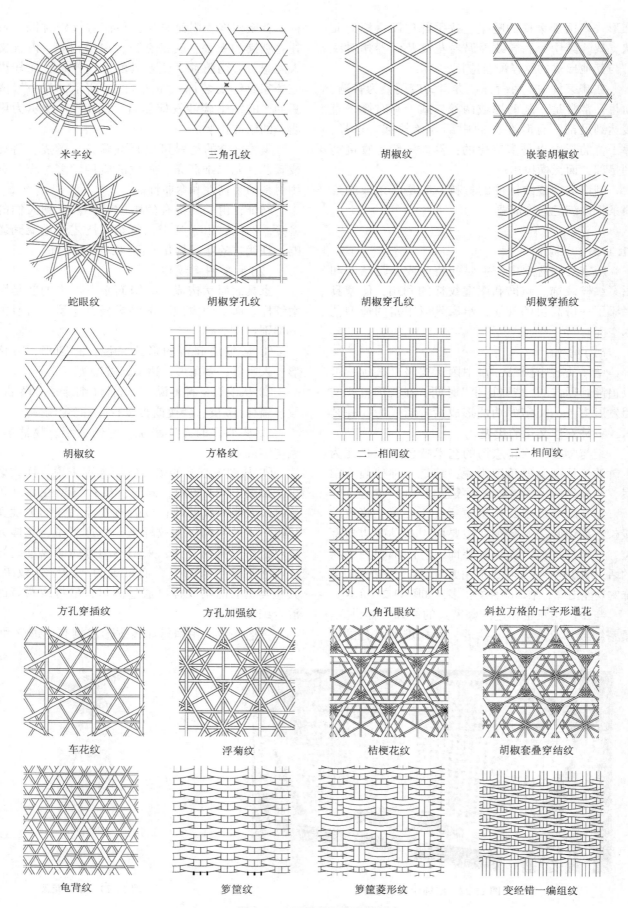

图 11-24 面层编织图案纹样

11.1 藤家具的造型

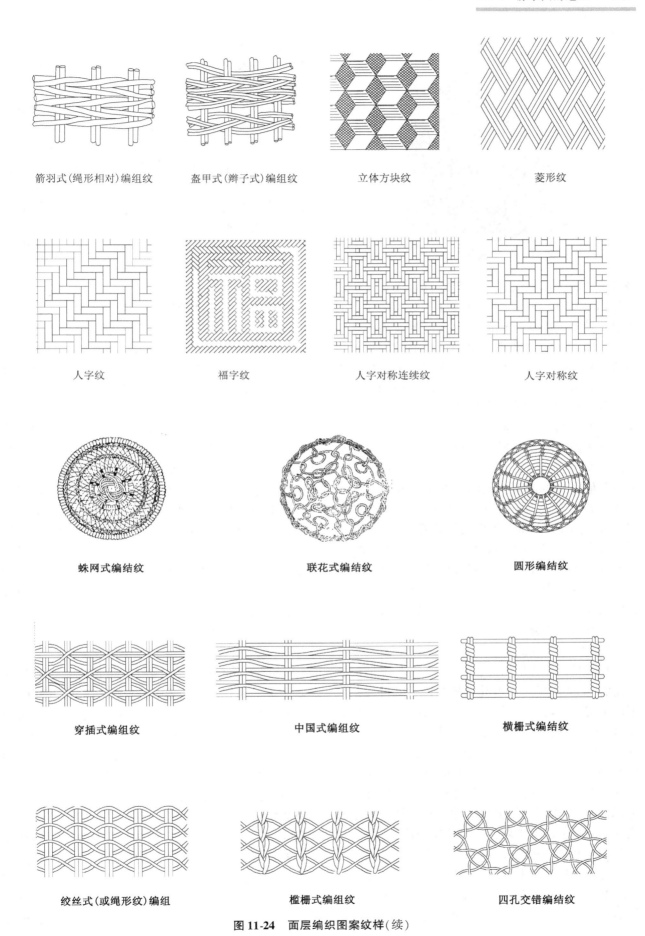

图 11-24 面层编织图案纹样（续）

图 11-25　笋筐菱形纹应用

轻巧感的虚体图案纹样，而用圆材形成具有一定凹凸感和厚重感的实体图案纹样，而人字纹及其变形纹样是用藤皮形成的具有浅浮雕效果的实体图案纹样。文字纹是具有中国特色的纹样，是中国博大精深的文字文化的一种诠释，也体现了中国久远的编织文化，如"福禄寿喜"常被用于编织中，既是装饰，又寄托了人们对美好生活的向往，深化了家具的文化内涵。

有些面层图案纹样，相对比较单调，比如笋筐式编织类，这时，也常常在大面的编织中，又添加其他类型的图案，同时，图案纹样还可改变色彩，如菱形纹、松树纹等，以此丰富家具的造型形象。图 11-25 所示为应用笋筐菱形纹的家具。

藤家具的编织图案纹样讲究：高度的装饰性、科学的工艺性、结构的牢固性以及富有哲理的浪漫性。这些富有特色的纹样，具有较强的地方性和民族性，集结了千百年来劳动人民的智慧，使家具深具文化内涵。

(3) 框体缠扎纹样

在家具框体长形构件（可是方形、长方形或圆形断面）的表面常用到缠扎纹样装饰，既可使家具更加牢实，又可使家具纹理质地整体统一性更强，同时起到装饰美化的作用。常用的缠扎纹样有素缠、单筋缠、双筋缠、花菱缠、飞鸟缠、雷文缠、交错缠、箭矢缠、结花缠、编结缠、侧结缠、留筋缠（夹藤缠）、棱形缠（素棱缠、间棱缠及蛇腹缠）等。如图 11-26 所示为几种缠扎纹样。用作缠扎纹样的材料通常是扁材，以藤皮为佳。

(4) 结构缠接纹样

缠接纹样是家具连接结构的一部分，在家具的造型上，缠接纹样是变化的因素，往往是以点的形式出现，尤其是不同色彩的缠接纹样，使家具显得更加活泼，起到很强的装饰作用。缠接纹样有素缠纹、绑扎纹、缠绑混合纹、留筋缠扎纹、横竖素缠纹、交错缠接纹。具有较强装饰作用的纹样是交错纹样。如图 11-27 为几种常见缠接纹样，缠接一般用藤皮。

(5) 包角纹样

包角是家具角部的一种装饰，使连接结构得以掩盖，同时又加以美化夸张，也强固了家具角部。家具角的结构及构件形式不同，包角样式也不同。对圆形构件，有两面包角和三面包角；对方形构件，有人字形包角、方格形包角，如图 11-28 所示。包角一般也都采用藤皮。

(6) 收口纹样

通过收口纹样的运用，使家具编织纹样收分有敛，家具边部圆滑顺畅，过渡自然，也丰富了家具的造型形象。从大的方面讲，收口有两种样式，一类是直接用经向藤芯做边，另一类是用藤条和藤皮做边。第一类又有许多形式，常见有开边收口、闭缘收口、综合收口及人字形收口，闭缘收口包括压一闭缘收口纹样、压二挑一闭缘收口纹样、压二挑二压一闭缘收口，开边收口包括连续开边收口纹样、间一开边收口纹样、间二开边收口纹样，综合收口包括双层闭缘收口纹样、连锁收口纹样、加强卷边收口纹样、环式穿插收口纹样、闭缘编组收口纹样、双层穿插收口纹样。另外还有用藤皮做编材的，收口纹样又有不同，如人字形纹样，是用藤皮经材和藤条做边。如图 11-29 所示，为收口纹样类型。收口时，用到绞丝，为圆材，绞丝材料也可采用不同的色彩，用来加强边缘轮廓效果。

(7) 线脚装饰纹样

在家具的面层上，为打破单调感，会用到线脚装饰，如在编织面层的起首和收尾或中间处，常有一行采用不同的编织纹样造成线型感（也可颜色不同），目前比较流行的做法是在笋筐式编织纹的起首和末尾各用一行盔甲式编织纹。有时在面层的连接过渡部位，为使面层间的连接美观，更加协调，也会用到线型装饰纹样（用来封口）。有时为使面层的轮廓更加分明，使家具不致过于软弱无力，也会用到线脚装饰；有时甚至用单独编织的线型纹样覆盖在窄条构件上来增加家具的美观性。当然，家具收口纹样本身也是一种线脚型装饰纹样。常用的线脚装饰纹样有一字纹、绳形纹、人字纹，有时也通过直接改变编材色彩形成

11.1 藤家具的造型

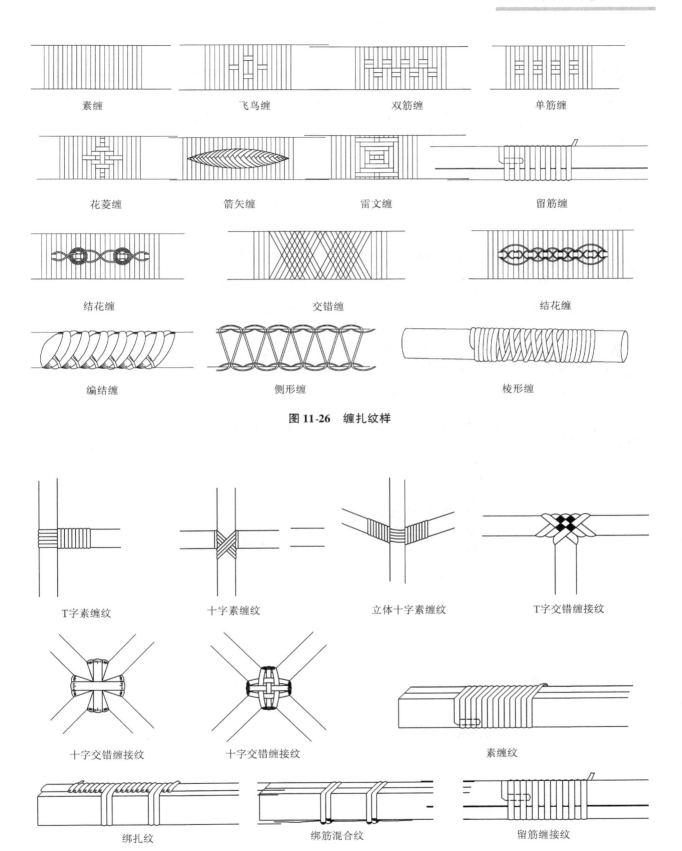

图 11-26 缠扎纹样

图 11-27 结构缠接纹样

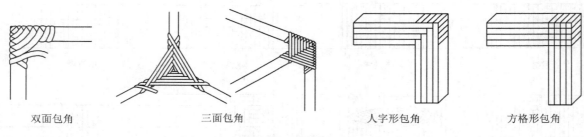

图 11-28　包角纹样

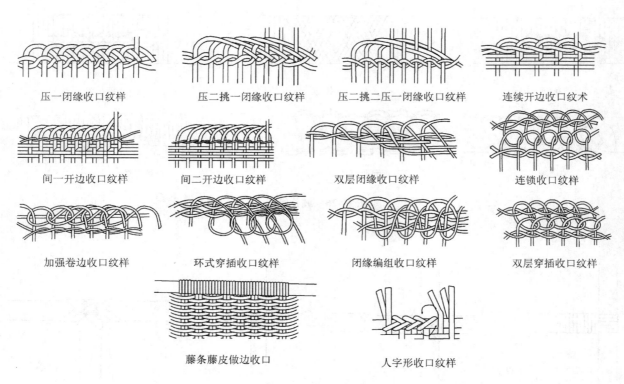

图 11-29　收口纹样

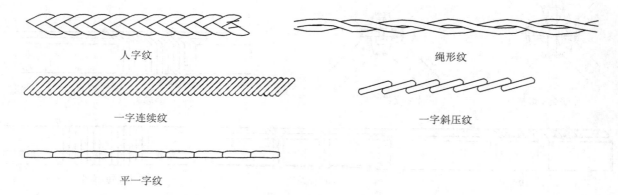

图 11-30　线脚装饰纹样

线脚感。其中，人字纹是应用最为广泛的。如图 11-30 所示为几种线脚装饰纹样。

11.2 藤家具的结构

在藤家具行业，把藤茎叫藤条。有直接用藤条来做家具骨架或者用较小藤条编织家具构件的，也有把藤条经过磨去表层的蜡质层后做家具骨架的，但大部分藤家具都是通过藤条分剖的材料做成的。把藤条从横断面锯断后，从外向内有藤皮、藤芯，利用时，把藤皮从藤芯分开，同时，又可把藤芯分剖出细小的藤芯（也称藤篾），一般断面为三角形或圆形，也有椭圆形、扁圆形、多边形或其他形状的，如图 11-31 所示为藤材材料结构。这样，藤家具的材料结构就主要有藤条、磨皮藤条、藤皮、藤芯（或藤篾）。

11.2.1 基本构件的类型与结构

11.2.1.1 零部件类型

（1）线状零部件

线状零部件是藤家具的最小组成单元，可以说，没有线，就没有面，更没有藤家具。因此，线是藤家具最主要的组成部分，线有藤条类的、藤芯类的、藤皮类的，有的直接构成家具使用，有的需进一步形成其他家具部件。藤条类零件往往是承载的主要部位，主要受力零件所用藤材多为省藤属大径级藤类和大黄藤，次要受力部位用省藤属中、小径级藤类。

①直线形零部件：指经过校直或本身直线度极佳而不需校直的零件。

②曲线形零部件：主要用藤条弯曲而成。曲线形零部件在藤家具的框架中应用非常多。主体框架、框体支架部分及结构装饰构件都有应用。

（2）面状零部件

虽然，藤家具不乏面的变化与多姿，但独立的面状零部件应用较少，大多数的面都是依据框架的形式边编织边连接而成。常用有以下种面状部件。

①覆板编织面：是指用编织面层在硬质板面上包覆固定所形成的面状部件。编织面通常由藤篾、藤皮、竹篾、柳条、芦苇、灯心草、稻草等编织而成，编织纹样图案丰富，编织手法多样。面层与底板之间通常可填充棕丝等软质材料。用于座面的较多。

②支撑板编织面：是指以塑料板、木板等为底板，在其上用藤条或藤篾结合底板编织形成面层，也有单独编织面层，然后固定上去。面层与板之间可有棕丝等填充物。在家具的大面且需受力部位，这种板面应用较多。

③藤条拼装面：又可称之为藤条面板，通常由小径级藤条或者半宽藤条在宽度上拼装而成，可以密排也可以空隙排，在家具立面或主要的承重受力处应用，从结构来看，藤条拼装面有两类，一类是拼装好的面板作为部件利用，另一类是直接用线状零件安装于框架上，形成藤条拼装面的效果，在此处指第一类。为便于区分和叙述，姑且将第一类称为部件藤条拼装面，将第二类称装配式藤条拼装面。在藤家具中，用第二类的相对较多，而如果是竹框架的，用第一类多一些。

④框体编织面：是在框体上编织面层的一种做法。这种面从结构上也可分为两类，一类是在单独框体上编织面而形成面状部件，框体多为木质框，另一类是直接依据主体框架边编织边装配而形成的面，在此处指第一类。框体编织面多为座面和靠背面利用，而且以通透型的编织为多，面层做好后固定于框架上或者作为活动构件利用，作为活动件利用较多，如作为活动坐垫。为便于区分和叙述，姑且将第一类称为部件框体编织面，第二类称为装配式框体编织面。

⑤单独编织面：是独立编织好的面层，面层边缘为毛边，当在框体上装配时再裁切固定。需

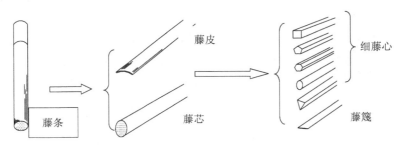

图 11-31 藤材材料结构

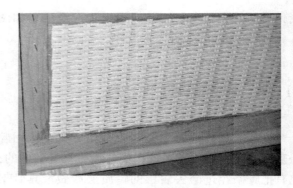

图 11-34 支撑板编织面

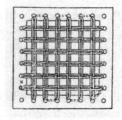

图 11-32 覆板编织面结构

图 11-33 部件框体编织面结构

说明的是，此处称单独编织面是为了与边编织边装配于框体上的面区别开来，文中将边编织边装配的面称装配式编织面。

（3）结饰或花饰零部件

这类零部件是细藤条或藤芯通过回环曲折来完成造型需要，弯曲达到所要求的造型后固定起来。

11.2.1.2 零部件结构

包括线状零部件的接长、拼宽结构，线状零件形成框体结构，面状部件结构，饰件零部件结构。线状零部件的连接在框架结构中一起讲述。

（1）覆板编织面结构

是将编织好的面层包覆在底板上，然后在底板侧面或背面用圆钉固定或 U 形钉固定，有时是在底板背面用压条固定，或者安装到框架上之后用压条（细藤条）固定。如图 11-32 所示为一种覆板编织面结构横断面，从上到下，依次为编织层、衬布层、填充层和木质材料层，编织层为装饰表面，衬布层阻隔填料溢出，填充层形成有一定柔软度的面，增加藤家具的舒适性，底板木质材料层多用人造板，为主要的受力部分。

（2）部件框体编织面结构

使用木（金属、塑料、竹）构件制作木框，木框一般采用榫接合，一种方法是木框上钻孔，然后再用藤皮及藤篾进行编结，可编结成实心的也可编结成通透型的，通透型的较多，如图 11-33 所示；另一种方法是结合框体外框进行缠编，同时有的框体甚至带支撑构件。

（3）部件藤条拼接面结构

是用细小的藤条或半宽藤条在宽度方向上的拼接，拼接的方法有绑扎、胶接、榫接及绳接（穿

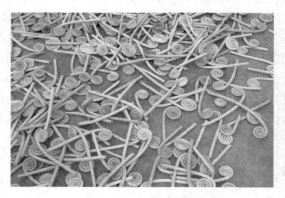

图 11-35 涡卷花零部件

孔）。由于这种部件应用很少，不再详述。

（4）支撑板编织面结构

第一种方法是在塑料板、木板等材料的边缘打孔，再用藤条或藤篾结合底板编织形成面层，面层与板之间可有棕丝等填充物；第二种方法是将编织好的面层通过胶固定在面层上；第三种方法是用弧形压条或编织纹样将面层边缘压在底板上并用钉固定。后两种的结构方法由于操作起来简便，现代家具应用较多，尤其是藤木家具中应用最多。如图 11-34 为一用胶固定的支撑板编织面形式，后面还要对编织面的边缘用压条封口。

（5）节饰或花饰零部件结构

节饰零部件的基本结构就是缠绕打结，花饰零部件一般通过弯曲后，用钉子（U 形钉或射钉）来固定。如图 11-35 为涡卷花零部件。

藤家具多为框架结构，在框架基础之上附设其他装配结构，因而，框架是藤家具的骨架。根据框架材料的不同，有藤框架、竹框架、木框架、金属框架等。其中，藤框架和竹框架应用较多。

11.2.2 框架结构

藤家具的框架不仅体现家具的外观造型，而且还是主要的受力部分，因此，框架结构形式和

接合结构的合理与否，直接影响到家具的强度、稳固性及外观造型。

11.2.2.1 框架结构形式

由于藤家具的类型及造型的多样性，藤框架的形式也就多种多样，富于变化，在主体框架上还有许多结构装饰性的扶手支架及框体支架，它们的常用形式在造型章节已介绍，不再详述。

（1）框架材料组成的结构形式

由于藤材的直径有限，直径较小的藤材在作为主体框架材料利用时必须进行并料方能满足强度要求，同时由于藤材优良的弯曲性能，在并料时还可进行一定的弯曲和扭曲，这样，从主体框架线状零部件的材料结构组成上，就形成了不同的类型。常用有以下几种结构形式的材料组成：单根材料的结构、两根材料的结构、三根材料的结构、三轴材料结构、簇卷材料结构、扭曲材料结构、扭卷材料结构，如图 11-36 所示。每种形式的材料组成，造型效果不同，根据需要进行选择。其中，扭卷、簇卷的材料结构，中间可为实木。至于材料间的连接，以射钉连接为主，有时也辅以一定的胶连接。

（2）框架结构形式

不论是什么形式的框架，基本上都是由线状零部件组成，零部件如何搭配组合才能达到要求的框架形式并满足强度需要，这是藤家具框架结构的重要方面，也是框架结构形式的体现，是藤家具结构设计的重点。

下面以一件藤沙发椅为例说明藤家具框架结构形式的零部件组成及零部件名称，如图 11-37 所示。

在藤家具中，靠背、扶手、前腿为一体或扶手、靠背为一体的应用较多，这种结构可充分发挥藤材的弯曲性能，同时，造型也显得圆润流畅，本文将这样的连为一体的形式称为连帮背。连帮背有时是需要靠几个零件接长在一起的，其接长的部位也是结构形式的一方面，一般可在座面与扶手的交接处进行。框架结构形式的重要一点是，对于主要的骨架受力零件，尽可能使用整根藤条。在藤家具中，除了基本的构架外，腿间撑是必不可少的，由于藤材易于弯曲，同时比较轻，通过腿间撑的应用可以起到加固结构稳定性的作用，腿间撑的形式也是多样化的，在对角线方向加十字撑的也比较多，当然，从家具的稳定性考虑，藤家具的腿应向外撇，增加接触面积；座面尽管还要有编织结构，但座面撑也是很必要的，起到一种硬性支撑，支撑座面板并保持稳定，这样家具的寿命会有所延长，也可在其上固定座面板，便于加软垫，使家具更舒适；扶手撑是藤家具另一重要构件，形式较多，扶手支架是很好的体现，扶手撑是扶手保持一定形状的重要因素；另外还有靠背撑，也是支撑靠背面并保持稳定的重要因素，同座面撑有类似功效。

总之，框架结构形式对家具的整体质量影响比较大，在进行结构设计时，必须进行深入考究，设计合适的结构构件和形式。

11.2.2.2 藤框架结构

制作框架的藤条常需弯曲甚至扭曲、接长（一般采用企口或圆榫接合）、拼宽（把两根或两根以上的藤条在径向连接起来，以提高藤家具框架的受力强度和增强造型美）等处理，框架结构连接方法一般有：钉接合、木螺钉连接、榫接合、胶接合、连接件接合、包接、缠接等，一件家具往往要把几种综合起来应用，根据家具的不同部位，采用合适的结构连接方法。目前钉接合、木螺钉接合是应用最广泛的结构连接方法。

（1）连接方法

①钉接合：藤条的拼宽、接长、横材与竖材的角部接合（T 字接、L 接）、十字接、斜撑接、U 字接、V 字接等均可用钉接法，主要是金属钉。常用的金属钉包括圆钉、射钉、U 形钉等。钉连接方法简单易行，用处甚大，但加工过程中需注意尽量于藤条首尾处留出一定长度，以免钉接时藤材发生劈裂现象，影响家具牢固性。钉接时常用胶黏剂加固。钉接合强度一般。图 11-38 为常用钉接合示意图。接长可企口接也可斜接。一般来说，作为主体框架的部分可用圆钉接合，藤皮的缠接、缠扎、藤编面的起首固定和收口固定可用 U 形钉，小型构件如结构装饰构件、压条的固定可用射钉。

②木螺钉接合：常用的木螺钉有盘头木螺钉、沉头木螺钉。木螺钉连接，家具具有一定的拆装性，但拆装次数有限。近年来，有专门用于藤家具连接的木螺钉，这种木螺钉与传统的木螺钉有许多不同，两者的比较如图 11-39 所示。木螺钉

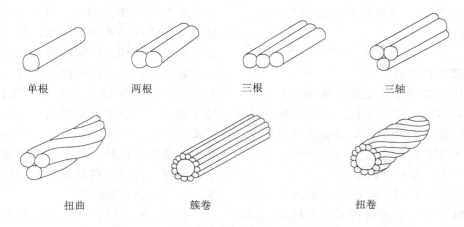

图 11-36　主体框架材料组成的结构形式

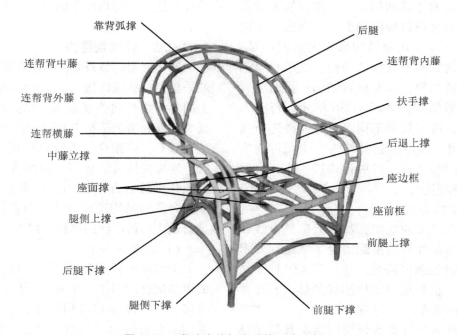

图 11-37　藤沙发椅框架结构形式示例

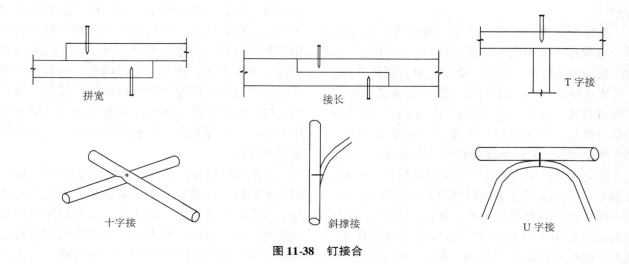

图 11-38　钉接合

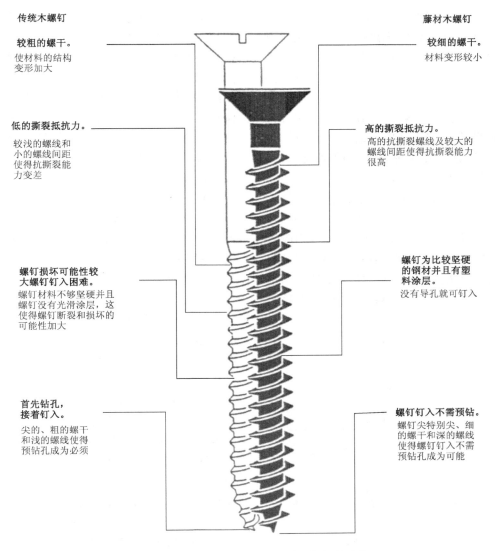

图 11-39 藤家具木螺钉与传统木螺钉的比较

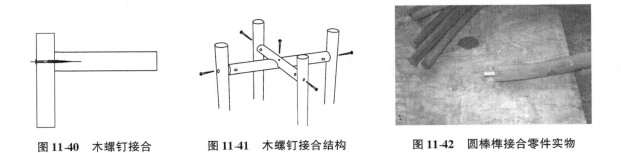

图 11-40 木螺钉接合　　图 11-41 木螺钉接合结构　　图 11-42 圆棒榫接合零件实物

连接一般用于横竖材的角部接合，普通木螺钉连接需预钻孔。有时，把螺钉端头钉入材料中，并凹陷下去，然后用腻子腻平，油漆后看不到钉头位置，外观效果更佳。木螺钉连接强度较高，连接方便，是现代藤家具制造应用较多的连接结构。图 11-40 为木螺钉连接示意图。图 11-41 为一木螺钉连接的局部框架。

③榫接法：榫接法在藤框架的制作中用于藤条的接长（端向对接、指形接或企口接）、零件的 T 字接或 L 接（横材与竖材的接合）、十字接、交叉接、构件弯曲对接等，榫接法的接合方式主要有：企口榫、指形榫、斜角榫和圆棒榫，并需用胶接合配合使用，方能达到效果，有时也用钉强固。圆棒榫可是竹质榫，也可以是木质榫。图 11-

42为正在加工中的圆棒榫接合零件。图11-43为榫接法的示意图。榫接合的强度较高，外观效果好，但工艺过程稍复杂，材料接长及弯曲对接用圆棒榫、指形榫接合是现代家具制作广泛应用的方法。

④胶接合：胶接合一般是与其他方法配合使用，是一种辅助连接方法，单一的胶接合应用很少。胶接合，无论过去或现在，应用都很普遍，白乳胶是常用的胶种。

⑤包接法：常用于T字连接的部位，是将一段藤材（横材）弯曲环绕另一段藤材（竖材）一周之后再将其端头与主体藤材（横材）连接（可用胶和钉或竹销钉固定）。这种方法在连接之前需将藤材（横材）一端锯去或削去一半，以便弯曲环绕后端头的连接固定平整。如图11-44为包接法连接结构示意图。

⑥缠接或包角法：藤家具框架连接中使用缠接法很多，有单独运用缠接结构的框架，但多数框架是在以上连接的基础之上运用缠接结构，起到强固的作用。缠接材料可用藤皮，也可用牛皮。如图11-45为应用牛皮缠接的沙发框架。缠接方法有许多，可以变换花样，既体现技艺美和结构美，又有朴实自然之趣。缠接纹样已在造型部分进行详述。框架的T字接、十字接、斜撑接、L字接运用的缠接结构既有相同之处又有区别。

T字接一般有两种连接结构，一种是在横材上钻孔，藤皮通过小孔将接合处缠牢，如图11-46所示；另一种是在横材上不钻孔，用钉子（多用射钉）先把包裹在接合处的藤皮（或细藤芯）端头固定，再用素缠法将所钉藤皮端头和钉缠住，如图11-47所示。

立体T字角接合与T字接基本相同，先用钉固定端头藤皮（或细藤芯）于水平材上，然后用素缠法将水平材上的钉和端头固定，此法也同样适应于立体十字接，如图11-48所示。

十字接的连接结构由于缠接方法的不同分沿对角线方向缠接及沿对角和平行方向缠接两种，后者可获得较大的接合强度。沿对角缠接由于缠接方法不同，缠接的图案纹样也不一样。如图11-49为一种十字对角缠接法，图11-50为一种对角和平行缠接法。斜撑接的接合结构如图11-51所示。U字接的接合结构如图11-52所示。L字接的接合结构如图11-53所示。

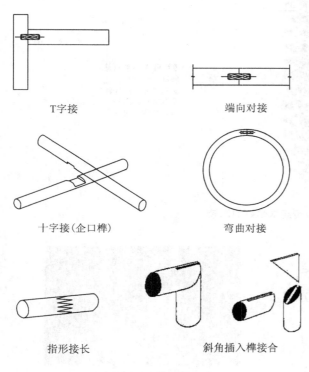

图11-43　圆棒榫接合

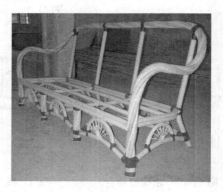

图11-45　牛皮缠接沙发框架

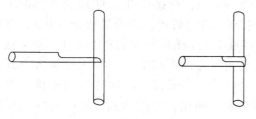

图11-44　包接法

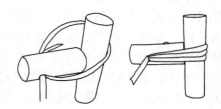

图11-46　T字钻孔缠接法

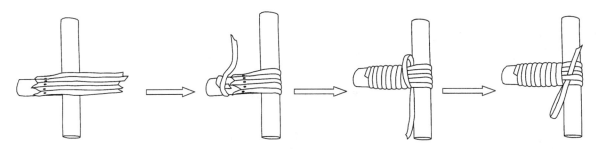

图 11-47　T 字钉子固定缠接法

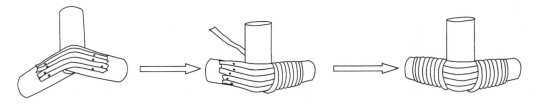

图 11-48　立体 T 字钉子固定缠接法

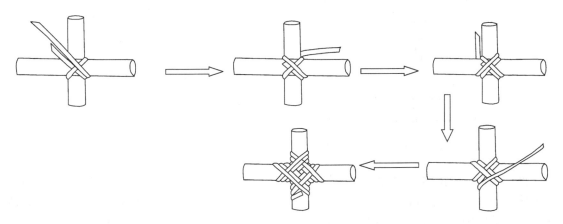

图 11-49　十字对角缠接法

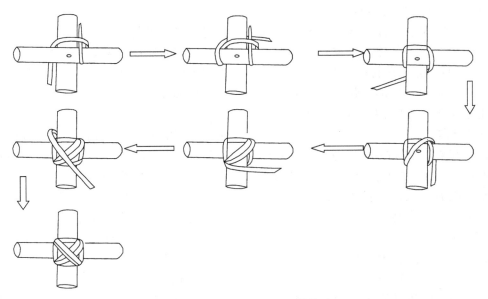

图 11-50　十字对角和平行缠接法

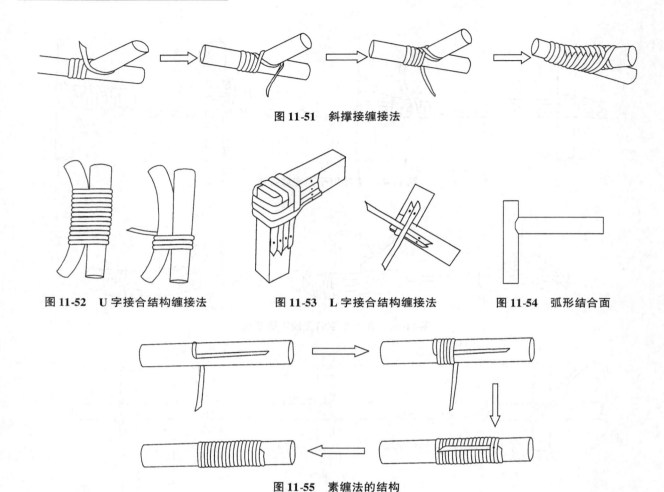

图 11-51　斜撑接缠接法

图 11-52　U 字接合结构缠接法　　图 11-53　L 字接合结构缠接法　　图 11-54　弧形结合面

图 11-55　素缠法的结构

⑦连接件接合：目前，藤家具用连接件接合的较少，几乎没有专用的连接件，只是在折叠式藤家具中，用铰链作为折叠式家具的结构连接件。藤家具，从拆装性的角度来说，在许多方面与竹家具（圆竹家具）有相似之处，两者可以有一些共用的连接件：如套接式连接件、倒刺式螺母连接件、膨胀螺栓连接件等。另外，木家具的一些连接件也可利用，如椅类家具的拆装式件。当然，在具体连接件的性能和局部形式设计上，要考虑藤材的力学性能及藤家具的构成特点来进行，但这方面至今还是空白。

以上为藤框架结构的常用连接方法，另外，为接合部位的紧密，在 T 字连接中，往往材料接合部端部要加工成弧形结构，斜接撑的撑子端部斜向削弧。如图 11-54 中的斜接撑。

（2）装饰结构

框架除了连接外，在装配其他构件前，还可进行适当装饰，主要的装饰方法就是缠扎。缠扎的基本结构是，端头藤皮的固定，中间的缠绕及接长，末端藤皮的固定。如图 11-55 为素缠法的结构，图 11-56 为藤皮接长的一种结构方式，图 11-57 为素棱缠法的结构，图 11-58 为间棱缠法的结构，图 11-59 为人字棱缠扎结构，图 11-60 为夹藤缠扎结构。此处是不同的缠法。

11.2.2.3　竹框架结构

竹竿的外观和藤条异常相似，刚度比藤条大，许多竹种如淡竹去青后经过一般的涂饰处理，若不观察端面，很难区分是藤还是竹。花竹、罗汉竹、佛肝竹、方竹等竹种外观奇特，可以满足特殊的造型需要。竹材拓宽藤家具的制作原料，是藤艺家具发展的方向之一。的确，在藤艺家具中，除了藤框架外，应用竹框架的情况也很多。尤其在我国，国产优质藤材的径级较小，与竹框架结合应用不失为一种好的选择。

（1）竹框架的结构形式

竹框架的结构形式同藤框架。

（2）竹框架的结构连接方法

由于竹材的特殊性质以及中空的材料结构，竹框架在框架的连接方法上与藤框架存在差异。

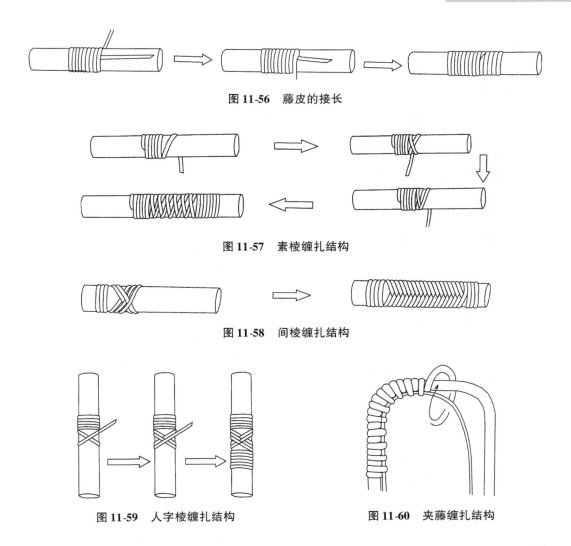

图 11-56 藤皮的接长

图 11-57 素棱缠扎结构

图 11-58 间棱缠扎结构

图 11-59 人字棱缠扎结构　　图 11-60 夹藤缠扎结构

制作竹框架前，根据不同的设计要求，需对锯制而成的竹段进行校直或弯曲处理。

框架竹段校直或弯曲好以后，需要相互连接，连接的方法很多，常用的有：棒状对接、丁字接、十字接、L字接、并接、包接、缠接等。同时要使用圆木芯、竹钉、铁钉、胶黏剂等辅助材料才能取得良好的效果。

①棒状对接：把一个预制好的圆木芯涂胶后串在两根等粗的竹段空腔中，如图 11-61（a）所示，若端头有节隔，需打通竹节隔后再接合。这种方法适用于延长等粗的竹段的长度或者闭合框架的两端连接。

②丁字接、十字接：同径竹段相接，在一根上打孔，将另一根的端头做成企口形，把预制好的木芯涂上树脂胶后进行连接。直径不同的竹段连接，在较粗的竹段上打孔，孔径的大小与被插入的竹段直径相同，涂胶后进行连接。丁字接如图 11-61（b）所示，十字接如图 11-61（c）所示。

③L字接：把同径竹段的端头按设计的角度连接，被连接的竹段端头要削成预计角度，且光滑平整无倒刺。将预制好的成一定角度的圆木芯涂胶，分别插入预制竹段的端口连接即可，图 11-61（d）所示。

④并接：把两根竹段和两根以上的竹段平行连接起来，以提高竹家具的受力强度和增强造型美。将预备好的同径竹段接合面的竹节削平，使其相互紧密相接，机动打孔销钉即可。打孔销钉的方向应相互交错。

⑤包接：一根竹段弯曲 360°之后再将两个端头相连接。选上下径相同的竹段，两个端头纵向各相应锯去或削去一半，弯曲 360°之后，再与保留的另一半相嵌而接（图 11-62 所示）。竹段端头处理有正劈和斜劈两种，图 11-62（a）为正劈，图 11-62（b）为斜削。不论正劈还是斜削，都要有一个尖头插入相垂直的另一根竹段中，再钉入销钉以增加强度。

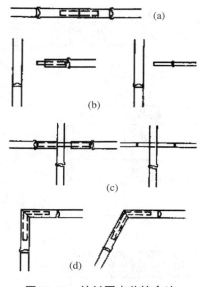

图 11-61　竹材圆木芯接合法

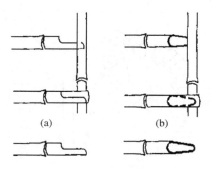

图 11-62　包接法

⑥缠接：竹框架的连接部位，用藤皮、塑料带、牛皮等缠绕在接合处使之加固，使用的辅助材料有竹销钉、原木芯、树脂胶等。缠接的方式很多，基本与藤框架的缠接方法相同，如图 11-63 所示。

⑦五金件连接：竹框架的五金件连接主要有木螺钉连接、螺栓连接、铰链连接（折叠式结构）、销钉连接等。

11.2.3　总体装配结构

藤家具的装配结构除框架自身的装配结构外，还有以下的装配结构。

11.2.3.1　框体支架或扶手支架的装配结构

支架部分有时自身也要进行一定的连接，一般可用缠接来完成。支架部分可通过钉接、胶接或缠接来实现装配。寿字纹、环锁纹、波浪纹、波浪交叉纹、S 纹、树叶纹等，一般先用钉接再加缠接来完成连接。不规则纹、之字纹等可用钉接来装配。网纹等较密集的结构（面状感觉）可用开槽插接加钉接的方式来装配，也可用压条藤的方式装配，基本与藤条面层的装配结构相同，后面一起叙述。如图 11-64 为一采用压条藤的方式装配网纹支架（扶手支架）的家具局部。

11.2.3.2　面层装配结构

（1）面层结构的分类

在藤家具中，面层应用很多，面的形式多样，根据面层的形成方式，结合前面部分的描述，可将面层分为装配式框体编织面（图 11-65）、装配式藤条拼装面（图 11-66）及部件结构面层（图 11-67），部件结构面层包括支撑板编织面、覆板编织面、部件藤条拼装面、部件框体编织面、单独编织面。

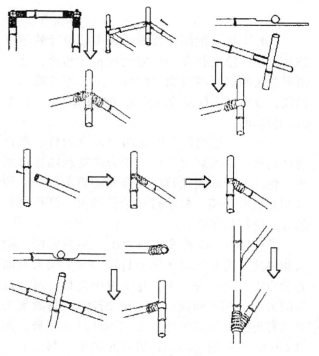

图 11-63　竹框架缠接法

图 11-64　网纹扶手支架局部

图 11-65　装配式框体编织面　　图 11-66　装配式藤条拼装面　　图 11-67　部件结构面层（覆板面）

就编织面本身来说，根据通透与否，可分为通透型和非通透型。根据在家具中的具体部位，在椅类家具中，面层可分为靠背面层、扶手面层、坐面面层等。

（2）面层自身的编织结构

编织面本身的纹样各异，自身的编织结构也不同，具体的编织纹样见造型研究部分，多数面层只要看到纹样就很容易确定如何编织。一般来说，作为面层本身的编织结构，编织的起首很关键，多数是经线、纬线编织，有的编织是在上述基础上编好后，再加其他方向的编材，不论什么样的编材，均是按一凸一凹的规律来进行编织。当然纬线编材在进行编织时，可有一个一组、两个一组或三个一组的编法，一个一组较简单，两个或三个一组的纬线，本身还可有一定的编织结构，如箭羽式编织，是两个一组，在编织时两材料要扭接，下一行相对起来扭结，还有三个一组的盔甲式纹样，三材料在与纬线编时要象编辫子一样编织起来。

同时，面层自身还有收口结构，具体纹样见造型研究部分。

（3）面层装配结构

①装配式框体编织面的装配结构：装配式框体编织面的装配一种方法是将编织经线材料起首用钉（U形钉或射钉）固定在框体上，然后再缠接和编织，是在编织过程中直接与家具框架通过编织缠扎连接（有时也需用 U 形钉辅助连接）起来，编织起首经线的固定是环绕边框一周后定于边框上；编织面两边纬线的固定有直接用纬线缠绕固定于框体上和纬线留毛边后面用钉子固定两种，所留毛边绕框体一周后固定，与起首编织要相配；编织面的收口部分固定同边缘的固定，也与整体

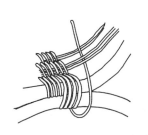
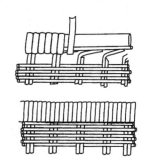

图 11-68　直接编织装配结构 1　　　图 11-69　面层藤皮收口装配

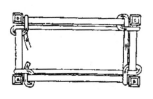
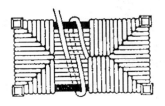

图 11-70　直接编织装配结构 2

编织要相配，如图 11-68 和图 11-69 是装配式框体编织面的第一种装配结构；第二种方法起首连接同第一种方法，只是终了连接是通过收口结构来完成连接，既通过藤皮将编织面层的尾端与框体缠接起来，如图 11-70 所示。第三种方法是，起首直接固定于框体上，在编织边缘和末端用收口纹样收口后，用 U 形钉将其固定，最后再封口（也就是盖住连接部位），可用压条（细藤条）封口，也可用装饰纹样来封口，封口时用 U 形钉或射钉，压条一般用射钉固定，装饰纹样用 U 形钉固定，如图 11-71 为一应用此法的编织面装配结构示意图，其他用到封口的封口结构也是如此。第三种方法加工简单，向机械化迈进了一步，同时也更符合现代人的审美需求，造型效果简洁明快，现代藤家具的结构应用较多。

在金属框架的藤家具中，另外还有一种比较特殊的面层结构，即绷带基础编织结构，为了保证造型和强度需要，利用绷带作为受力结构，绷带固定在框架上，以绷带为基础，利用藤皮或藤篾编织面层。

②装配式藤条拼装面的装配结构：这种面的安装常用有三种结构，一是开孔插接，即在框架的两边开槽孔或榫孔，然后将藤条一个一个插进去，这种面在低档的或小面积的板面中有应用，同时框体多为竹框，目前应用较少；二是压条固定，即采用压条的方法将藤条夹起，压条通过钉子固定于边框上，面层有透空型和非通透型的，这种结构看起来像是给面做了边框，比较美观，应用广泛，如图 11-72 为应用这种方法连接的两件家具局部，如图 11-73 为这种面的结构示意图，事实上，用压条固定的其他面层也基本同此，只不过有的只在板面背面用压条固定；三是钉子固接，即将藤条通过钉子直接与边框固定在一起，这种装配结构简单，但强度有限，用于非承重部位，如图 11-66 为一采用这种装配结构的家具局部。这三种面在用做承重部位时，背面一般要有撑子，撑子与藤条通过射钉或缠接固定起来。

部件结构面层的装配结构 覆板编织面的装

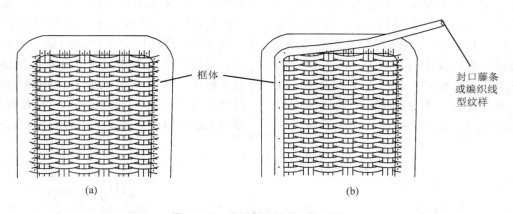

图 11-71 编织面固定与封口结构
（a）编织面在框体的固定 （b）封口固定

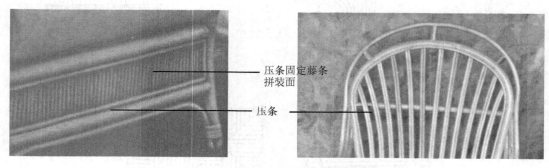

图 11-72 家具局部的压条装配藤条拼装面

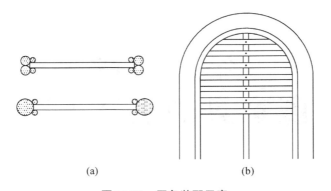

图 11-73　压条装配示意
(a)压条固定横断面　(b)压条固定正面

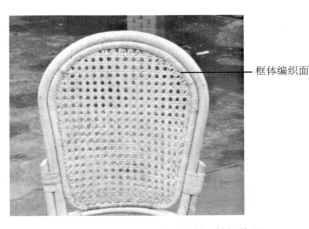

图 11-74　部件框体装配结构(射钉装配)

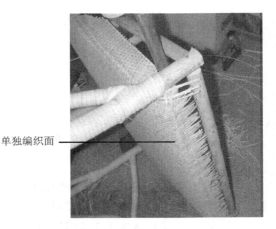

图 11-75　单独编织面装配结构

配比较简单，直接用木螺钉或钉子来连接，即在框体上用钉钉入覆板背面。

支撑板编织面的装配有两种结构，一是在框体开槽孔，将面层插接紧固即可；二是用压条来固接，也就是装配式藤条拼装面的压条固定法。

部件藤条拼装面的装配与装配式藤条拼装面相同。

部件框体编织面可通过木螺钉或钉子与框体连接起来，如为通透型的面层，也可用缠接来固定；也有不进行连接的，如坐垫。如图 11-74 为一用部件框体装配结构的家具局部。

单独编织面的装配用 U 形钉，最后再封口(用压条藤或压条线型纹样)，与装配式框体编织面的第三种结构相同，如图 11-75 为一单独编织面的装配固定结构。

11.2.3.3　其他构件的装配结构

其他构件如小的撑子、结饰和花饰等均可用钉接(射钉)或缠接结构装配。线型装饰纹样可用钉接(U 形钉)来完成。

复习思考题

1. 藤家具的造型要素有哪些？
2. 藤家具的常用造型形式有哪些？
3. 简要说明藤家具的造型特征。
4. 简要说明藤家具的结构装饰形式及特点。
5. 简要说明藤家具的常用图案纹样类型及特点。
6. 家具用藤材的种类有哪些？
7. 简要说明藤家具的零部件类型与结构？
8. 藤家具的框架连接结构有哪些？
9. 藤家具的面层有哪些类型？
10. 藤家具的装配结构有哪些？

第12章 藤家具的生产工艺

【本章重点】
1. 藤家具的骨架制作工艺。
2. 藤家具的编织工艺。
3. 藤家具的表面装饰工艺。
4. 藤家具加工的主要工具与设备

合理的加工工艺是保证产品质量的关键,但加工工艺的形成是建立在对家具结构深入分析的基础之上的,尤其是藤家具这种具有明显手工艺品特征的家具,工艺与结构很难单独分开,因而本书在介绍工艺时,总是包含着家具基本结构的一些内容。传统藤家具的加工工艺是我国劳动人民的智慧结晶,深入理解吸收其精华可以为藤家具的生产工艺创新拓展思路。

12.1 藤材的制备

原藤的加工处理,通常由藤料加工场作业,然后发售给各藤器厂商使用,其加工内容有:原藤的清洗、品质的选择、弯曲的校正、长度的截割、藤皮与藤芯的劈割、蒸煮或者漂白处理、等级的选择、包装成捆、定价销售等步骤。其中藤皮与藤芯的劈割加工,以及蒸煮漂白的处理设备费用颇高,有的另行设厂加工。

12.1.1 藤条的截割

藤条的截割,以2m为标准,其他需要长度不在此限。其大小分类有特大号、大号、中号及小号等种,细藤不在此分类之内,以捆或重量计量。藤条的选择以色泽纯一、节疤不明显、生长过程良好、藤料头尾大小规格差别不大者为佳。

12.1.2 藤皮的分剖

用于剖分藤皮的藤材要求柔韧性好、强度大,如白藤、竹藤、赤藤等藤种的藤皮柔韧性和强度非常大,是编织和捆扎的绝佳材料。藤皮长度的分剖以4m为标准,宽度可分一号、二号、三号、四号及五号等种,藤皮的加工宽度常为5~6mm,厚度约为1.0mm。藤皮在使用前通常要经过药物处理,色泽纯白、无蛀斑伤痕、宽度厚度均匀者为佳,同时分割的藤皮大小均匀,厚薄相差不多为实用,否则制作时容易拉断,成品也不雅观。具体规格见表12-1和表12-2。

广东的藤厂一般按用途将藤皮分为五类:笪丝,编织藤笪;席丝,编织藤席;合丝及车皮,编织家具;沙丝,编织家具及织件。其中,细如1.9~2.0mm宽,0.50~0.52mm厚的笪丝用于编织2.66眼(眼的单位为眼数/in)藤笪,其原料须高质量印尼藤。上海的藤皮类半制品与广东不同,其他地区可能也有类似情况,这是由于藤制品长期由个体手工业者加工制作,并常为世代相传,新中国建立后,其中许多人参加集体所有制藤厂或进入地方国营企业,一些行话也带入并沿用至今。

表 12-1　进口藤皮的规格

品　名	规格/mm 宽度	规格/mm 厚度	质量要求
四开藤皮	2.8~3	1.2	藤皮条门均匀，底板光滑
薄对开藤皮	2.5~3	0.6	
三开藤皮	2.3~2.5	0.5	
细三开藤皮	1.5~1.9	0.5	
进口阔藤皮	1.3~1.5	0.5	
进口藤阔薄	5~6	1.1~1.2	底板不弓松、不粗糙
进口藤中薄	4.5~5	1	
进口藤细薄	4~4.5	1	
茅蓬藤皮	6.7~6.8	1.4	
细丝	5~5.2	1.4	
单利	5.5~6	2.6~2.8	
橹箍藤皮	7.4~7.7	2.8	

表 12-2　国产藤皮的规格

品　名	规格/mm 宽度	规格/mm 厚度	质量要求
阔薄藤皮	6~8	1.1~1.2	藤皮条门均匀，底板光滑，不弓松，不粗糙
中薄藤皮	4.5~6	1~1.1	
细薄藤皮	4~4.5	1~1.1	

藤皮劈剥加工均以机器自动化操作，生产效率高而规格性能一致，但在编制时最好再经人工修整，即用剑门刀修削，编织更能顺滑。

12.1.3　藤芯的解劈

如图 12-1 所示为分离藤皮的藤芯。用来分离藤皮与藤芯的藤材一般质量较好。

藤芯是藤条劈割藤皮后的副产物，价格比藤皮便宜，根据藤条直径的大小而劈割为若干面，然后再经过劈解而产生不同号的藤芯。藤芯长度的解劈也以 4m 为标准，其分类有一号、二号、三号、四号至二十四号等，列号数字越大则越细，以所编制的藤器用途及部位来选定藤芯材料，普通藤细工的编制多以十八号、二十号及二十四号为适宜。另外，藤芯本身越细则价格越高，因藤芯细小劈割易断裂，材料损失较多之故。

利用时，以所编制的家具用途和部位来选择藤篾材料，藤篾断面有三角形、圆形、椭圆形等形状，一般情况下，号数越小，价格越高，因为藤芯细小劈裂易断裂，材料的损失较多。有时藤芯还需做漂白或染色处理。

图 12-1　藤芯材

图 12-2　机器编织面

12.1.4　面层的编织

原藤经以上加工后，也可进一步用编织机或人工编织成面状构件，目前市场上有编织面半成品销售，藤木家具生产多是用这样的编织面。机编面要比人工编织面便宜。图 12-2 所示为机器编织面。

12.2　藤材的加工与处理工艺

藤材和木材、竹材一样，都是属非均质的各向异性材料，但在外观、结构等方面又与木材存在着很大差异，与竹材也有一定差异，有自己独特的物理机械性能。藤材强度高、韧性大、易加工，易弯曲变形，这使藤材有各种各样的用途，但这些特性也在相当程度上限制了藤材优异性能的发挥。藤材具有以下一些特点：

① 易加工，用途广：藤材纹理通直，用简单的工具即可将藤材批成藤篾，用来作为各种编织材料。同时，多数藤材颜色较浅，易于漂白处理。

② 多数直径小，这给藤材的利用带来自然天成的方便，但也限制了藤材的利用。

③ 结构不均匀：藤皮组织构造与藤芯不一致，藤皮较硬，藤芯较弱，这一特性给藤材的利用带来许多不利影响。

④ 各向异性明显：藤材的横向与纵向材性差异显著。纵向的强度明显大于横向，因而在加工利用时易产生劈裂现象。这主要是由于藤材的维管束组织走向平行（纵向）而整齐，而横向的联系没有，藤材的横向组织是强度较弱的薄壁细胞。

⑤ 易虫蛀、腐朽和霉变：藤材含有较多的营养物质，这些物质是昆虫和微生物（真菌）的营养物质，因而易发生虫蛀、腐朽和霉变现象，降低藤材的强度。

⑥ 易变色：藤材随着岁月的变迁，会逐渐变暗，色泽变差。

⑦ 热软化点低：这一特性使得藤材的弯曲更易，能进行360°以上的各种弯曲，为加工利用带来方便，藤材可加工出千曲百折的产品来。

12.2.1 藤材加工处理技术

以上藤材的这些特性，为加工处理提出了要求。砍收后的原藤，必须进行清洗和防腐（包括防蛀）处理。为了提高藤材的成色，还要进行漂白处理。然后对于硅化物含量较高的藤种，需进行脱硅，如果油脂含量高，也可能要进行脱脂处理，最后进行分等，包装出售。

以上加工称为藤材的初加工，马来西亚、印度尼西亚及菲律宾比较重视藤材质量，有初加工传统，但各地处理技术不同，目的都是获得清洁硫化藤。

12.2.1.1 除硅

除硅可用金属刷或刀片、竹片除去藤材表层的硅沙及残存叶鞘等杂质。

12.2.1.2 清洗处理

由于藤内分泌物较多，很易使藤茎发黑，角质内外层脱落，失去藤的特性。因此，砍伐后的藤条必须在短时间内进行清洗处理。清洗处理方法大致分为三种类型：

① 泡水洗擦：用粗布袋、椰子纤维或沙擦洗，直到干净，然后干燥，这种方法简单而投资小。

② 用木糠、沙、煤油混合并用椰子纤维擦净，再放在清水中冲洗，进行干燥。这种方法可降低藤茎的粗糙度，加快表皮角质硅化，对防腐也起一定作用，投资较小。

③ 用油煮沸，使藤茎内分泌物在高温下脱出，即油浴，这种方法可降低劳动强度，藤的品位也可提高，但投资较大。一般认为，油浴在于排除角质、树胶及水分，能改善颜色和光泽，减少菌、虫害。

煮沸后的藤，仍须用木糠、椰子纤维擦净，以排除表皮污物，促进藤的干燥，增强藤茎的光泽与色素，且利于防蛀。

图12-3所示为某一藤材空气干燥现场。

图12-4所示为热油煮沸减少藤材含水率的现场。

图 12-3　空气干燥

图 12-4　热油煮沸降低含水率

12.2.1.3 防腐（防蛀）处理

防腐处理是为了避免在藤里出现蓝（黑）色斑点、昆虫及其他危害性的生物体，因为这些会降低藤的质量，以致被虫蛀而毁坏。对原藤进行防腐处理必须清洗达到高质量。防腐（防蛀）处理的方法主要有以下几种：

（1）自然通风

藤材防蛀处理与竹材相似，置于室内通风良好地方，地上撒些石灰以防潮湿，或悬空架起，令其自然阴干。

（2）涂油漆、沥青等

刚采收的藤，在藤材（藤条）断面切口处，敷涂些油漆、沥青、石油或樟脑油等，以防蛀虫或霉菌侵入。

（3）化学药物浸泡

用化学药物浸泡，可使藤茎管孔充满化学药物，以避免真菌与昆虫的侵蚀，即施行有毒药水进行杀菌防蛀。可用以下几种药品处理：

① PCP（五氯石碳酸钠 Sodinm Pentachloro P）溶液防蛀法，将藤材浸入0.84%～1%的PCP溶液中10min，然后取出干燥。如大件藤材无法全部浸入时，可用溶液浇泼。该法具有防蛀防霉最大效果。如图12-5所示为PCP处理过程示意图。

② 碳酸钠溶液防蛀法，将藤材浸于0.5%碳酸钠溶液中煮沸60min，取出用清水漂洗即可。

③ 鱼藤浸渍法，鱼藤放入水中煮沸，使鱼藤汁流出成溶液体，然后将藤材浸入，2h后取出干燥。鱼藤为有毒物质，对防蛀防霉也有效果。

④ 用生汞、三氧化二砷化合物、硫酸铜、铬、硼酸、硼砂等。因其中一些药物有剧毒，使用时，要注意防毒。

药品处理所需设备及用具有：溶液池，用金属或水泥制成；压物，其重量须使藤能全部浸在溶液中；衡器，称量藤或化学药物，一般使用秤为好；量杯，装量化学药品用。

化学药物防腐的程序：原藤必须去污清洗后方能放置溶液池中，并应使藤能尽量吸收溶液。池底应放置支承物，藤面放置压物，以免藤茎漂浮，把防腐溶液注入池中，浸泡5～10天，而后排走溶液，把藤放在避光处晾干，15～20天即可。

（4）河中浸泡

做法是：把成捆藤浸泡在水里（这必须是流动淡水，可自动更新有进退水流的河流或运河），并在藤的上面放置压物，使藤能全部沉浸在水里，时间15～20天，浸泡后的藤必须即刻晾干，但要避免在强烈阳光下暴晒。这种方法成本低，但时间稍长。

（5）油溶液加热

用油溶液加热浸泡防腐，可将顽性真菌与昆虫杀死。

具体设备：溶液池（必须金属池），压物，温度计，加热器或燃烧器。

油液防腐的具体方法：在池底放置支承物，把藤放在池里，并使藤尽量吸收溶液，加上压物，将油溶液注入池里，其他防腐材料如TB192（铽192）也可加进溶液中，然后加热油池，使油温达到80～100℃，保持1～2h便停止加热，让藤仍然

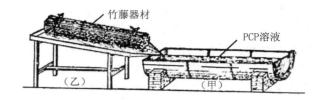

图12-5　PCP处理过程

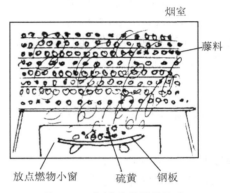

图12-6　藤料硫磺熏蒸示意

浸泡在溶液中，直到冷却后把藤放在荫处晾干，大约15～20天，用过的溶液可多次使用。

12.2.1.4　漂白处理

清洗和防腐处理后的藤，为使藤材色型稳定，应反复在阳光下晒和人工降雨，促使藤皮角质硅化，色型稳定。当藤的含水量达到约30%左右时，可进行漂白处理。

漂白处理的药剂主要有：石灰、双氧水、次氯酸钠、漂白粉、亚氯酸钠、草酸、硫黄等，其中，硫黄最为常用，但硫黄漂白处理不能经久，日久色渐变黄。如图12-6所示为用硫黄熏蒸的示意图。

漂白处理后再进行干燥处理。最后按藤的直径大小和品种、质量优劣、色型分类过磅，并把它们捆成捆准备出售。分等目前基本上是人工分等。

12.2.2　藤材加工分类

从加工的特点来说，藤材加工可分为藤条作业、藤皮作业、藤篾作业3种。藤家具生产过程中，这3种作业方式往往交替进行，藤条的紧固需要藤皮，藤皮和藤篾的骨架可以用藤条或者木、竹、金属等，因此藤家具的生产工艺过程不能用此来严格划分。藤家具的生产是一种劳动密集型产业，工人技艺的高低决定了家具质量的优劣。

从家具制作的工艺过程来看，藤家具的生产大体上可分为骨架制作工艺、编织工艺、涂饰工艺，因而藤家具厂一般将家具的生产分为三个车间：定架车间、编织车间、涂饰车间，有的还有软垫车间，分步进行加工，但前两个车间又不能完全分开，因为，两者的生产工艺往往是交叉的，有时是要反复进行的。定架车间，主要完成藤料加工、骨架材料的弯曲、锯截和定制、装饰构件的加工和定制。编织车间完成各部分零部件的编织，也包括框架的缠结及缠扎。涂饰车间完成家具的有关涂饰工序。

12.3 藤家具的骨架制作工艺

藤家具的骨架制作工艺主要包括骨架的成型和藤皮的缠扎，其具体工艺过程为：选料 → 藤料处理 → 设定规格 → 下料 → 型模制作 → 零部件加工（弯曲成型）→ 定架 → 缠扎。

12.3.1 骨架的成型

12.3.1.1 选料

材料必须合理选用，均衡搭配，应按产品结构、形态、使用标准、经济价值进行配套搭配。理顺裁截藤料时，原则上直径在14mm以上的中大藤，视使用价值与结构而论，在可粗可细的情况下，要尽量用细的，这是协调性的整理，但也应以材料的材性为依据，确保结实牢固。在色泽的选择上，应把材色差的藤材用在有覆盖或着色喷漆的产品上，如果是档次高的磨皮藤家具产品，选择藤材时应选择色泽好的。

12.3.1.2 藤料处理

如果是购买的半成品藤材，一般不需进行藤料处理，初级产品藤料需处理。藤条、藤皮或藤篾在利用时需做适当处理。

（1）藤条去节或刨圆

藤条的外观与竹竿相似，有节，同时，也会有一定的不圆度，现代藤家具的生产，往往要利用车刨、磨光机或刨光机处理，去除表面的藤节，刨圆藤材，使材料看起来更加统一。当然，也有部分藤材不需做这样的处理，比如用在家具背面或底框等被包起来的部分。

（2）磨光

去除表皮的藤条多为乳白色，为了改善产品的表面色泽，利用磨光机进行表面砂磨加工，同时还可除去表面的蜡质层，利于后面的涂饰处理。

（3）藤条校直

对于弯曲的藤条，进行校直，便于后面的加工处理。

（4）藤皮或藤篾的修整

为了编织时更顺畅，用剑门刀对藤皮或藤篾进行修整。

剑门刀修边：藤皮从机器上剥削下来，边缘有不整齐现象，操作者须利用剑门刀加以修整，或以手工如劈竹篾似的削修。

钢板削边：钢板有大小不等若干孔道，孔道呈扁的长方形，左右有斜向利口，藤皮经过孔道用力抽拔，藤皮边缘即被修整划一。

（5）染色处理

藤材本色为白色或米黄色，为了增加家具的款式变化及满足消费需求，藤材可进行染色处理，而且多染成深色，染色后的藤材明度降低，与藤材的素色形成鲜明的对比。藤材染色主要利用水性染料染色法和媒染法，前者多用于藤芯类材料的染色，后者多用于藤皮和藤条染色，藤芯不常用。由于藤材特殊的结构，造成染色后的色泽不均匀性，制成家具反而更多了几分朴实和自然。

水性染料染色法的着色剂是以水性染料为主，首先将染料溶解于温水中，成为染料溶液体，然后将藤材或藤器浸入漂染，或蒸煮0.5h后取出，漂洗清水阴干即可。水性着色较油性着色易于褪色，是其不足之处。

媒染法是以铁质药品为媒介剂，达到着色效果。媒染法的染色能力极强。藤皮与藤条的表面有坚实的珐琅质，对于浸染的黏着力影响极大，需媒染剂的辅助才能着色，因而比较适于采用媒染法。常用方法是：取苏木或苏木精为媒介剂，混合成合适浓度的溶液，然后浸入藤材，经蒸煮一定时间后即可染成红褐色，取出阴干即可。如要染成黑色，需再加入适量的水及醋酸铁溶液，煮沸合适时间直至藤皮酸化，变成黑色。若要染成其他颜色，如用重铬酸钾和草酸的溶液染煮，则可染成绿色。总之，藤皮与藤条在染色之前，均需苏木或苏木精煮过，然后再染成其他各种颜色。

12.3.1.3 下料

根据设计尺寸将藤材锯截成一定规格的毛料。

对弯曲零件，要确定好弯曲点，根据弯曲点下料，并预留足够的加工余量。同时避免弯曲中心在节子上，因为节部可能是藤材弯曲时的薄弱点。如图 12-7 所示为下了料的藤材构件。

12.3.1.4 制作模具

模具可起成型或夹持作用，有的可同时起到成型和夹持作用。对藤家具的生产而言，这一环节相当重要，简单的模具就能增加生产的多样性，使生产效率提高。在藤家具生产的各个阶段，都要用到模具。使用模具，使得家具零部件的标准化、互换性成为可能。每一批零部件都是最后的产品，在最终的装配阶段，不再需要进行人工改变或校正。由于弯曲构件在藤家具中相当普遍，同时藤材又是富有弹性的材料，这使得在藤家具生产中应用的模具要比木家具生产类似阶段用到的模具更加复杂。一般来说，藤家具生产用到的模具有：弯曲和成型模具、校形模具、机械加工模具、装配模具（包括次装配及总装配）。

弯曲和成型模具是根据设计图样的零件形状制作模具，保证曲线状零部件的加工形状。这要求掌握材料的弹性回弹量、常用藤条的直径、种类、弯曲条件（如汽蒸）、定型方法、构件在模具中达到定型所需时间等。通常，加工多用途模具，根据加工需要进行适当校正使其适应整个加工过程，这种模具由于要完成弯曲成型，承受的力量大，因而通常采用金属（钢材）制成，如图 12-8 ~ 图 12-10 所示。也有采用木板或层板锯制出曲线或曲面形状的模具，然后将其固定于工作台上，采用这种方法制成的模具，通常需要其他一些夹持夹具构件的协助，才能完成构件的弯曲成型加工，如图 12-11 所示。

校形模具是根据设计图样的零件形状制作的型模，保证曲线状零部件的加工精度。型模的制作方法有以下几种：

① 制作实物模具，方法复杂，但效果较好，如图 12-12 所示。

② 简易的制作方法是利用人造板和铁钉，如图 12-13 所示，将钉子按零件形状排列钉于板面上。

③ 用藤段（或半圆形藤段）或木段按零件形状排列钉于板面上，这种方法比较常用，如图 12-14

图 12-7　下料后的藤材构件

图 12-8　弯曲模具

图 12-9　弯曲模具

图 12-10　弯曲模具

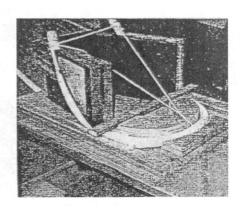

图 12-11　锯制而成的弯曲模具

所示用几种型模样式。

④ 也有采用木板或层板锯制出曲线或曲面形状的型模，然后将其固定于工作台上，如图 12-11、图 12-15、图 12-16 所示。

机械加工模具主要是用于曲线形的构件制作及钻孔加工等，起靠模或构件的夹持作用，如图 12-15、图 12-16 所示的校形模具也均可作为构件钻孔、曲线加工等机械加工模具使用。图 12-17、图 12-18 所示为机械加工模具。机械加工模具的利用，对工人的要求可有所降低，不需要工人必须非常有技巧就可以进行相应加工，同时，正确模具的使用可减少加工错误的出现，节省材料，降低劳动强度。

装配模具主要是为保证同一系列家具的整体外形尺寸统一所加工的模具，起定型和夹持作用，包括次装配和总装配模具，可用螺钉、藤条及藤段、绳子等配合制作。如图 12-19 ~ 图 12-21 所示为装配模具的应用。通常，装配模具可循环利用，当一种产品加工完毕，又可以用到其他新的产品上。

图 12-12　实物模具（校形模具）

图 12-13　铁钉型模（校形模具）

图 12-14　几种藤段型模（校形模具）

图 12-15　木段型模（校形模具）

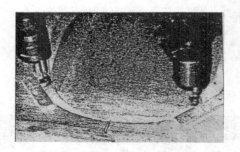

图 12-16　锯制而成的校形模具

图 12-17　机械加工模具

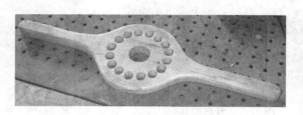

图 12-18　机械加工模具

图 12-19　装配模具
（椅子框架前后的次装配）

图 12-20　装配模具
（椅子框架侧边的次装配）

图 12-21　装配模具
（椅子框架总装配）

图 12-22　浸泡处理

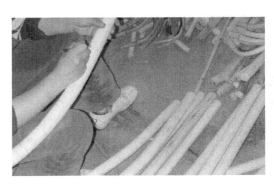

图 12-23　划　线

12.3.1.5　零部件加工

零部件加工是藤家具加工的主要工序。藤家具是框架式结构，主要由线形零部件组成骨架，然后再编织面状构件。

(1) 材料接长或并料

对于长度较短的材料根据需要进行接长，包括开榫、涂胶及接长；根据造型特征，对框体相应构件并料。

(2) 材料浸水

为了提高成品率，有些藤材（包括藤条、藤芯、藤皮和藤篾）在加工前要经过浸水处理，以改善其韧性，便于以后的编织弯曲等加工处理。图12-22 所示为截断后的藤材进行浸泡处理。

(3) 划线

根据零部件设计尺寸，对产品各部位的距离、弯曲弧度的数据进行精确计算，并人工标记下料位置、弯曲点位置及连接点位置。一般用铅笔做标记，如图12-23 所示。

(4) 框架构件的弯曲成型

在藤家具的生产中，藤材弯曲相当重要，也关系到家具质量。藤材弯曲的方法主要为加热弯曲。加热弯曲有两种常用的处理方式：一是明火加热；二是蒸汽加热。明火加热又包括炭火加热、喷灯加热等。

炭火加热多把藤置于火焰末端，并不断旋转移动，使藤受热均匀，但不许将藤烧焦，火力点应集中于弯点，加热时要眼睛与手协调。当藤在加热中出现油性液体时，即表明藤已达到软化，应立即离开明火位置，并马上用弯曲工具或在套模上按所需弧度进行弯曲，以防温度过高造成炭化或烧焦，也防冷却后不能很好弯曲。在弯曲弧度过程中，用力不宜过大过猛，防止爆裂，由于藤的反弹性很强，当藤的弧度达到所定范围时，不能马上松开，应保持原来的力度，固定不动 2~3min（视藤的冷却程度而定），或浸冷水 1~2min 定型，最后在定型架或钉铁钉固定或捆扎的方法将其固定一段时间，直到干燥。如果藤条有数支时，弯曲程度须一致，则将第一支弯曲后钉在板子上，第二支弯曲后叠在第一支上面，用钉子钉固防止变形，其他各支均是如此，可获得弯曲程度一致的支架。

喷灯加热是在套模上边用喷灯边加热边弯曲的一种处理手法，最后的定型同炭火加热。这种方法简单易行，受到藤家具厂的欢迎。如图12-24 所示为喷灯加热并在套模上弯曲的方式。

根据以往的经验，明火加热（炭火加热和喷灯加热）的温度一般控制在100℃左右，这种方法易烤焦表皮，同时由于材料内部的受热有限，容易造成弯曲破坏现象的发生。

蒸汽加热的加热介质为高压蒸汽，多为厂家自制设备，将藤材放于蒸汽炉中进行热处理，藤材取出后套于定型模具上进行弯曲定型，待藤材冷却后方能从模具上卸下，并在脱模后用钉或捆扎的方法将其形状固定，也有厂家是取出藤材后在工作台上人工用力弯曲，然后固定在定型架上定型或者用铁钉固定于板面上定型。这种加热方式从加热效果与外观都较明火加热好许多，但成本较高，需增设锅炉、蒸汽炉、定型模具等。蒸汽的压力一般为0.2~0.4Pa，热处理时间根据藤的大小和材质而定。如图12-25所示为装有藤材的蒸汽炉，图12-26所示为两种定型方法。

通常情况下，小径级的藤条常用炭火、喷灯加热，3cm以上的大径级藤条常用蒸汽炉加热，3cm藤条加热约需15min。

（5）校形

校形是零部件加工必不可少的一道工序，目的是达到成型零部件的标准化、系列化。校形可以保证零部件造型结构的准确性，可在弯曲工作台上进行，也可通过型模来完成，通常还需借助于喷灯或液体气枪进行适当的热处理（回火处理），小型构件可无热处理。

（6）饰件的制作

包括结构装饰构件、结饰构件等。有些结构装饰构件可在基本框架定好后边加工边固定到框架之上，有些结构装饰构件需提前制作，做好的饰件可用射钉或U形钉将其固定，以免散开。结构装饰件弯好后要进行定型，可在定型架上进行，如图12-27所示。制作这些小型构件时，一般是把材料浸泡在热水中，达到软化后立即进行加工或弯曲，由于这些构件比较小，弯曲的弧度可能很大，制作起来也有难度，同时干燥后往往容易有部分回形。在家具上，饰件又是起到画龙点睛

图12-24 喷灯加热弯曲

图12-25 蒸汽加热

(a)

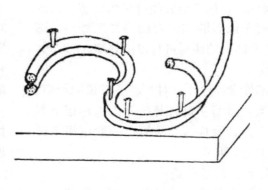

(b)

图12-26 两种定型方法

(a)定型架定型 (b)铁钉固定定型

图 12-27 饰件在定型架上定型

图 12-28 框架定型

的作用，因此对其精细程度要求甚高。

涡卷花饰件制作的方法是先在工作面上固定两根小铁柱，小铁柱间要保持一定距离，以便操作时藤芯插入。然后将材料一端削尖，并插入小铁柱中间，以小铁柱为圆心，转压并紧密排列 3～5 圈（根据饰件的规格确定），最后用钉子（U形钉或射钉）将末端及各圈固定，饰件加工完成后干燥。

（7）刮光或砂光

对零部件进行刮光而后砂光，保证加工精度，也方便后面进行表面装饰处理，小型家具厂采用人工刮光或砂光，大型家具厂有专门的砂光机。砂光时根据要求的精度不同，可有不同型号的砂纸，一般开始用粗砂纸（砂纸号数小），最后用细砂纸（砂纸号数大）。

（8）打孔及开榫、开槽、切割等

对于后续要连接的部分，进行相应的打孔及开榫、开槽、切割等加工，如部分饰件的安装、圆棒榫的连接等需打孔，有些板面的安装要在框体构件上开槽，对于角部结合部位要进行开榫或切割加工。

12.3.1.6　木质构件的制作

在藤家具的生产中，难免要用到木质构件，常用的材料有木材和胶合板材。木材在制作家具框架时配合应用，如椅子座框或后腿；胶合板材用做家具的面状支撑，如座面支撑板、桌面等。

对于框体构件，其加工工艺过程为：木材干燥、木材锯截、木材刨切和加厚、表面砂光、弧面和边角砂光、构件初级装配。

对于面状构件，其加工工艺过程为：开料、板面模压、锯截成型、钻孔、砂光等。

12.3.1.7　框架的定制

框架零件加工好后，需相互连接起来形成框架。框架的定制，称为定架，也就是框架的装配。这一工序相当耗时。通常需配备有组框台、带锯、斜接锯、曲线锯、气动钻或电钻、射钉枪、螺钉旋具等工具。虽然藤材在加热时把弧形角度、方位等都进行了程序化的处理，但组装时也必须进行核对，使每一弧形角度，各部位的位置所定规格、方位能平行、对称、吻合，否则，框架就会走样。当一个产品的骨架已初步形成时，还要对各部位进行第二次的尺寸校对，并按产品结构进行精细拼装。目前，藤家具框架的连接多用木螺钉、钉子（包括圆钉、U形钉、射钉），也有用圆棒榫等。图 12-28 所示为框架定架工序。也有家具的局部框架是在编织了面层之后进行的连接，比如靠背椅的扶手。在定架时还要注意：藤材接长的位置，不能设在显眼处，多以设在后边为宜。同时接口相交的位置，不能处于受力中心的部位。定架用的螺钉（或钉）长度要合理，钉入深度要合适，钉头不能凸出，并排的藤条要紧密贴服，钉入深度可为贯穿两藤总厚度的 3/4 或 4/5；钉装顺序、位置、外形要准确对称，撑位装钉定位准确，结构平直结实，角度明显，放置平稳，达到成型的标准系列化。对于一些形态多变的位置还要进行回火处理，矫正其形状，达到规定的尺寸和标准。

12.3.1.8　检验

为了保证藤家具的规格尺寸标准，钉好的家具框架必须首先进行一次检验，不合格的框架需返回到上一工序进行校形，直到检验合格方能进入下一工序。

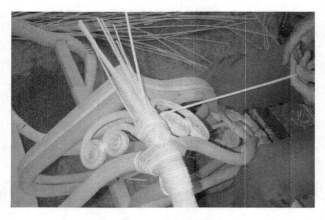

图 12-29 框架缠接

12.3.2 框架的缠扎

藤家具的框架必须进行缠扎或缠接。缠扎或缠接是框架连接的一部分，大部分定制的框架都需要缠接，既可以掩盖连接部位的钉头，同时又进行了加固。缠接的材料可用藤皮，也可用牛皮。包缠及缠扎是在家具框架之上的一种装饰，这三者的工艺过程类似，可同时进行。进行加工时，注意使材料平滑顺直，平贴不起泡，不松散，紧密贴附于框体上，压口藤要牢固。高品质的家具往往要在框架边框的编织前要进行缠扎，这样家具背面看起来也很美，如图12-29所示为缠接工序。

进行框架的缠接和缠扎时，关键环节是藤皮的起首固定（也称起编法）、藤皮的接长（也称接续伸延法）、藤皮的包角（也称包角法）和藤皮的末端固定（也称收口法）等。

12.3.2.1 起编法

起编法一般有两种，第一种方法是钉固法：用右手将藤皮一端反面朝外，放置在待缠绕的部位上，左手按住藤皮的一端之末，右手的食指、拇指扭反藤皮，使藤皮的面朝外，用小钉筋骨其藤皮的反扭处，然后由左至右缠绕并盖缠钉头和藤皮扭处；第二种方法是穿孔法：适用于编织有孔部位，其做法是右手持藤皮，反面朝左穿过孔，左手食指将藤皮头（即一端之末处）正面朝外或朝内，伏在待缠绕的部位上，右手将藤皮正面朝外或朝内，由左至右缠绕，并盖压紧密孔与藤皮头，这种方法多用于扎局部交接部位，也称之为扎"过马"。

12.3.2.2 藤皮的接续伸延法

藤皮的接续伸延法也称接口（或驳口），有接续伸延扭结法、对口接续伸延法、打结伸延法。打结伸延法最简单，是一种临时性的做法，一般用于密排编织的位置，当编织时又打开结子，使循环编织将藤皮盖压于内。藤皮的末端固定也常用钉固。

（1）接续伸延扭结法

当藤皮缠绕将要完成7~8圈时，左手的食、拇二指把这根藤皮按住，右手拿另一根藤皮，底朝外与在待绕缠部位原藤皮缠绕的方向成90°角，用原来缠绕此剩下的几圈藤皮盖压住这根新增添的藤皮继续缠绕4~5圈，然后左手拇指按住藤皮末端，右手用食、拇二指同时把这两根藤皮交叉处同时扭转相互成90°角，使原来底朝外的藤皮变成相反方向代替已缠绕完毕的藤皮走向，这样就可以继续用新增的藤皮进行缠绕，并注意把反扭的藤皮末端盖压捆在内。

（2）对口接续伸延法

此法与上述基本相同，不同之处是交接处不扭反，而是两藤皮各自复折成90°角，并相互紧拼成180°，再由新增续延的藤皮缠盖，即缠绕至末端剩7~8圈时，左手食、拇二指按住藤皮末端尾部，右手食、拇二指拿起被盖压的新增皮，面向上朝藤尾缠绕的方向绕一圈，到达交接处便形成90°角，右手的食、拇二指拿起原运行的藤皮尾，底朝外同样折成90°角复折，使新接的藤绕盖压着已完成的藤皮，这时两藤皮新成的各90°角相贴拼成180°角，这样，左右两手互相配合，继续缠绕把剩余藤皮尾盖在内，这种做法接续连接，可使两边交叉平整美观，光滑。

（3）打结伸延法

常用于编织家具的靠背，座板密排的位置，是一种临时性的做法。即当编织进行到此部位时重新覆盖重叠接于一线之中。其做法是把藤皮末尾向内对折，以左手的食、拇二指夹紧，右手把新增另一根藤皮同样向内对折成90°角并扣在左手那根藤扣上拉紧，即左手拇指按住的那根藤皮的一端，由底下从操作的这根藤皮下方绕过，穿进左手夹紧的那根藤皮的扣内，并互相拉紧成结。待编织密排到此结头时，重新打开结，把这同一方向的两藤皮重叠于一直线，再经继续循环编织便使重叠藤皮紧盖压于内，形成一线紧密接头的伸延续用。这种作法多用于挑盖编织法中。

12.3.2.3 包角法

包角法常用两面包角法和三面包角法。

(1) 两面包角法

把一根藤皮在末端反折一角最小的交叉点，并且用钉钉在角（假设为 A、B 藤形成的 AB 角）正中的顶尖上，然后以这条藤皮反折所成的尖顶点为轴心基点，分别向构成这角的 A、B 两藤以三角形的斜边拉扎。当藤皮拉至 A 藤时，藤皮则在 A 藤缠绕一圈，穿出相反方向，形成与第一条斜拉藤皮成交叉于 A 藤上，然后再斜拉于另一边到 B 藤处，也缠绕一圈穿出相反方向，构成交叉于 B 藤上，这样环回于第一斜边并排列，这样反复循环斜拉于 A 藤和 B 藤，不重叠，排列整齐顺滑。如包角后还须缠扎的，可用包角藤皮继续缠绕，如包角后不须缠扎的，即告结束，要在交接最后的交叉点中钉一钉，以定位牢固，如图 12-30 所示。

(2) 三面包角法

把一条藤皮在末端反折一角最小的交叉点，并且用小钉紧固于三面角（假设 A、B、C 藤形成的三角面）的三尖顶点的正中，然后把藤皮反折所成的顶尖为轴心基点，把藤皮斜拉往 A 藤，这藤皮在 AC 角中成为三角形的斜边，并缠绕 A 藤一圈，穿出 A 藤的另一边，继而向 B 藤斜拉，此时藤皮在 A 藤上成一交叉，以 AB 角的底线缠拉于 B 藤，并于 B 藤缠绕一圈，穿出 B 藤的另一边成交叉，继续向 C 藤斜拉成为 BC 角的底线，拉至 C 藤时，也缠绕 C 藤一圈，穿出 C 藤另一边，再往 A 藤循环缠绕，如此循环运作，三面角便包扎成，而且在 A、B、C 藤上都由藤皮交叉缠盖成"V"形，在此编织过程中务必把每一斜拉藤皮拉紧密，贴服于 A、B、C 藤，保持平顺整齐，不重叠且匀称。如需继续缠扎的，可用包角藤皮继续缠扎。如需结束则以藤皮到 A、B、C 藤其中之一交叉点，穿过已缠扎的交叉点之下，然后在 A、B、C 藤的最后一交点中间钉一小钉，以保牢固，如图 12-31 所示。

(3) 藤皮的打角

藤皮打角的用处，在藤条或木材为支架，而藤皮无法包扎到的地方。藤皮打角法先以藤皮剪若干片贴住弯曲处，使藤条或木材不外露为目的，且藤器的材料有个统一性。打角工作均在支架未编结时即要作好，让打角的藤皮头尾部分被卷扎的藤皮包住，这样使打角极其美观。

12.3.2.4 缠接法

藤材作业中使用缠接法较多，否则便无法制成器物，藤皮缠接有多种，视制作情形与操作者实际经验，来决定采用何种接法。各种缠接法的结构及方法见结构部分的有关图示。一些缠接法的工艺如下：

(1) 留筋缠接法

为藤皮缠接两支或三支藤条，其重叠空隙处应以厚藤皮填住，方能包扎结实。留筋缠接法在藤条的上下或两侧附一藤皮，将缠接的藤皮一次全扎，一次留筋，使缠接形态美观。此法常用于圆形或弧形的藤器编织，如藤椅背靠、手靠或藤篮提手、篮框边缘，以及一般精致工艺品等。

(2) 交错缠接法

藤皮为缠接美观起见，施以花纹装饰，藤皮以交错压一或压二编插之，以及其他交错方式也可，剩余藤皮以不显露为妙。

(3) 双面编素缠法

为藤编面与框架连接处的缠接法之一，藤条的接长或交错接均可以双面编素缠法，与留筋缠接法相仿，藤条上下经纬线交错处，以方格编或其他编法均可，如图 12-32 所示。

(4) 单面编素缠法

也为藤编面与框架连接处的缠接法之一，与双面编素缠法略有不同，单面经纬线缠接时必须回绕前一条藤皮，恢复到原来方向，故单面编素

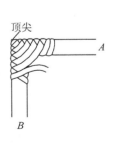

图 12-30 两面包角

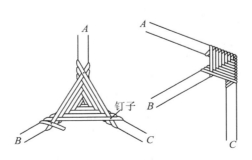

图 12-31 三面包角

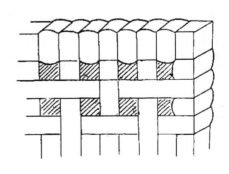

图 12-32 双面编素缠法

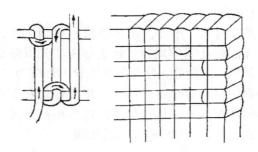

图 12-33 单面编素缠法

缠的经纬线较为密实而且省材料,如图 12-33 所示。

12.3.2.5 缠扎法

藤器使用藤皮缠扎机会甚多,一使藤器结实,二可为藤器的一种装饰。其式样有多种,大同小异,视藤器部位而决定用何种缠扎法,在操作时式样要整齐、正确及扎实。缠扎式样见造型部分的有关图示。

素缠法比较简单,只要按顺序密实排列缠扎即可。其他单筋缠、双筋缠、飞鸟缠、雷文缠、花菱缠等,是在素缠法的基础上,在需要变化的地方,框架上加上(钉上)相当于纬线的一段(或几段)藤皮,然后按照相应的顺序挑盖即可。

交错缠的方法类似素缠法,但在框架某些部位缠扎时需进行一定的来回交错。

留筋缠接法,缠扎藤皮在设定形态的藤架的某部位,按一定的顺序缠绕上藤皮,使架子或产品某部位不外露,操作通常是自左至右进行,右手缠绕藤皮,左手食、拇、中三指交替理顺并压紧编织或缠扎部位,使藤皮平滑顺直,不起泡,不松散,紧密依贴于架子或主体上。

12.3.2.6 结束收口法

这是编织结束时应理顺的最后一道的做法,当一个部位完结时,左手食、拇二指按住已缠绕妥当的部位,倒放宽4~5圈,右手把藤尾端,反藤皮底于外,朝左方倒放宽的4~5圈内穿过去,然后把放宽几圈重新一一拉紧并把藤皮末尾穿进的盖压在这几圈内拉紧,用小钉在末尾最后一圈钉固压口,使之牢固。这是缠扎法的结束收口。

12.4 藤家具的编织工艺

12.4.1 起首编织法

藤器起首编织法,由于形式上的区分,有圆

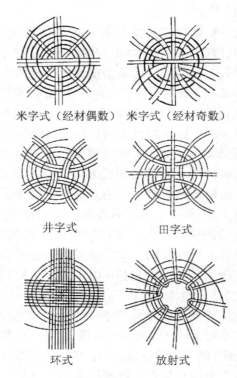

图 12-34 圆形起首法

形、方格、人字形、多角形及边缘起首编法等多种。

(1)圆形起首法

圆形起首法(图 12-34)的经线有奇数与偶数之分,经线为奇数者,纬线一根即可连续绕编之,如经线为偶数者而纬线用一根起首,绕编一圈后须再加纬线一条上下与经线交织,否则便重复了。只是圆形藤器的起首,以何种编法与用多少根经线较合适,应视器物的形态与实用性而定。又圆形起首编法因经纬线相互重叠的关系,在起首之初有显著凸凹不平现象,如米字形起首编等。有的起首则较平坦,如田字形编、环式编等,也可使用于椭圆形等起首编法,几种常用的圆形起首编法如下:

①米字式:由经线交错重叠而成米字式,也是最原始的方法,有经线是奇数或偶数的不同起首法,又有双经单经与双纬单纬等的区别。

②井字式:取经线八根分成四组,每组各两根以压一交错成井字式,然后另取纬线两根与经线上下交错编织。该法较扁平,适合小型藤器底座的起首编。

③田字式:取经线十二根分为六组,每组两根以压一编成田字式,另取纬线绕上为起首,该编法也扁平,适合为圆形与椭圆形藤器的底座。

④环式：取藤芯一根绕两圈首尾捆紧成一环状，再将经线分别绕在环上为双经，然后经线以压一编，该法起首虽麻烦，但式样多而且美观。

⑤放射式：将若干经线分为两组交错排平，以单纬先绕几圈后，再分成组为经线或两根为一组经线，视经线数目而定，然后再加一根纬线成两组交错压一编织。该法比较简易底部很平贴，应用广泛。

（2）方格形起首法

方格形起首法为经纬线压一或压二……相互交错编，式样较简单。该法适合于方形或长方形的器物，如图12-35所示。

（3）多角形起首法

多角形起首法适用于圆锥体器物。一般先以三条经线相交错，然后再加上若干经线变成多角体。如六角形即以六根线编成，八角形即以八根线编成，同法可得若干多角形体编法，如图12-36所示。

（4）边缘起首法

有一部分藤器为半球形体以及不规则的形体，如藤器边缘附有藤条作支架时，圆形起首编则不适宜，编完后须再卷扎于支架上，如以边缘起首编法则较为方便且坚固。其起首、编组及收口采取同一步骤完成，编法简单而迅速。

其编法以一根藤芯或藤皮，以长度中心在支架绕数圈后作双经线，其他经线也同样做法，并以等距离排列，绕后用双纬线压一编，至侧面时绕一两圈再继续编，如有其他多面形体编法也相同，最后结束仍在支架上绕扎，并将经线部分也包扎上，如图12-37所示。

12.4.2 藤皮编织法

藤器编制材料有圆形（藤芯）与扁平（藤皮）两种，其他编材也可以作为编制的材料，但不常用，因此藤器与竹器的编制，不免受到材料的限制，有些藤器的编制专用扁平材料，有些藤器适合圆形材料，有些藤器可混合用材，总之，以形态、位置、感觉及实用的需要，而选定各种材料。图案纹样样式见造型部分有关图示。

（1）缠盖法

缠盖法适合于扁平材料，如扁篾与藤皮编织器物，使用圆形材料如藤芯与篾丝等虽可编插，但不宜太多。

缠盖法编织面层是针对面层的边缘连接而言

经纬压一挑一编

经纬压二挑二编

图 12-35　方格形起首法

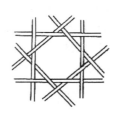
八角形起首编

十二角形起首编

图 12-36　多角形起首法

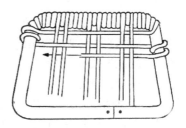

图 12-37　边缘起首法

的，是在架子上根据固定所需，进行有间隔的规范做法的一种编织缠盖法。这里所指的缠，是藤皮缠绕夹藤。所谓盖，是指夹藤盖压于露出的缠绕藤皮的做法，多用于制作通透花样和通透图案的艺术部位。缠盖法有多种，得按花样层次而定。

如缠一盖一法是指藤皮缠压夹藤一圈后，又被夹藤压露出一圈，如此循环，使之所属部分全部形成规律性的夹藤孔，然后进行经纬两皮垂直的穿孔牵引相连，使之在东西、南北两夹藤之孔，经藤皮的穿引相连，形成方格均匀顺直，并以一条在上，另一条在下的挑盖，规范循环成皮类编织的通透方格形。如此缠盖法可发展为缠二盖二或缠三盖二、缠二盖三等的做法。

由这种缠盖法引发多种花样图案，包括方格形编插类诸种图案，常用的一些纹样的编织法如下：

①方格形编法（方格形通花）：经线与纬线挑一压一而形成。

②两一相间编法：以双股和单股的经纬线正交压一编，编制时先将经线的单股与双股排列好，然后取纬线顺序编上。

③三一相间编法：与两一相间编相同，编好后用藤剪去掉剩余部分。

④方孔穿插法：有单股与双股两种，于经纬线交叉处以压一插编，作对角线式编插，这种方法具有变化之美。

⑤方孔加强编插法：用双股经纬线与适当间隔，分两层正交相叠，然后用单股编材通过双股经纬线构成方孔，作对角线式上下交叉编插。

⑥菱形编法：以经纬线交错成一个菱形，经纬线数目最好不少于四根较为美观，并须维持菱形大小的形态。

⑦斜拉方格组成的十字形通花：它的做法与方格通花有些相似，首先把藤皮的经纬交织垂直平行两皮拉紧，并在穿拉方格时要一上一下，即挑一条盖一条的拉格后，在方格交替点的直角旁边，沿着每一直线以挑一条盖一条的斜线拉一条皮，使与原来经纬垂直的皮成45°角的斜边，用这样的平行规范把全部斜线挑盖完毕，然后在另一45°角中再挑盖一斜边，使之与刚挑盖好的一斜线成90°角，组成另一个小方格。当这样两斜线边出现后，便会与原来经纬垂直平行的皮构成小方格里有一个"十"字。从45°角的方向看，形成小方格；从垂直角度看又成为方格内装一个"十"字。

⑧双、单组拉斜通花——笪眼花（八角孔眼编插法）：这个笪眼花首先是在缠盖妥当的夹藤孔中穿拉垂直，挑盖平行的经纬皮拉紧，并且是以两条为一对的并排穿拉，并把横拉的皮按所设定的距离两条并排平拉后，再拉垂直皮时必须把横拉的皮挑一条盖一条，便形成四条皮交接点为挑一盖一的四线组合方块，随后用一条皮在经纬皮形成双线条方格靠角一边，挑起垂直皮盖压横线藤皮，拉成一条斜皮，在同一平行斜皮的穿拉完成后，再以刚完成穿拉斜皮向后方向挑起横皮盖压垂直藤皮，拉成一条斜皮，使之与第一条斜皮成90°角，如此规范循环编织，笪眼花便形成。该法多用于木制的器物，木制藤椅、靠背椅的坐垫等，均以八角孔眼编插法较为坚固耐用。

由缠盖法也可引申出许多胡椒形编插类，只不过，编插的方向发生了变化。

⑨胡椒形编插法：以宽藤或扁篾编成胡椒形后，中间以狭藤或篾丝方格交错编插之，如用不同颜色的藤皮更显美观。

⑩胡椒孔单条穿插法：在胡椒孔每一间隔处横穿一编材，以六角形分割成两个五角形。

⑪浮菊式编插法：于胡椒空内每一间隔处用六条编材重叠穿过，另一胡椒孔仅两条编材穿插，显现图案一疏一密，密似菊花形，称为浮菊。

⑫车花式编插法：该法与双股胡椒形编插法不同之处，即编材从三角孔穿过，编材宜薄而小，否则不宜穿插。

⑬橘梗花式编插法：以大小藤皮编成两个胡椒形重叠在六角孔中，以三条编材经过三角孔编插之。该法较复杂，多用于藤器装饰部分。

⑭龟甲形编插法：两个胡椒形相重叠编，中间以三条编材为联系，不必穿插三角孔，编法与前法稍有不同，式样也各异。

（2）挑盖法

挑是指一根藤皮在密排藤皮下面穿过去，并与密排的藤皮成90°角挑起来盖在另一根藤皮上面。盖是指一根藤皮从已定位排档的藤皮上面通过把这根藤皮盖（压）在下面。挑和盖是对已定位排列妥当的藤皮而言，而且使用这种做法常为先按位密排，然后用挑刀（腰刀）或带针以挑盖的方式进行编织，由此可引申好几种不同图案，如：

①挑一盖一法：是挑起一根藤皮，跟着又盖压另一根藤皮，运用此法务必注意第一次被挑起的藤皮，第二次则被盖；挑和盖相互循环转换，如此下去便是挑一盖一法。这种方法，可举一反三，在变换图案中引申出挑一盖二、盖三、盖四或挑二盖二、盖三、盖四……，这些都属于挑盖法。

此外，挑盖法还可以编成"人"字形图案，称人字形编组法。其编组法有多种，如人字形斜纹编组、人字形对称编组、人字形连续编组、图案式编组及文字编组等法，其编法大同小异，均为依据人字形斜纹编组法演变而来，如能灵活运用则变化无穷。

其基础的人字形斜纹编组做法是：首先把藤皮在设定编织范围内拉平并排紧密，然后再挑起三条在上面，再盖压三条在下面，如此循环挑三盖三，只是每行要相互错一编，这样便可形成"人"字斜纹图案。

②挑盖棋盘形法（人字形对称纹编组法）：挑

盖密排的菱形图案，又称棋盘花，或称人字形对称纹编组法，其操作是藤皮在应设定编法的范围内并排拉平，然后定中点的一条皮为对称轴，以保证图案的平行对称，然后中间盖住对称轴（一条），分两边以挑三盖三的编织方法完成第一行。第二行是在中间挑起五条，然后分左右两边以盖三挑三进行编织。第三行是于中间挑起三条后，分左右两边以盖三挑三进行编织。第四行是在中间盖住一条，然后分两边以盖三挑三进行编织。第五行则为中间盖住五条，接着左右两边按挑盖三的做法进行编织。第六行则为中间盖住三条，接着左右两边按挑三盖三的方法编织。这样循环的编织制作，棋盘形的图案便成1/2。当这样规范循环到设定内的1/2后，再倒反按先前方法进行制作，如用带针双皮行穿带入后，两皮分两边对称编织，则图案更加均等。由于中间部分编组变化，而形成向内聚缩的现象。该法因经纬线密集编成，编织面十分结实，耐压力大，如沙发椅与藤床等支撑类家具均以此法编成。具体顺序如图12-38所示。

③人字形对称连续纹编组法：其编法同上，有多个方形连续状，每一排方形连续的方位，各有一条中间经纬线为准，编时应多注意，纬线不能发生一条错误，否则有规则图案则被破坏。该法编成的图案精细美观，家庭高级藤器及编织面积较大的藤器最适用。

④图案花纹编组法：也以人字形对称的法则制成，选定一条经线为该图的中心，其他纬线均应配合图案中心编织。图案编组形式甚多，事前应先制图，以免错误。

⑤文字编组法：以盖三挑三编法来处理各种文字，因经纬线交织构成笔画，以倾斜编织法较为妥当，从一角落开始至另一角落完成。

12.4.3 座垫的编组

藤座垫的编法，在藤皮作业中也较具特殊性，是藤皮编组八角眼编法的运用。座垫是用木材做成的木框，由藤皮在木框上连续的编结方式，其步骤如下：

① 首先，在木框上钻好孔洞，四周每边各具八孔或更多孔道，须视木框大小及藤皮编织的疏密而定。

② 将原长藤皮一端用小钉固定，一端穿过对面孔道为经，再由同一方向的第二孔道穿上，往对面第二孔道穿下，这样连续穿至最后孔道为诸经线，如图12-39（a）所示。

③ 其次，拉纬线时即将经线折向纬线孔道，由下方穿至上方再叠在经线上拉向对面孔道为第一条纬线，如图12-39（b）所示。

④ 其他诸纬线同上法穿完为第一阶段。

⑤ 第二阶段以同法作成双经双纬，并相互交错成压一挑一方式，如图12-39（c）所示。

⑥ 第三阶段是利用对角线的编织法，以压二挑二在经纬线上编织，即成八角眼编，如图12-39（d）（e）所示。

⑦ 最后，加强边缘，另取一藤皮穿过经纬线转折后所留在木框上的部分藤皮，使其整齐划一而遮住参差不齐的藤皮，同时也使人们起坐不致损坏衣裤，如图12-39（f）所示。

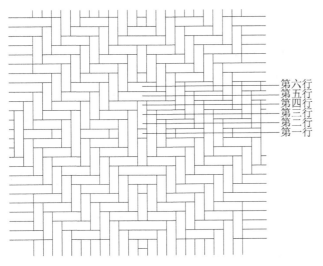

图 12-38　挑盖棋盘形法

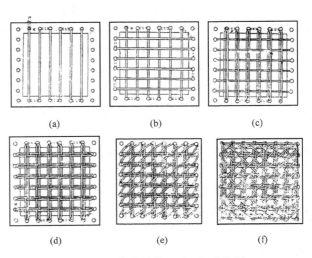

图 12-39　藤座垫编组法（方形边框）

图 12-40　藤座垫编组法（圆形边框）

⑧ 在编织经纬线时要注意拉紧每一条藤皮，否则座垫呈松懈状态即不能使用了。

⑨ 如圆形座垫藤皮先由木框中心起编，其他编法与方形木框相同，如图 12-40 所示。

也有座垫直接由藤皮缠绕编织在边框上，如图 12-39 所示。

12.4.4　藤芯编织法

通常都是以挑一盖一的编法为主，在某些范围内也有花样编织。藤家具的编织都依附于框架，而框架内的交接部位也要用藤皮缠扎牢固。藤编织的起点也是离不开圆形、蛋形、方形的起编法。同样是以经纬线为主，在不同形式上起点的选择就不同，应规范而合理化。如方形台，应选择方形起点，圆形台应选择圆形起编为宜，而且要保持经纬线的距离，均等平整，适中合理。图案纹样样式见造型部分有关图示。

(1) 箩筐式编组类

箩筐式编组也是各类编组法的基础，其他各式均以此法为蓝本演变而来。该类多以圆形材料为经，扁平材料为纬，其编法有多种：

① 箩筐式编组：在各法中最为简便，应用也最广，有双经单纬、单经双纬、双经双纬及单经单纬等诸方式，均视需要情形而定。其编法以压一编组，经纬宜用奇数较为简单，经线以双股或粗大单股经线，纬线细小而柔韧者较为合适，因纬线于遍组时为紧压着经线受力颇大之故。

② 双经错一编组：有单纬双经错一编，与双经双纬错一编等种，经纬数量视编材粗细而决定，以压二挑一编法为例，只是在每编一纬线之后，下一纬线在编织时需在挑压的位置上移位一条纬线，编成后纬线花纹成一定的倾斜平行线，非常美观。

③ 绞丝式编组：编法为以二条纬线交错在经线上编之，经线为双股，有压一或压二挑一及挑二压一编法等种，专为编制花篮与手提包等高级藤器之用。

④ 箭羽式编组：此种编法也用绞丝编，以两根纬线为一组，纬线每编一列后更换一方向，如果第一根纬线第一列从里向外编，第二列应从外向里编，接下来如此反复，这样第二根纬线应第一列从外向里编，与第一根纬线形成交错，第二列从里向外编，与第一根纬线形成交错，接下来如此反复，对于接下来的一组纬线，应刚好与上一组方向相反，如此往复，这样使每组两两相对，形成箭羽式的图案。这种编织以两股或三股编材作为一条纬线最适用。

⑤ 穿插式编组：按箩筐式压一编法，另用两条细薄编材随纬线交错绕住，当纬线编上一节则交错一次，该编法形式也比较美观，但编制较费时。

⑥ 盔甲式编组：以三股绞丝合成一组为纬线，互相交错绕住经线，纬线数目为偶数，以扁平材料为佳，编成后如盔甲形式，别具趣味。

⑦ 中国式编组：以双经单纬压一编，经材以圆形为佳，纬线一条宜坚硬通过经线，编成一平一凸的形状。中国式编组有双股及三股等种，编成的形式有异曲同工之妙。

⑧ 栏栅式编组：以圆形编材为主，双纬绞丝一正一反，压一或压二编，经线为双股，欲求式样变化可将双股经材调换位置编之。该编法适用于藤芯椅靠背部分与藤芯果盘等类器物。

(2) 编结组成类

① 横栅式编结：横栅式编结的经材，以粗硬材料为支架，如细竹竿与小号藤条等均可，纬线以藤皮编结式包扎之，经材距离须整齐划一，使其美观。

② 四孔相错编结：编法为用圆形而柔韧编材为宜，以双经双纬压一编法起首，渐次往外面续编，在第二次编结时须将两股线各自倒转换位编之。此法可制成手提袋或旅行包等类器物。

③ 正反不分编结：编法为用单股藤皮或胶带回绕两经材为起首，在两经材间取适当距离为孔眼，第二次编结时以纬材两端回绕第二条经材，后再回绕第一条经材，造成两经材间六角孔眼形式，上第三条经材时，以第二条上的纬材再回绕之，同法再上第四条经材时，以第三上的纬材回绕第四条经材上，如此连续编织即成一反正不分编结的器物，只要把握经材间的距离，孔眼形状才能正确而划一。

④ 鱼鳞式编结：此法是专门以圆形编材如藤芯、篾丝及细藤为主。以米字形起首编，器物高

度以闭缘收口法，压一或压二均可，收口时将经材用三股绞丝编嵌紧，然后再用闭缘收口法结束。该法使用于圆形藤器而底部较深者，挑压须均匀结实，空格划一如鱼鳞而得名。

⑤衬托式编结：此乃藤器外表装饰的一种编法，在藤器编结过程中，留出一部分经材作衬托之用。该编法适用篮筐的中间凸出部分，较为服贴不易松脱，以增器物外表美观。

⑥涡卷式编结：以圆形编材涡卷为经，扁平穿结为纬，编制时将经材置于有柄的型模上涡卷，涡卷两圈即用藤皮包扎，卷第三圈再与第二圈以藤皮包扎，以同法卷扎至完成，如家用花篮垫与座垫等。如将经材涡卷向上重叠把握造型，可编制器物盘及其他器物。

⑦蛛网式编结：式样甚多，圆形编材用圈式花结编一单花为中心开始，周围制一圆环，以二十四号藤芯或小号藤皮，依次扎成花结与圆环联系，然后以栏栅式调换经材编结，再用两股绞丝编紧，最后将所有经线分别包扎在外环上。该法看似复杂编制却很简单，专门编结高级椅座及靠背等。

⑧联花式编结：此法用以编结构成器物，该编结为从顶部开始，先编结第一朵花，第二朵编结时要绕过第一朵花，如此连续编结五朵为第一层，第二、三层也按此法编结五朵，最后将首尾线扎在圆环上。该编结成的花样，因留空隙较大，支持力弱，仅作装饰用。

（3）收口法

藤器收口的编制，用原来剩余经材加以编插，或另以藤材绕扎而成，有时为加强收口的硬度，用藤条或竹篾为支架，然后再将经材穿插之。又藤器收口为防止纬线松弛，以绞丝正反编起嵌紧作用。

①闭缘收口法：

a. 压一闭缘收口：将经线顺序挑一压一编，剩余部分留在内侧以藤剪修短即成。

b. 压二挑一闭缘收口：每一经材均以压二挑一编组为闭缘收口，该法外侧稍具花纹，增进视觉美观。

c. 压二挑二压一闭缘收口：将每一经材以压二挑二压一编组为闭缘收口。

其他闭缘收口法视需要情形加以变化应用，不再赘述，诸者可举一反三，只是经材挑压编组次数越多，则收口越高。

②开边收口法：

a. 连续开边收口：将每一经材向左或向右弯曲，插进经材与绞丝空隙处。

b. 间一开边收口：将每一经材作间隔方式插进。

c. 间二开边收口：此法与上面同法，经材作间二插进左边或右边的经材与绞丝间，经材间隔插法，一般视实际情形而运用。

③综合收口法：

a. 双层闭缘收口：以三根藤芯为纬将经材绞丝绕编后，经材作压一闭缘内侧收口为第一层，其次再将经材剩余部分作压一挑一压一闭缘收口，与第一层成为正交方向。该编法可增加藤器边缘的厚度，为篮篓等类器物常用的一种收口方法。

b. 连锁收口：以压一闭缘收口后，将经材退一倒插空隙处，形同连锁状，所余内侧经材以二股绞丝编嵌紧，再以压一闭缘收口编妥。

c. 加强卷边收口：经材在压一闭缘收口法编后，以三根藤芯贴住边缘加强硬度，再将经材回绕此三根藤芯，以压一闭缘编插入空隙处。该法编组十分结实，为高尚精致的一种收口法。

d. 环式穿插收口：经材以两根绞丝编嵌紧后，将第一根经材卷成环状，第二根经材卷时要与第一根交接，至全部卷好，再以两根绞丝编嵌紧。

e. 闭缘编组收口：经材以挑一压一内卷闭缘收口后，以两根藤芯绞丝编嵌紧，再将经材拉高插进第二根经材空隙内。

f. 双层穿插收口：经材以挑一压一内卷闭缘收口为外层，再以两根藤芯绞丝正编与反编嵌紧，将剩余经材逆向插入绞丝与闭缘收口间为内层，形成双层穿插的收口。

12.4.5 藤皮的打结

藤皮或藤芯作业常用打结，也称编结。其方式有接长、拴着、打结、收尾及装饰等。打结诸方式中有的是实用价值，有的是装饰意味，增进产品雅观而已，但均要细心制作。结的样式见造型部分有关图示。

①平结：将两条藤皮接长时用。平结是古老而最基本的结法，其优点平整、简单而结实，平结愈用力则结愈紧，不易滑落。

②女结：也称双扣结，也为接长之用，不过结较大，用于背面或不显眼的地方，以免影响观感。

③单圈扣结：也称固套结，乃一条藤皮或一

条绳子一头拴在支架上，或拴在钉子上所打的结，以免滑脱。

④蝴蝶结：形似蝴蝶而得名，为两条藤皮打成结，有装饰意味，一般在手提包、结网或打包物品上应用。

⑤菱形结：是三条藤皮交结而成，编结终了不使散开，或编结终了时留尾，以备连接之用。

⑥方形结：四条藤皮或篾丝编结而成，或作器物的支脚部分，同时也可以作装饰之用。

⑦梅花结：为一条藤皮或藤心以交错连成五个环状，形似梅花。该结用于藤桌椅与婴儿摇篮等的装饰，如梅花结连续作一排一排的编结，可编成女用手提袋或水果袋等。

⑧环式结：由三条藤皮或篾丝编结成带状，可作藤箍或篾丝箍，有伸缩作用，一般用以箍紧器物，如木制水桶、木框等盛器常用之，同时也可用为装饰，该结也为一古老结法。

⑨花圈结：以两条藤皮或藤芯交错结成，如连续编织可成带状，图案美观。

⑩旋式花结：以两条藤皮或藤芯交错连续编成，纯为装饰之用。

⑪球式结：此结以环式编结法，取一条藤芯交错编结成球形体，如循着线路多编结几道，间塞纸团，便成结实的圆球，该结可为藤器的装饰，以及手提包等类的纽扣。

⑫双线结：取一条藤皮或藤芯绕结而成，如连续编结几个成带状，可为装饰物。

⑬挂结：结法与花圈结颇相似，不过挂结仅用一条藤皮或藤芯结成，为两头拴结之用。

⑭蝉结：以平结开始，利用线头回绕而成，形体似蝉故称蝉结，该结纯为装饰之用。

12.4.6 编织工艺过程

框架连接完成后，根据设计纹样要求和型模编织家具表面需要，框架通过编织的连接，使其结构稳定性大为增强。大部分编织是直接依据框架进行，也有编织是先行编织面状构件(如发射状的座椅背板)，然后钉到框架之上的。

依据框架直接编织一般需分经线藤芯(或藤皮)的固定(图12-41)、编织(图12-42)、编织收口固定(图12-43、图12-44)三道工序。经线藤芯固定用射钉或U形钉来固定，编织收口除要采用编织收口纹样将末端收口外，还需用U形钉或射钉将其最终固定于框架之上，在这当中多余的编织材料可用树枝剪剪去。单独编织好的零部件周边也可用U形钉或射钉固定于框架之上。

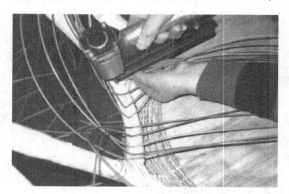

图 12-41　经线藤芯的固定工艺

图 12-42　编织工序

图 12-43　单独编织面的零部件工序

图 12-44　单独编织面的固定工序

图 12-45　编织纹样封口

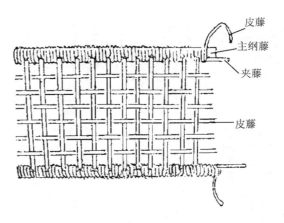

图 12-46　缠盖法封口

在整个编织工序中，许多步骤是相互关联的，必须在进行每一步骤前考虑好如何为下一步骤做铺垫，这样编织出的连接裸露部分越少，家具就会显得越美观，也更坚固。当然，由于编织纹样图案很多，不同的图案纹样编织技法也不同，这就要求必须熟悉各种编织技法，各步骤的先后顺序要考虑周到，才能收到好的效果，这当中工人的技巧和经验相当重要。编织层经纬线的距离要适中合理，压口藤要牢固，编织面要均等平整。

编织边部封口是为了掩盖编织边部与框架的连接处（包括起首和收口固定），可采用三种方法来封口。一是用压条将其压住，压条的固定采用射钉；二是用编织的纹样线型来封口（图12-45）；三是用缠盖法封口，也就是在编织面层时直接缠于边框上，要有夹藤来辅助（图12-46）。一般来说，家具不显眼的部位如椅子靠背背面用压条封口，而在家具显眼的部位如椅子正面各部位用编织纹样来封口，这种封口方法既是封口又是装饰，在高品质的藤家具中应用较多。缠盖法是较古老的做法，程序复杂，一般在透空形的藤皮编面中应用，现代应用较少。

12.5　藤家具的表面装饰工艺

藤家具的表面装饰，主要是采用染色或涂饰。而染色通常在前期对材料进行染色，因而后期的表面装饰多指涂饰。涂饰对家具起保护和美化作用。家具表面覆盖一层具有一定硬度、耐水、耐候等性能的保护层，使其避免或减弱阳光、水分、大气、外力等的影响和化学物质、虫菌等的侵蚀，防止制品翘曲、变形、开裂、磨损等，以便延长其使用寿命。同时，赋予家具一定的色泽，使其更加悦目舒适。涂饰效果的好坏对藤家具的质量影响很大。

涂饰有零部件涂饰和家具整体涂饰，根据藤家具的特征，大部分为整体涂饰，个别需要零部件涂饰。藤家具的涂饰按表面纹理是否显现分为透明涂饰和不透明涂饰，按漆膜表面光泽分为亮光涂饰和亚光涂饰。目前，藤家具在生产过程中多采用聚氨酯漆进行透明涂饰，偶见色漆涂饰。有些带颜色的家具是通过着色与染色（即做色）再进行透明涂饰来实现的，这样家具既可以保持藤材的天然纹理，又具有优美的色泽。

藤家具的涂饰工艺，就是家具的表面修整、涂饰涂料及漆膜修整等一系列工序的总和。

12.5.1　表面修整

修整的目的是为涂饰准备一个清洁光滑的家具白坯表面，以获得良好的装饰质量，多为手工操作。修整包括：去除毛刺、除尘、去除污垢及胶痕等、漂白、填补、批腻子。

（1）去除毛刺

可采用两种方法，一是砂去毛刺，截面倒角，刮去加热弯曲过程中烤焦的表皮；二是用酒精喷灯烧去表面的毛刺，俗称烧毛，如图12-47 所示为烧毛工序。这些完成后，再用毛刷、海绵等擦拭干净。

（2）除尘

也可用毛刷、海面等擦拭。

（3）去除污渍

对于家具表面上的污渍（如污垢、胶痕等）可

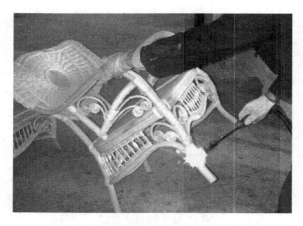

图 12-47 烧 毛

用细砂纸磨光，砂不掉时也可用精光短刨将表明刨干净。

(4) 漂白

漂白是指藤材脱色的一种方法，但应用较少，个别情况利用。漂白采用化学药剂方法，使白坯颜色一致或去除污染变色。

(5) 填补

填补是指填上家具在连接过程中形成的钉孔，使表面平整度提高，同时也填补部分小的连接缝隙及藤材局部的表面劈裂纹理。这道工序在藤家具的工艺中很重要，因为藤家具的连接大量用钉，表面留有钉孔，同时由于藤家具的构件多为圆形断面，构件与构件的连接（尤其是并接部位）部位难免会有缝隙或凹陷，通过填补，均可一定程度上弥补以上缺陷，如图 12-48 所示。填补用的腻子是用大量的体质颜料如碳酸钙、硫酸钙（石膏粉）、硅酸镁（滑石粉）、硫酸钡（重晶石粉）等，微量的着色颜料如氧化铁红（红土子）、氧化铁黄（黄土子）、炭黑（黑烟子）等以及适量的粘结物质如水、胶、虫胶、光油、各种清漆等调配而成的稠厚膏状物。填补用牛角刮刀或金属刮刀及铲刀、嵌刀将腻子嵌入，要使其填满填实，并略高于木材表面，腻子只许留在孔缝中，多余的应及时刮除干净。

(6) 批腻子

批腻子是指为了填充藤材表面的细孔，使其表面平整，防止表面上的涂料过多渗入到藤材中，从而可以在表面形成平整连续的漆膜。此处用的腻子同填补腻子类似，但其黏度稍低。

12.5.2 涂饰涂料

涂饰涂料包括着色与染色、涂底漆、涂面漆、涂层干燥。在这当中，着色与染色，在需要时才进行。

(1) 着色与染色

着色与染色统称做色。目前，用于藤材染色的染料或染色剂也比较多，有直接染料、酸性染料、碱性染料、分散性染料、油性染料、醇溶性染料。其中，油性染料为目前流行的聚氨酯漆配套使用的着色与染色染料。做色方法同木材做色相似，包括涂底色、涂面色、拼色。

(2) 涂底漆

涂底漆可以固色，进一步防止面漆沉陷，减少面漆消耗，能使基材在水分、热作用下产生的胀缩变化减少到面漆能承受的程度。涂底漆需要重复几遍，根据情况确定，通常 2～3 遍。

(3) 涂面漆

涂面漆是指在整个涂饰过程中最后涂饰的用于形成表层漆膜的多遍漆。面漆的种类、性能以及涂饰方法直接影响漆膜的质量、性能与外观。

涂饰底漆和面漆，可采用人工涂饰或喷涂方式，目前比较流行空气喷涂方式。手工涂饰包括刮涂、刷涂和擦涂（揩涂）等，是使用各种手工工具（刷子、排笔、刮刀、棉球与竹丝等）将涂料涂饰到木家具上。手工涂饰方法简单，灵活方便，但劳动强度大，生产效率低，施工环境差，漆膜质量受到操作者技术水平的影响。空气喷涂是利用压缩空气通过喷枪的空气喷嘴高速喷出时，使涂料喷嘴前形成圆锥形的真空负压区，在气流作用下将涂料抽吸出来并雾化后喷射到木家具表面上，以形成连续稳定漆膜的一种涂饰方法，又称气压喷涂。空气喷涂需要有一套完整的设备。如

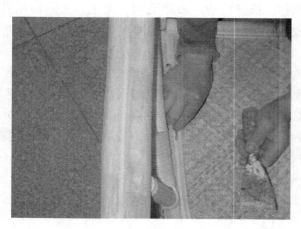

图 12-48 填 补

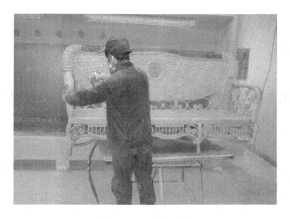

图 12-49 涂 饰

图 12-49 所示为空气喷涂涂饰。

（4）干燥

干燥总是伴随着涂饰的每一过程。在家具的多层涂饰中，通常每一涂层必须经过适当干燥后再涂第二层。

涂层干燥可分为表面干燥、实际干燥和完全干燥三个阶段。在多层涂饰时，当涂层表面干至不沾灰尘或者用手轻轻碰触而不留痕迹时为表面干燥；当用手指按压涂层而不留下痕迹并可以进行打磨和抛光等漆膜修整工作，此时的涂层即达到了实际干燥；当漆膜干燥到硬度稳定，其保护和装饰性能达到了标准要求，此时即达到完全干燥。

涂层干燥一般采用人工干燥，大型工厂也有专门的干燥设备，把涂饰与干燥连为一体，家具放于托板车上，通过干燥隧道来进行传输，将家具传送至涂饰室进行涂饰，涂饰后又进入干燥隧道干燥，最终的涂饰干燥在专门的干燥室干燥，这样便可加速干燥过程。

12.5.3　漆膜修整

漆膜修整包括磨光和抛光。

（1）漆膜磨光

漆膜磨光是指用砂纸或砂带除去其表面上的粗糙不平度，使漆膜表面平整光滑。可用手工或手持式磨（砂）光机进行砂光。

（2）抛光

抛光是指采用抛光膏摩擦漆膜表面，进一步消除经磨光后留下的表面细微不平度，降低其表面粗糙度，并获得柔和稳定的色泽。抛光并不是必须的，只适用于漆膜较硬的漆类。抛光可人工抛光或用手持式抛光机进行抛光。

12.5.4　软垫制作与包装

现代藤家具，软垫应用非常普遍，软垫既作为家具的一种装饰，又具有较强的功能性，使藤家具的舒适度更加提高。因此，很多藤家具厂又有专门的软垫制作车间。软垫的制作有以下工艺过程：

① 面层材料的裁切，泡沫等材料的切割，可用直刀式切割机。

② 用胶将泡沫粘接起来，可用喷枪喷进泡沫里面，这一工序需在专门的喷涂室里进行。

③ 在立式铣床上将芯层软垫边部成型、铣圆，借助于专门的成型装置。

④ 用专门的气动夹具填充疏松填充物，软垫可被切成方形，也可以是碎泡沫和聚酯纤维混合填充物。

⑤ 用工业用缝纫机制作面层，缝拉链等。

⑥ 将芯层软垫装进面层。

⑦ 检验包装。

最终检验是为确保家具达到要求的规格标准、色彩及表面特性所必须进行的一道工序。检验主要分为三个步骤进行：看，表面是否有皱纹，涂饰是否均匀；摸，家具表面是否光滑；摇，双手抓住家具边缘，感觉框架是否稳定。

检验合格的藤家具用泡沫塑料或毡子进行包装，用绳子将表面包装材料缠起来。尤其是边角部位的包装要严密，以防在运输过程中造成损坏。接着家具整体进行覆盖，最后入库存放。

12.6　藤家具生产工艺辅助环节

以上为藤家具生产的主要工艺环节，但在实际的生产中，还有许多额外的工艺环节或步骤也必不可少。尤其是对批量生产的大量制品而言。总体来说，以下几个方面也是要考虑的关键步骤：

（1）藤材要进行妥善分类存放

分类时根据藤条的尺寸如直径和藤条的质量来进行。对同一种类的藤条，从质量来说，可分为以下等级：一级，没有褐色斑点；二级，中间有个别褐色斑点；三级，中间有连续的褐色斑点。藤条的直径从 6～42mm 变化，可有下列类别：40～42mm、36～38mm、34～36mm、30～32mm、26～28mm、22～24mm、18～20mm、14～16mm、

12~14mm、6~8mm。分类后,将其存放于储存区域。对于有些藤材,储存前甚至要进行防腐及防蛀处理。

(2) 要求有一定数量的中间构件的储存空间

也就是在每一环节加工完毕后,要将一些材料、构件或初级家具制品暂时存入储存空间或设施,以备下一环节利用,而不影响生产的正常进行;同时,对一些构件,要储备一定的数量,等有定单可根据客户的要求及标准进行装配。这样,可以优化设备利用率,缩短加工时间。

(3) 加工中间的运输或传送系统要完备

也就是在每一环节之后,构件要及时送入下一环节或者送到储存空间,只有这样,才能做到生产有秩序进行,而不是滞留于某一环节,影响生产效率与工厂环境。

(4) 要有专门的模具存放空间

设计和制造一系列家具模具是藤家具生产工厂的重要部分,因此对其要妥善存放。事实上,在藤家具厂,对于一些新的产品样式,尤其是家具构件,总要加工一系列新模具,藤家具厂都要把所加工模具存放起来,以备以后利用,防止重复生产和投资,也有效地提高生产效率,使生产更趋向于标准化。总之,模具对藤家具生产来说十分重要,如果模具有问题,生产流水线就会受到阻碍。对模具的存放有以下要求:

① 存放处应邻近工具维修间,在大的家具厂,建议将装配夹具存放在装配车间的一个专门存储区域内。

② 存储空间应是一个专门的房间,与生产车间分开,以避免藤屑及灰尘的进入。

③ 总体上,存储处的相对湿度应该与工厂的湿度相同,模具决不能进水(如雨水、管道泄露)。

④ 存储较小模具的最实用方法是将其悬挂于墙壁上,大型或重的模具可存放于搁架上。

⑤ 模具应该有识别码,同时有规律的存放。

⑥ 模具应采用简单的识别系统。

(5) 废物控制和循环系统要完善

在藤家具厂,一批家具制品的定单完成后,总是有大量的剩余材料,这些材料也要及时清理,这就要求建立一个单独的余料车间,用于将剩余的可利用的材料储存起来,等有新的定单,首先要到余料车间进行选料和配料。否则,余料不但占用大量生产空间,也影响工厂的环境卫生,妨碍生产的正常进行。

12.7 藤家具设计与制作实例分析

12.7.1 藤沙发椅的结构及加工工艺流程

以图12-50所示的一件藤沙发椅为例。

(1) 结构设计

① 根据藤沙发效果图,此沙发椅的框架结构形式可设计成图12-51所示的式样。

② 本件家具的座面为覆板编织面,为单独面状构件,最底层可为纤维板,中间是衬布和棕丝,上层是编织面;家具的靠背也为单独编织面形式,是在中间小的圆形构件上起首编织而成,靠背边框编织面层直接依据框架而编织。

③ 根据藤家具结构的特点,此椅的结构设计如下:框架采用木螺钉连接;框架饰件采用射钉连接,念珠饰件的穿接线材在固定于框架之上时,需先在框架上钻一点孔,然后插进孔中,再用钉固定;框架扶手构件缝隙压条用射钉固定,在此基础上,用缠接来加固;覆板座面的藤编面用U形钉来固定于支撑板上,座面用木螺钉固定于框架底座上,将覆板座面背面边框用压条固接于底座上;靠背面用U形钉固定于边框上,边缘用编织纹样封口,同时将边框编织层的起首一起封住,边框编织层收口在背面也用编织纹样封口。

(2) 工艺流程设计

该藤沙发椅的工艺流程设计如图12-52所示。本件家具为樱桃红但能看到藤材的纹理,而藤材的颜色为浅色,因而椅子的涂饰需进行一定的做色处理,面层为透明涂饰。

12.7.2 藤沙发的结构及加工工艺流程

以图12-53所示的一件藤沙发为例。

(1) 结构设计

① 根据藤沙发效果图,藤沙发的框架结构形式可设计为图12-54所示式样。

② 此家具为典型的藤芯类家具,在框架的基础之上,此家具还有覆板编织座面,结合框架编织的扶手面,结合框架编织的靠背面,结合框架编织的连帮藤编织面,结合框架编织的座框下面四周面层,在面层的编织上还有变化,靠背有菱形纹样,编织面的起首和末端编织手法与中间不同,色彩也有变化;靠背上还有环锁式支架构件;另外还有封口式编织纹样装饰。

12.7 藤家具设计与制作实例分析

图 12-50　藤沙发椅效果图

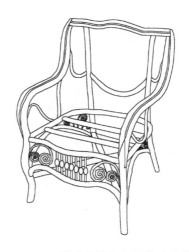

图 12-51　藤沙发椅框架结构形式图

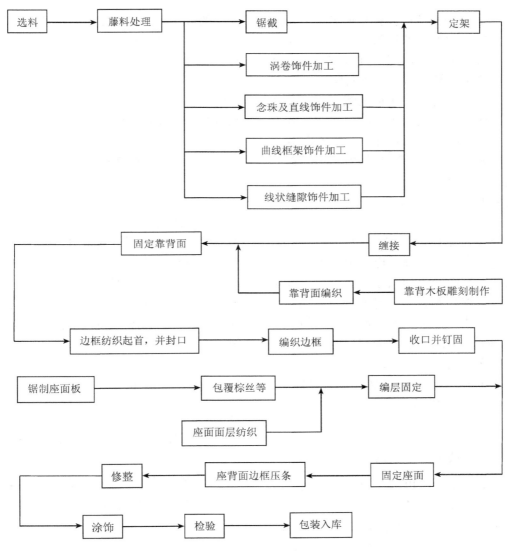

图 12-52　沙发椅工艺流程图

图 12-53　藤沙发效果图

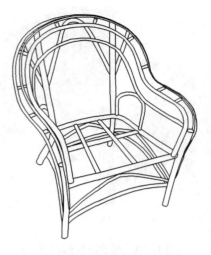

图 12-54　藤沙发框架结构形式图

③ 家具的连接结构为：主体框架各部分均用木螺钉连接，次要构件局部用射钉连接，环锁式纹样用绳子缠扎，最后整体框架进行缠接并缠扎装饰，均为素缠法。覆板编织面的面层用 U 形钉固定于座框边框上，覆板面底板用螺钉固定于座框支撑上，座面背面四周用压条固定于座框和覆板面底板上。各面层的编织起首和末端均用 U 形钉固定，靠背编织面与靠背弧藤的收口固定部位、座面框体编织面与座框以下四周的面层间接合部位用封口式编织纹样封口，封口用 U 形钉固定。

(2) 藤沙发工艺流程设计

藤沙发的工艺流程设计如图 12-55 所示。其中，对除座面支撑及十字撑、连帮中藤外的框架部分进行缠扎。座面安装的顺序是将座面板固定于框架上，包覆棕丝及衬布，包覆编织面层，将编织面层固定于座框之上。整体面层编织的顺序是座面以下四周的编织及收口固定，座面以上四周的起编，座面、座面以上及以下三者连接处的封口，座面以上部分的编织及收口和封口固定，连帮部分的起编，连帮部分的编织及收口固定。沙发的涂饰为清漆透明涂饰。

12.7.3　藤木家具的加工工艺流程

这里的藤木家具是指以木质材料为基材，藤材为辅材的家具，大多数情况下藤木家具中的藤材构件是作为饰材利用的。由于藤材资源的短缺，同时藤木结合可以使材料扬长避短，发挥藤材的弯曲特性及编织性能，利用木质材料的坚固与幅面大的特性，两者的完美结合产生了形态各异的优质家具，因此藤木家具目前在市场上也比较流行，同时受到不少人的欢迎。

藤木家具的工艺是将木质家具的工艺与藤家具的工艺相结合，一部分是木质家具的工艺，一部分是藤家具的工艺，一部分是两者结合的工艺，因此其工序要较前两者相对复杂。由于藤木家具材料的多变性，在藤材与木材的结合上尚需探讨。

藤木家具工艺过程可简化概括如图 12-56 所示。

藤材零部件的装配，根据木质家具的情况，可用圆棒榫或木螺钉连接。藤材装饰件及编织面的装配固定用 U 形钉或射钉，编织面还要进行封口，多用木质线型压条来封口，压条也用 U 形钉或射钉固定。如图 12-57 所示为一电视柜腿部藤材饰件的装配工艺，此柜同时应用了藤材柜腿，连接用螺钉。如图 12-58 所示为一电视柜表面编织面的装配结构，侧面还没有进行封口，背面已经用木线封口。对于藤材与木质线状构件连接部位常进行藤皮缠接。

补充阅读资料——

LY/T 2140—2013
藤家具质量检验及评定

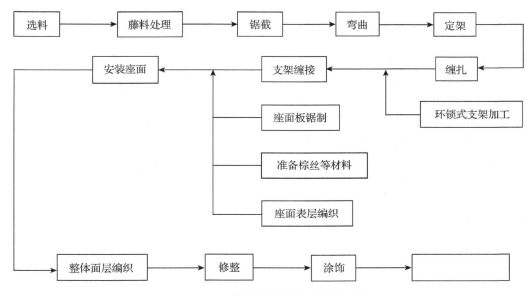

图 12-55　藤沙发的生产工艺流程图

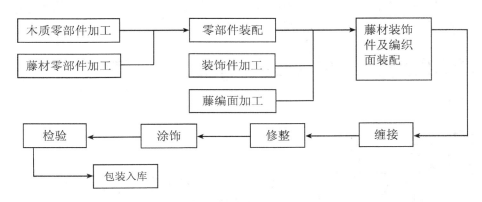

图 12-56　藤木家具的简化生产工艺流程图

图 12-57　一电视柜腿部藤材饰件的装配工艺

图 12-58　一电视柜表面编织面的装配结构

12.8　藤家具制作的设备与工具

藤材与木材相比，由于自身径级小、存在一定的不圆度和尖削度，同时为了充分发挥藤材柔韧的造型特性，藤家具也多为曲线形的形式，这样，藤家具生产过程中很难实现全面的机械化制造，许多工艺环节必须以手工工具来完成，少数有规模的厂家具备半机械化生产。

12.8.1 手工工具

各种手工工具如图 12-59 ~ 图 12-62 所示。

①量具：主要有直尺、卷尺、卡尺、圆规、三角板等。许多厂家根据自己产品的常用尺寸自制量具。

②锯截工具：主要有钢手锯、手锯等。用于藤材的截断和零件加工修整。

③破削工具：有篾刀、斩刀等。编织及修整用。

④挖削工具：有锹刀、圆凿、铲刀、小刀等。用于连接部位的制作及修整。

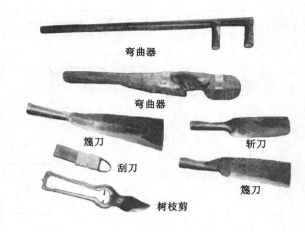

图 12-59 手工工具

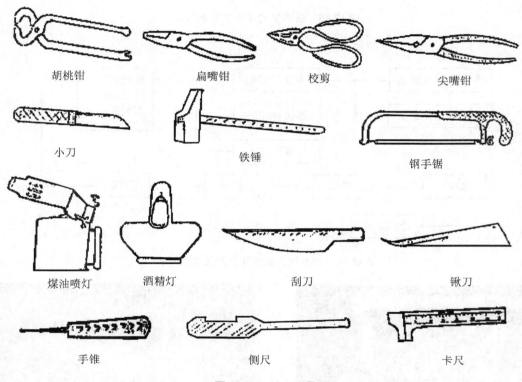

图 12-60 手工工具

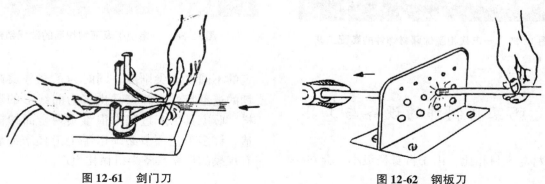

图 12-61 剑门刀　　　　图 12-62 钢板刀

⑤刮削工具：有刮刀、剑门刀、钢板刀等。刮刀用于修整工序，如：刮除弯曲加工时产生的炭化外表皮，剑门刀、钢板刀用于藤皮或藤篾修整，使其尺寸一致，边部光滑。

⑥剪裁工具：有树枝剪、校剪等。

⑦刨削工具：主要是手工刨。

⑧钳具：有尖嘴钳、老虎钳、扁嘴钳等。尖嘴钳编织时使用，老虎钳夹持藤条用，扁嘴钳夹持藤皮或扁形藤篾用。

⑨弯曲工具：有喷灯（加热）、锤子、弯曲器，除弯曲藤材外，也可用于藤材校直。

⑩编织工具：主要有锥子等，用于家具框体缠扎或面层编织。

⑪涂饰工具：主要有刮刀、铲刀、嵌刀、刷子、排笔、棉球与竹丝等。

12.8.2 机械或半机械设备

①锯机：用于藤材及其他辅助材料（如木材或人造板）的锯截加工，有横截锯、纵截锯、推台锯、精截锯、曲线锯等。横截锯、纵截锯、推台锯均用于开料及下料，精截锯、曲线锯用于曲线或曲面构件的加工。

②磨光机：去除节子及修整小径级藤条表面，磨去藤皮表层蜡质层。

③刨圆机：修整大径级藤条表面。

④拉直机：用于大径级藤材的校直。

⑤弯曲软化设备：包括蒸汽炉、蒸汽管道、锅炉等，分别用于放置需软化的藤材、输送蒸汽、产生高压蒸汽，如图 12-63 所示为蒸汽炉。蒸汽炉内压力通常可调，软化时间根据材料种类、直径和体积来定。

⑥弧形铣切机：用于将构件的连接面铣出弧形接触面，增加连接的紧密度及连接刚度，如图 12-64 所示。

⑦劈藤机：加工藤片或藤丝。

⑧藤芯劈裂机：将藤茎或去藤皮后的藤芯加工为直径较小如 2mm 左右的藤篾。这道工序又俗称为抽丝。

⑨扭曲机：用于将藤条扭结在一起，形成绳形构件，作为家具框架结构，使家具造型具有古典风格，如图 12-65 所示为扭曲机，图 12-66 所示为扭结而成的绳形构件。

⑩钻削工具：主要有手电钻、气动钻。用于打孔，连接骨架，已得到广泛应用。

⑪连接工具：主要有气钉枪和手电钻，用于家具局部构件的连接固定。

⑫砂光机：用于藤条及零部件的表面砂光，有带式砂光机（包括粗砂和细砂）和辊式砂光机。直线形零部件和平面状零部件用带式砂光机，成型零部件如弯曲构件，可用辊式砂光机。如图 12-67 所示为双带式砂光机。

⑬编织机：编织面状零部件，编织的花纹相对缺少变化，多是箩筐形纹样。一般情况下，大中型藤家具厂具有上述设备，小型作坊多使用自制设备。

⑭指榫机：用于材料开指榫。

⑮打孔机：有单头或双头打孔机，如图 12-68 所示。

⑯开榫机：用于开斜角榫。

图 12-63　蒸汽炉

图 12-64　弧形铣切机

图 12-65　扭曲机

图 12-66　扭曲而成的绳形构件

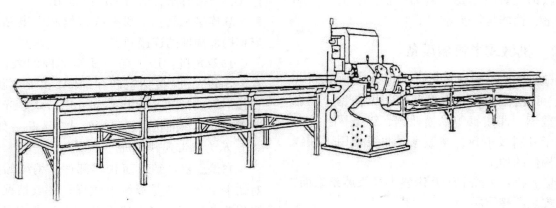

图 12-67　双带式砂光机

图 12-68　双头打孔机

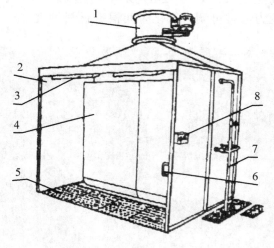

图 12-69　湿法喷涂室
1. 通风系统　2. 室体　3. 照明装置　4. 湿式过滤装置
5. 格栅存水池　6. 喷枪挂钩　7. 供水系统　8. 电气系统

⑰空气喷涂设备：用于家具表面涂饰。喷涂设备主要包括喷枪、空气压缩机、贮气罐、油水分离器、压力泵桶及连接软管，与木家具喷涂设备类似。

⑱喷涂室：用于吸附涂饰时的飞出油漆，是工厂环境保护的重要设备。主要有水洗室（湿法喷涂室如图12-69所示）和干法过滤室（干法喷涂室，如图12-70所示）。如图12-71所示为一工厂的水洗喷涂室。

⑲转动工作台：用于涂饰时放置家具，面板可为圆形或方形，可以旋转，使涂饰方便和均匀；同时面板可以连同被涂家具一起拿掉，与涂饰后的家具一起进入干燥室干燥，这样，可防止不小心损坏刚刚涂饰好的漆膜，如图12-70所示。

⑳干燥隧道及干燥室：用于涂饰过程中涂层的快速干燥，大型现代化藤家具厂有这种设备，以方便家具的大规模批量生产。如图12-72所示为一干燥隧道，家具置于托板车上，车上可有两层架体，连同托板车进入干燥隧道。

㉑砂光（或磨光）室：专门用于零部件及家具框架砂光，在此工作室里，有专门的灰尘处理系统，保证工厂的环境卫生，如图12-73所示。

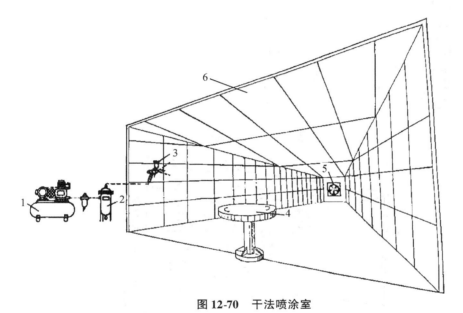

图 12-70　干法喷涂室
1. 空压机　2. 油水分离器　3. 喷枪　4. 转动工作台　5. 通风机　6. 喷房

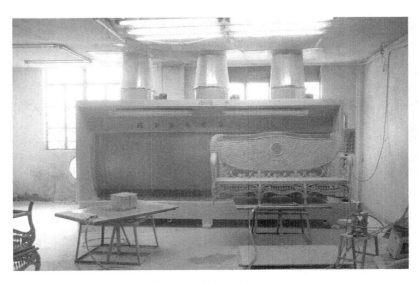

图 12-71　湿法（水洗）喷涂室

· 236 ·　第 12 章　藤家具的生产工艺

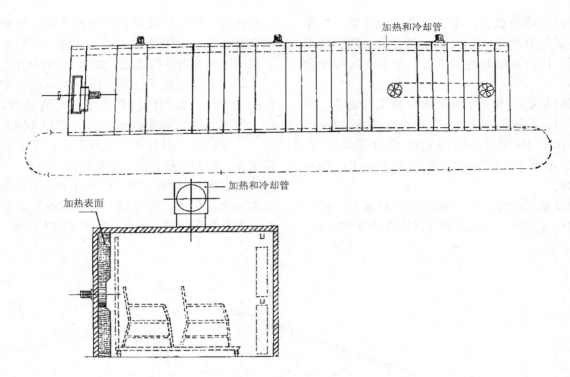

图 12-72　干燥隧道

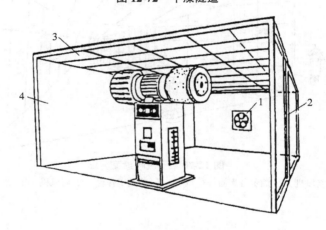

图 12-73　砂光(或磨光)室
1. 排气扇　2. 框体和金属板　3、4. 金属板

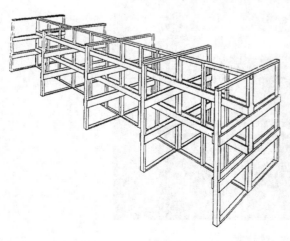

图 12-74　藤条储存架

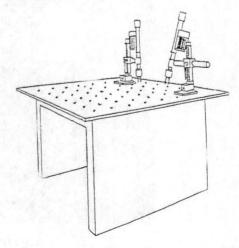

图 12-75　多孔钻床

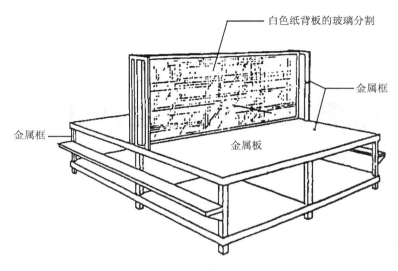

图 12-76 检验台

12.8.3 有关工艺辅助设备及系统

①藤条储存架：一般为自制架体，如图 12-74 所示。

②弯曲工作台：藤家具生产中的弯曲、校形等均要在工作台面上进行。在台面上固定有柱形套模，弯曲时支撑夹固藤料用，另外工作台面上有很多圆洞，插上销钉即可用于弯曲校形使用。

③除尘和砂光工作台：人工砂光时使用。

④多孔钻床：用于零部件的钻孔加工，如图 12-75 所示。

⑤内部人工运输系统：用于原材料或有关零部件及家具部件等的中间运送传输。

⑥组框台：用于定架时家具框体的组装。

⑦检验台：用于家具的最后形状及尺度的检验，如图 12-76 所示。

复习思考题

1. 藤材的规格型号如何确定，常用有哪些规格？
2. 藤材有哪些特点？
3. 藤材有哪些加工处理技术？
4. 藤家具的骨架制作包括哪些工艺？
5. 藤家具加工的夹具有哪些种类？
6. 藤材弯曲成型有哪些方法？
7. 藤家具的编织工艺大体上包括哪些方面？
8. 藤家具的涂饰工艺包括哪些方面？
9. 藤家具制作的手工工具有哪些种类？
10. 藤家具加工的机械或半机械设备有哪些种类？

第13章 塑料藤家具的生产工艺

【本章重点】
1. 塑料藤家具的金属框架制作工艺。
2. 塑料藤家具的编织工艺。
3. 塑料藤家具的工艺流程案例。

塑料藤家具又名塑料藤编家具,是以金属框架为骨架,采用塑料仿藤条编织而成的藤家具产品。其主要生产工艺包括金属框架的制作工艺和塑料藤编织工艺两部分。

13.1 塑料藤家具的金属框架制作工艺

塑料藤家具多为框架结构,其框架以金属材质为主,少有木质。塑料藤家具金属框架的材料选取与结构设计须满足家具整体造型与力学强度要求。金属框架主要采用铝合金或不锈钢材料,其制作流程主要为:开料→弯管→修正→焊接成型→打磨→校正→连接部位打孔→喷粉处理。

开料:是指根据所需的零部件规格尺寸和数量,进行金属框架管材的配料和截断。管材截断的方法主要有四种:割切、锯切、车切、冲截。其中,用金属车床切割所得的零件端面加工精度高。

弯管:根据设计图纸的要求,在专用机床上,借助于型轮将管材弯曲成一定弧度的圆弧形。弯管一般可分为热弯、冷弯两种加工方法,热弯用于管壁厚或实心的管材,在家具中应用较少;冷弯是在常温下弯曲并加压成型,加压的方式有机械加压、液压加压及手工加压弯曲。家具中金属框架一般采用冷弯。

修整:很多弯管弧度难以一次成型,需多次修正调整。

焊接成型:将加工好的金属框架零部件通过二氧化碳气体保护焊或氩弧焊进行焊接,形成塑料藤家具的初步骨架。

打磨:对焊接之后的焊接点及整个骨架进行打磨、整形,使其光滑细致,实现骨架的最终成型。钢管在焊接后会有焊瘤,必须切除,使管外表面平滑。

校正:对框架细节进行调整,保证左右对称,前后对齐。

连接部位打孔:金属框架成型之后,需在连接部位打眼或冲孔,用来安装螺钉或铆钉。打眼的工具一般采用台钻、立钻及手电钻。冲孔的生产率比钻孔高2~3倍,加工尺度较为准确,可简化工艺。有时在设计中会用到槽孔,槽孔可用铣刀铣出。

喷粉处理:对骨架进行前处理和塑粉喷涂。以铝合金为例,喷粉处理步骤如下:清水清洗铝架表面灰尘和脏物→除油剂去除铝架表面油脂→清洗→喷皮膜水→清洗→高温烘干(220℃)→喷黑色或白色底粉→高温烘干（220℃）→冷却→喷涂完成。其中，喷皮膜水的目的是使铝架烤漆附着力加强。不锈钢材料一般不需烤漆处理。

13.2 塑料藤家具的编织工艺

金属框架制作完成之后，便可根据设计图纸的要求，进行塑料仿藤条手工编织。塑料仿藤条手工编织分两种形式：一种是直接在框架上编织成面；另一种是制作预编织面构件，再使用钉子和压条将其固定于框架之上。前者使用最为普遍，其工艺流程主要为：包框→过底、拉杠→编织→收口→配件安装（管套或管塞等）→产品成型→检验。

包框：编织的起首，依照金属框架紧密缠绕塑料仿藤条（素缠法），以遮盖住整个框架，防止框架部位裸露影响家具的整体美观性（俗称"漏管"）。

过底、拉杠：在编织面的下方事先增加过底和拉杠，既起到类似衬板的加强支撑作用，还可预防整个编织面在长期受载情况下发生过度的挠度变形，即凹陷。

编织：根据设计纹样要求，选择不同的编织方法。塑料仿藤家具基本沿用了天然藤家具的编织手法和编织纹样（详见第12章对应章节讲述），如：缠盖法、挑盖法、笤筐式编组法、穿插法、编结法等，编织图案种类极其丰富。

边部收口：主要是为了遮盖编织条边部与框架的连接处，收口方法与天然藤家具相同，分为三种方式：压条固定、编织纹样收口、缠盖法。通常不同的编织方法都有各自习惯性的收口方法。

配件安装（管套或管塞等）：在产品的四脚离地位置3~4cm配管套，最后打管塞。

此外，根据产品设计要求，还可选择性地搭配塑料仿藤家具上所需的软包座垫、靠背垫和腰枕等软装饰。整个编织工艺完成的质量好坏，从编织手法（起首、编织、收口）的选择，到编织的松紧度、均匀性、强度、弹性等，在很大程度上取决于编织工匠的工作经验和技艺熟练程度。

13.3 塑料藤家具设计与制作

以图13-1所示塑料藤椅为例。

造型风格、材质、色彩与结构设计：此塑料藤椅具有鲜明的禅意风格，通体采用大弧度造型，体量感较大，能够提供给人舒适的坐承功能以及一个相对私密的空间。材质选用金属框架和扁平形PE塑料仿藤条编织材料。座面选取接近天然藤原材色的PE仿藤条，靠背部分采用米白色、原色和棕色三色相间编织，打破了大体量的沉闷感。

结构设计：如图13-2和图13-3所示，此藤椅主体为金属框架结构，由靠背与座面两部分构成，框架采用焊接与螺钉连接，座面下方采用金属管增强座面支撑。

编织方法：靠背与座面的金属框架部分采用挑盖法包框，座面下方的支撑管均采用素缠法包框。靠背编织面采用双面方角孔眼纹编织法，三种颜色的PE藤条三个方向穿插编织。座面部位则采用笤筐纹编织法进行单色单面编织。为保证整体美观性和装饰性，边部均采用的是编织纹样线型封口。

该藤椅的工艺过程设计如图13-4所示。座面与靠背部分的金属框架分别定架之后，开始完成面层编织。座面编织的顺序是：座面以下起首包框→座面以上起首包框→座面编织→座面边部收口。靠背面编织的顺序是：四周起首包框→靠背面编织→靠背面边部收口。

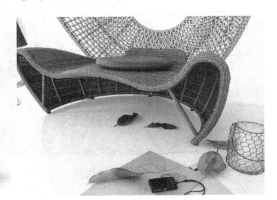

图 13-1　塑料藤椅实例

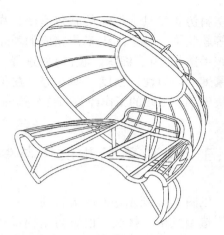

图 13-2　塑料藤椅框架结构形式图

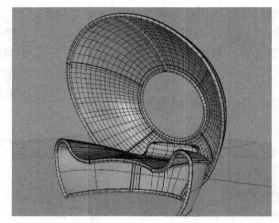

图 13-3　塑料藤椅建模图

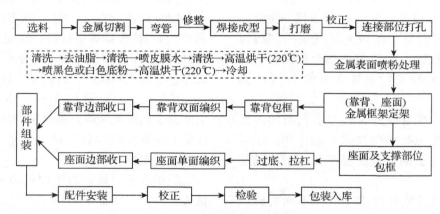

图 13-4　塑料藤椅工艺流程图

图 13-5～图 13-13 所示分别为此塑料藤椅制作工艺中的管材切割、弯管、修整、焊接成型、打孔、喷粉处理、包框起首、座面编织和收口、靠背面编织和收口。

图 13-14 所示为各类塑料仿藤家具。常见的户外仿藤家具产品都是以 PE 仿藤家具为主。高档坚韧 PE、PVC、PP 藤，较之天然藤条，更具备表面光滑细腻，光洁，具有高强度、柔韧性好，经久耐用、防水、防晒、防霉、防蛀、卫生，易于清洗等优点。仿藤家具的藤条模仿天然藤人工合成，藤艺家具以其所独具有的柔韧性、可塑性，加之现代工艺的点缀，所制成的产品软硬适中，线条舒适流畅，款式新颖，充分考虑人体工学的舒适性。

图 13-5　管材切割

图 13-6　弯管

图 13-7　修整

13.3 塑料藤家具设计与制作

图 13-8　焊接成型

图 13-9　打　孔

图 13-10　喷粉处理

图 13-11　包框起首

图 13-12　座面编织和收口

图 13-13　靠背面编织和收口

图 13-14　各类塑料仿藤家具

复习思考题

1. 塑料藤家具的金属框架制作包括哪些工艺？
2. 塑料藤家具的编织工艺包括哪些部分？
3. 管材截断的方法有哪些？
4. 管材弯曲成型的方法有哪些？
5. 管材焊接的方法有哪些？
6. 管材表面喷粉处理大体上包括哪些步骤？
7. 过底、拉杠的目的是什么？
8. 边部收口有哪些方法？

参考文献

白水. 2004. 说藤篇[J]. 中国木材(4): 34-36.
本书编委会. 2006. 竹地板[M]. 北京: 中国建筑工业出版社.
蔡则谟, 刘英. 1994. 小钩叶藤解剖特性的变异[J]. 广西植物, 14(1): 60-64.
蔡则谟, 许煌灿, 等. 2003. 棕榈藤利用的研究与进展[J]. 林业科学研究, 16(4): 479-487.
蔡则谟. 1995. 钩叶藤属和省藤属导管分子的比较研究[J]. 广西植物, 15(1): 39-42.
蔡则谟. 1992. 四种藤茎几项特性的变异[J]. 林业科学, 28(1): 70-75.
蔡则谟. 1994. 藤茎的轴向抗拉强度[J]. 林业科学, 30(1): 93-95.
蔡则谟. 1994. 棕榈藤的解剖特性及商用藤归类[J]. 林业科学, 30(3): 209-213.
程瑞香. 2006. 木材与竹材粘接技术[M]. 北京: 化学工业出版社.
陈祖建. 2004. 竹木家具的开发研究[D]. 长沙: 中南林学院.
陈大华. 1988. 竹家具制作[M]. 贵阳: 贵州人民出版社.
陈哲, 张杰, 陈惠华, 等. 2012. 塑料仿藤家具的设计要素分析[J]. 家具与室内装饰(2): 18-19.
成俊卿. 1985. 木材学[M]. 北京: 中国林业出版社.
樊宝敏, 李智勇, 陈勇. 2004. 中国竹藤资源现状及发展潜力分析[J]. 林业资源管理(1): 18-20.
方海. 2001. 21世纪西方家具设计流变[M]. 北京: 中国建筑工业出版社.
胡景初, 方海, 彭亮. 2005. 世界现代家具发展史[M]. 北京: 中央编译出版社.
胡景初. 1992. 现代家具设计[M]. 北京: 中国林业出版社.
江敬艳. 2001. 圆竹家具的研究[D]. 南京: 南京林业大学.
江泽慧. 2002. 世界竹藤[M]. 沈阳: 辽宁科学技术出版社.
李吉庆, 吴智慧, 张齐生. 2004. 竹集成材家具的造型和生产工艺[J]. 林产工业(4): 47-52.
李吉庆, 吴智慧, 张齐生. 2004. 新型竹集成材家具的发展前景及效益[J]. 福建农林大学学报(3): 89-93.
李吉庆, 吴智慧. 2004. 新型竹集成材家具生产工艺的研究[J]. 内蒙古农业大学学报(2): 95-99.
李吉庆. 2005. 新型竹集成材家具的研究[D]. 南京: 南京林业大学.
李吉庆, 张齐生, 吴智慧. 2004. 创意思维与家具设计[J]. 福建农林大学学报(3): 235-237.
李吉庆, 吴智慧. 2005. 竹集成材家具的技术问题及其对策[J]. 家具(4): 25-27.
李荣生, 许煌灿, 李双忠. 2002. 世界棕榈藤的引种驯化进展[J]. 世界林业研究, 15(2): 35-39.
李荣生, 许煌灿, 等. 2003. 世界棕榈藤资源、产业及其前景展望[J]. 世界竹藤通讯, 1(1): 1-5.
梁启凡. 2000. 家具设计学[M]. 北京: 中国轻工业出版社.
刘君. 2001. 竹家具的工艺特征[J]. 家具与室内装饰(3): 49-51.
刘忠传. 1993. 木制品生产工艺学[M]. 北京: 中国林业出版社.
毛富春, 赵伯善. 1995. 野生植物葛藤的研究利用现状及其开发前景[J]. 西北林学院学报, 10(3): 88-92.
彭舜村, 潘年昌. 1987. 竹家具与竹编[M]. 北京: 科学普及出版社.
森光正, 则元京. 1983. 微波加热时竹、藤材及木材的表面温度[J]. 木材工业(日本)(21): 229-234.
上海家具研究所. 1987. 家具设计手册[M]. 北京: 轻工业出版社.
矢岛美都子. 1995. 关于庾信"游仙诗"中所表现的"藤"——从葛藤到紫藤[J]. 北京大学学报(哲学社会科学版)(5): 112-116.
唐彩云. 2002. 藤家具——清新、自然的环保家具[J]. 家具与室内装饰(6): 44-47.
唐开军. 2000. 最新流行家具设计技术[M]. 武汉: 湖北科技出版社.
唐开军, 等. 2001. 竹家具的结构特征[J]. 林产工业(1): 27-32.
唐开军, 等. 2002. 竹家具的造型特征研究[J]. 家具(2): 17-20.

王光陆. 1995. 青藤的开发价值及利用现状与前景[J]. 水土保持通报, 15(2): 6-9.
王慷林, 等. 2002. 云南棕榈藤实用手册[M]. 昆明: 云南科技出版社.
王伟光. 1998. 粗藤家具制作工艺技术[J]. 家具(6): 5-6.
王禹娟, 曾杰杰, 潘家坪. 藤质家具出口区域贸易潜力分析[J]. 无线互联科技, 2014(5): 152-155.
王忠明. 2003. 2002年中国竹藤产品进出口分析[J]. 世界竹藤通讯, 1(1): 44-46.
吴旦人. 1996. 竹地板生产[M]. 长沙: 湖南科学技术出版社.
吴君琦, 张禹. 世界竹藤商品贸易现状及趋势[J]. 世界林业研究, 2009, 22(3): 69-71.
吴顺昭, 王义仲, 陈周宏. 1991. 黄藤材之物理性质[J]. 中华林学, 24(2): 99-110.
吴顺昭, 王义仲. 1995. 马来西亚产商用藤材之物理性质与机械性质研究[J]. 台湾大学实验林业研究报告, 9(1): 13-31.
吴顺昭, 王义仲. 1994. 外国五种藤材的物理性质与机械性质研究[J]. 林产工业, 13(2): 240-250.
吴智慧. 2004. 木质家具制造工艺学[M]. 北京: 中国林业出版社.
吴智慧. 2005. 室内与家具设计——家具设计[M]. 北京: 中国林业出版社.
肖平, 张敏新. 2001. 竹藤产品市场竞争力研究专家调查及结论[J]. 林业经济(4): 17-19.
校建民, 梅华全, 等. 2005. 东南亚主要国家棕榈藤原材料国际贸易[J]. 世界竹藤通讯, 3(2): 42-43.
许煌灿, 尹光天, 曾炳山. 1994. 棕榈藤的研究[M]. 广州: 广东科技出版社.
杨成源, 马呈图. 2001. 棕榈藤可成为云南新的生物产业增长点[J]. 云南林业, 22(4): 21-22.
腰希申, 等. 1998. 棕榈藤茎的电镜观察[J]. 林业科学(3): 104-109.
袁哲, 吴智慧. 2006. 我国藤家具生产的历史、现状及前瞻[J]. 家具与室内装饰(5): 30-32.
袁哲, 吴智慧, 等. 2007. 藤家具的常用形式研究[J]. 西南林学院学报(1): 77-80.
袁哲, 吴智慧, 等. 2006. 藤家具图案纹样类型及特征[J]. 家具(4): 84-87.
袁哲, 吴智慧, 等. 2006. 现代藤家具的典型结构研究[J]. 家具(3): 71-75.
袁哲. 2006. 藤家具的研究[D]. 南京: 南京林业大学.
张齐生. 1995. 中国竹材工业化利用[M]. 北京: 中国林业出版社.
张齐生. 2003. 中国竹工艺[M]. 北京: 中国林业出版社.
张新萍. 2003. 世界竹藤发展趋势[J]. 世界林业研究, 16(1): 26-30.
赵人杰, 喻云水. 2002. 竹材人造板工艺学[M]. 北京: 中国林业出版社.
左春丽, 岳金方, 等. 2004. 竹在家具上的应用[J]. 世界竹藤通讯, 2(3): 8-11.
Abssolo W P, Yoshida M, Yama moto H. 2003. 棕榈藤的热软化: 半纤维素木素基质的影响[J]. 世界竹藤通讯, 1(4).
Goh S C. 1982. Testing of Rattan manau-strength and machining properties[J]. Malay Forester, 45(2): 275-277.
Sastry C B. 2001. Rattan in the twenty-first century—an overview[J]. Unasylva 205, 52: 3-6.
United Nations Industrial Development Organization. 1996. Design and Manufacture of Bamboo and Rattan Furniture[M]. UNIDO publication.